大哉言数

王元科普著作选集

王 元 著

“2+3”

(1957 Goldbach)

上海教育出版社
SHANGHAI EDUCATIONAL PUBLISHING HOUSE

前言

上海教育出版社在重版三十四年前由他们出版的《华罗庚科普著作选集》之际，也将出版我的科普著作选集，这也让我有机会体会了当年华老对自己的科普著作选集出版时的深感荣幸与喜悦的心情.

科学普及是个困难重重的事业，很不容易做，要把专业性很强的原理或想法说得让外行、让青少年也听得懂；把艰深的理论说得令听者感兴趣，使得大中小学生对未知的领域有向往，这对于我们搞科学、搞研究的人是责任，也是挑战.

搞科普不仅仅是写文章、写书、作报告，还要做些杂事，干些有意义的活动.我任数学会的理事长期间，就曾努力参与组织第31届国际数学奥林匹克，这是一次国际盛会，得到党和国家的高度重视，推动了数学普及事业的发展.

搞科普要大家一起做，仅靠几个人是远远不够的，要像上海教育出版社这样，有敏锐的眼光和很高的水平，在科学家和读者、青少年之间建立科学交流的通道.他们做科普起步早，眼光远，惠及面广，付出了艰辛.借此机会，特表我的谢意，并衷心希望将“大哉言数”这项数学科普工作持续做下去.

2018年12月

目录

第一部分　数学人生

第二部分　数学巨擘

第三部分　数学撷萃

第四部分　数学研思

第五部分　数学漫谈

第一部分

数学人生

数学是我爱好的一门功课，我接受新概念仍很慢，但经过一段思考之后，总是掌握得很牢固，例如当学到代数时，我非常兴奋地看到小学时非常困难的“四则杂题”怎么变得这么容易.只要列出方程就可以立即解出答案来.我更喜欢平面几何的严格推理及“假设，求证，证明”这一套程式.

我的数学生活

一　大学生活(1948—1952)

在中学时,我的爱好很广泛,音乐、绘画、小说、游泳等都喜欢.在各门功课中,我喜欢数学的严格体系与逻辑推理.出于好奇,也喜欢英语.但不是所有功课都能考得高分.在南京读书时,好莱坞文艺电影也看得多了一点,所以中学毕业时,只考取了英士大学与安徽大学数学系.我当时选择数学系是我父亲希望我将来能从事自然科学的研究,更主要的原因是考虑到数学是一个冷门专业,容易考一些.没想到数学成了我的终身职业,这中间有相当的偶然性.

我选择了英士大学就读.英士大学位于浙江省金华市,无论师资与设备都很缺乏,校舍亦很破旧,颇不像一个高等学府.我很失望,很后悔在中学时没有刻苦用功,从而未能考取一个理想的大学.

1949 年,中华人民共和国成立.英士大学奉命解散了,师生均被并入浙江大学(简称浙大).浙大位于杭州市,那里有美丽的西湖,风景如画.浙大是盛名的南方科学研究与教学中心,素有东方的剑桥之称,人才济济.苦难深重的中国人民,以欢庆的心情迎接了解放,大家都愿意为建设一个富强、繁荣、和平与民主的新中国而贡献力量.

浙江大学数学系是陈建功与苏步青教授长期工作的地方.他们分别于 1929 年与 1931 年自日本学成归国,在浙大奋斗了二十年,为我国培养了好几代数学家,也建立了富有特色的课程设置与教学方法.他们还对科学研究抓得特别紧.我能到梦寐以求的浙大,并在陈、苏二位先生指导下学习,无疑是我这一生中第一次交了好运.

到浙大后，系里有些高年级同学劝我仍从一年级读起，但我还是决定照常插班数学系二年级.我的学习热情异常高涨.刚来浙大时，还去游泳及偶尔参加一些音乐业余活动等.一年后就放弃了一切业余爱好，专心致志于数学.我在大学三年级与四年级时，分别选修了陈建功教授的“复变函数论”与“实变函数论”课.浙大的分析课的精华是“级数概论”课，这门课的讲义是陈先生亲自编写的，课中严格地讲解了极限概念与一致收敛等.实际上，这是一个由中学数学转入大学数学的入门课.虽然以后不一定是陈先生自己授课，但都是用他的讲义.我学的是卢庆骏教授开设的，是在二年级时学的.几何课分为坐标几何与微分几何，都是苏先生自己编写的讲义，后者已正式出书.我学这两门课时是由白正国先生讲授的.近世代数课是按范·德·瓦尔登的名著《近世代数》讲授的，由徐瑞云先生主讲.在这之前，我还选修过郭本铁先生的“矩阵论”，卢庆骏先生的“初等数论”与“高等微积分”.最后一年，选了卢庆骏先生的“概率统计”及张素诚先生的“拓扑学”.当时的助教有谷超豪、张鸣镛等，研究生有龚升、胡和生、夏道行等，人才济济.

浙大四年级时有一个学生讨论班，由老师给每个参加的学生指定一本书，学生自学，然后作报告，老师指导.这是浙大数学系的精华.通过这段学习，大大地提高了学生的自学与独立工作能力，为毕业后继续提高与从事研究工作创造了条件.在大学四年级时，在卢庆骏先生指导下，我报告过英格姆的名著《素数分布》，并在张素诚先生指导下，报告过几篇拓扑学文章.

在浙大时，给我印象最深的是全系的老师与同学都非常勤奋.例如陈、苏二老还从头学习俄语，并达到阅读专业书刊水平.他们的身教给我深刻的教育，是我终身学习的榜样.

二　哥德巴赫猜想（1952—1957）

我以优异的成绩于1952年在浙大毕业，由陈建功与苏步青先生推荐，经政府统一分配来中国科学院数学研究所工作.由于中华人民共和国成立前的中央研究院的数学所已迁至中国台湾地区，所以数学所是1950年重新筹建的.1952年正式建所，地址在北京美丽的清华园内，由华罗庚教授任所长.华先生是一个爱国者，他放弃了美国伊利诺伊大学的终身教授职务，于1950年率全家回国定居.

1953年秋，数学所最先成立了数论与微分方程两个组，分别由华先生与吴新谋先生任组长.成立数论组的原因是由于华先生擅长数论，成立微分方程组则是由于考虑到微分方程是数学理论联系实际的一个触角.那时数学所约有二十多人，数论组共六人，除华先生外，有越民义先生及1952与1953年大学毕业生许孔时、吴方、魏道政与我.还有进修教师严士健(北京师范大学)与任建华(西北大学)，微分方程组五人，其他数学家则在多复变函数论、代数、概率统计拓扑学、数理逻辑与泛函分析方面工作.除数学之外，还有人从事力学研究与计算机研制工作.我能跟华先生学习，在我一生中无疑是又一次交了好运.从此数论成了我的专业方向.这里有一个插曲.我最早是选择泛函分析作为研究方向的，并经关肇直与田方增先生认可.后来要成立数论组，才转而研究数论.

数论组成立后，华先生组织了两个讨论班.一个是“数论导引”讨论班，由他自己每周讲授一次.华先生用写一本书的办法来引导学生学习.他在西南联大及美国讲授数论课，曾写过一个约有十多万字的讲稿.他是在这个基础上撰写他的《数论导引》书的.每一章，华先生都先写出一个初稿，约占整章篇幅的百分之六七十，然后他在讨论班上讲一遍，指定一个人负责补充，并将整章完整地写出来，然后由越先生负责审核与修改补充后交华先生确认定稿.例如其中第九章素数定理与第十九章史尼尔曼密率就是由我负责补充的.仅仅用了两年多时间，全书就写完了，共六十多万字，于1957年由科学出版社正式出版.这样做，远比让学生去读一本现成的书要好，学生学习相当投入，有一种当家做主的感觉.这种写书也不同于“放羊”，即完全让学生自己去写书，如果那样做，往往就会前后不连贯，风格各异了.通过“数论导引”讨论班，参加者对数论的基础知识有了较全面的了解与掌握.

华先生自己擅长于指数和估计与圆法，但他一点也不保守.在一次数论演讲中，他指出维诺格拉多夫方法已经成熟了，当前应该研究赛尔贝格筛法与林尼克分析方法.华先生领导的另一个讨论班为“哥德巴赫猜想”讨论班.他组织这个讨论班的着眼点并不是要有人在这个问题上做出成果来，而是由于哥德巴赫问题的研究几乎跟解析数论所有的重要方法都有联系，其中也包括赛尔贝格方法与林尼克方法.以哥德巴赫猜想为主线来学习，就可以学会解析数论的所有重要方法.华先生说:“你们弄懂了解析数论,再学一点代数数论,就可以将解析数论的结果推广到代数数域上去.”

哥德巴赫猜想讨论班原计划分四个单元来进行：

1. 史尼尔曼密率,曼恩定理与赛尔贝格 Λ^2筛法.

2. 素变数的指数和估计,西革尔定理与维诺格拉多夫三素数定理.

3. 布伦筛法与布赫夕塔布方法.

4. 林尼克大筛法与瑞尼定理.

讨论班由学生轮流报告指定的论文,华先生则不停地提问题,务必使每一点都完全弄清楚,有时往往使主讲人讲不下去,长时间站在讲台上思考,这叫做“挂黑板”.有些报告的材料往往在讨论班上就得到了简化,所以讨论班进行得很慢,但参加者得益很大.讨论班并没有按计划完成.只完成了一、二、三单元,即由于“反右斗争”的到来而中断了.

华先生有个看法：凡是能够用得上布伦筛法的地方,都可以用赛尔贝格 Λ^2方法得到更好的结果.这就使得布赫夕塔布的结果(4, 4),即每个大偶数都是两个素因子个数均不超过 4 的整数之和,有了改进的可能.这个预测对我来说颇具诱惑力.那时我已对筛法产生了强烈的兴趣.

1954 年,波兰数学家库拉托斯基来北京访问.他带给华先生一些波兰数学家的论文单印本,其中有西尔宾斯基与辛哲尔关于数论函数的文章,例如他们证明了存在整数贯$\{n_i\}$与$\{m_i\}$使

$$\lim_{i\to\infty}\frac{\varphi(n_i+1)}{\varphi(n_i)}=0,\ \lim_{i\to\infty}\frac{\varphi(m_i)}{\varphi(m_i+1)}=0,$$

其中 $\varphi(n)$表示欧拉函数.华先生与我交谈后发现,用布伦方法可能得到更强的结果.我于当晚就用布伦方法改进了他们的结果.我证明了：任意给出一组非负实数 $a_1,\cdots,a_s$ 及 $\varepsilon>0$,皆存在自然数 n 使

$$\left|\frac{\varphi(n+v+1)}{\varphi(n+v)}-a_v\right|<\varepsilon,\ 1\leqslant v\leqslant s. \tag{1}$$

进而言之,存在仅与 $a_1,\cdots,a_s$ 及 ε 有关的正常数 c 及X_0,当 $X\geqslant X_0$ 时,在区间

$1 \leqslant n \leqslant X$ 中满足(1)的整数个数不少于 $\frac{cX}{(\log X)^{s+1}}$. *后来,辛哲尔在克服了一些困难之后,又将这一方法用于其他几个数论函数.我们合作了两篇文章,分别于1956年与1958年发表于波兰杂志上.这是我的处女作,使我感到分外喜悦.那时我国数学还较落后,能够和外国人合作两篇文章颇令人关注,为此《中国青年报》作了大篇幅的报道,使我很早就有了名气.我决定继续这方面的工作.不久我就将不等式(1)中的整数 n 换成了存在素数 p,用的是林尼克与瑞尼的方法.一方面,华先生肯定了我的成绩.另一方面,他又严肃地向我指出:"要有速度,还要有加速度."所谓"速度"就是要出成果,所谓"加速度"就是成果的质量要不断地提高.

我又继续转入哥德巴赫猜想的研究.除布赫夕塔布的论文外,所有用筛法处理哥德巴赫猜想的重要论文我都念过了.但国内找不到布赫夕塔布的文章,正巧这时听说科学院图书馆进口了一批老的俄文数学杂志,我立即到王府井科学院图书馆去借阅.这批杂志尚未编目,堆放在地上.幸好得到管理员的同情,让我就地看看,我花了一整天时间将布赫夕塔布的文章抄了下来.

我很快弄懂了布赫夕塔布方法的实质.它是一个恒等式,有了筛函数的上界估计及一个下界估计,即可以用这一恒等式得到其他点的下界估计.反之亦然.而且在不断的递推过程中,筛函数的上下界估计得到不断的改进,这样就会得到比布伦方法得到的筛函数估计更好得多的结果.在华先生的帮助下,我用 Λ^2 上界方法改进了布伦方法得到的筛函数上界估计,再用布赫夕塔布方法即得到更好的筛函数下界估计.从而我于1955年改进了布赫夕塔布的(4, 4),而证明了(3, 4).

这时有传说苏联有个数学家证明了(1, 3).我立即写信给在苏联留学的大学同班同学孙和生,请他打听一下.他很快回了信,告诉我这是阿·维诺格拉多夫宣布了(3, 3),并附来其摘要文章的手抄本.从中我了解到阿·维诺格拉多夫的结果是直接从 Λ^2 下界方法得到的.这一方法应该与我证明(3, 4)的方法的强度相当.我很快发现了他的证明中的不足.幸好在添加了新的想法之后,阿·维诺格拉多夫对(3, 3)的证明作了更正.

这时,越先生要我注意一下孔恩的文章.我立即注意到他证明了存在无穷多个

* 数论论文中的 log 一般是指以 e 为底的自然对数,即 ln.——编者注

整数 x，使 x^2+1 为不超过 4 个素数之乘积.这个结果用(3, 4)的方法是得不到的，所以其中必有新意.但国内找不到孔恩的文章.为此华先生专门致函吐朗，请他帮忙设法寄来孔恩的文章.不久，华先生收到了吐朗寄来的孔恩的文章的照相本.

其实，孔恩的方法就是利用筛函数上下界估计的组合来提高结果的强度.我很快将这一方法与我证明(3, 4)的方法结合了起来，并且证明了(3, 3)与 (a, b) $(a+b\leqslant 5)$. 这也就改进了孔恩的结果 $(a, b)(a+b\leqslant 6)$，这时已经可以预料到欲证明(2, 3)是完全可能的，但要涉及一些单重积分的近似计算.数学所正好有一架台式机械计算机，经过几个月的计算，我于 1957 年春证明了(2, 3).

华先生很高兴，他对我说："真想不到你在哥德巴赫猜想本身就做出了成果，你要是能够再进一步就好了.如果上不去的话，你这一辈子也就是这样了."这也真让他说中了，想不到我在 26 岁时就停住了，在攻难题方面不再有进步.但值得庆幸的是，还有中国的数学家以后在哥德巴赫猜想上取得了更进一步的成果.

华先生十分注意为数学所网罗人才.陈景润于 1953 年毕业于厦门大学(简称厦大)数学系，由国家统一分配来北京市第四中学教书.由于他不适宜做教学工作而被辞退.厦大校长王亚南调他回厦大做图书资料管理工作.由于他的刻苦努力，他将华先生的名著《堆垒素数论》中的一个结果作了改进，从而引起了华先生的注意，于 1957 年将他调来数学所工作.

1954 年，闵嗣鹤先生在北京大学数学系开设了数论专门化，共有四个学生.他们与数学所数论组的人关系很密切，常来参加哥德巴赫猜想讨论班.尤其是潘承洞的能力很强，他自学了林尼克方法，并且首先得到了算术数列中最小素数的定量估计：命 $p(l, q)$表示适合 $p\equiv l(\text{mol}q)$ 的最小素数，此处 $(l, q)=1$，$q>2$. 潘承洞于 1956 年证明了 $p(l, q)\ll q^{5448}$ (林尼克原来的结果为 $p(l, q)\ll q^c$，其中 c 为一个绝对常数).

华先生还在数论组创导过数的几何与超越数论的研究，可惜均未能得到发展.

三 新的探索(1957—1966)

1957 年进行了"反右斗争"，至 1958 年初逐渐告一段落.接着就是"大跃进"，并将它与“人民公社”“总路线”一起并列为“三面红旗”.左的路线在各地风行,人祸天灾,农业减产,人民生活陷入极端苦难之中.

科学界流行着所谓“厚今薄古”“理论联系实际”“拔白旗,插红旗”“外行领导内行”等,更不用说浮夸风与瞎指挥了.华先生受到了不公正的批判,被迫靠边站了.数学所的研究组被解散,代之以军队建制的四个指挥部.数论组被取消后,一些成员转入一个以运筹学为工作对象的指挥部中,从事线性规划,特别是运输问题数学方法的普及工作.这期间,我参与执笔撰写过两本小册子,对在中国工业部门普及线性规划起了一些宣传作用.

1957 年冬至 1958 年夏,我被下放到河北省藁城县农村进行劳动锻炼,与农民同吃,同住,同劳动.这一段时间完全脱离了数学工作.

如何将数学工作直接服务于工农业生产,确实是需要认真考虑的问题.我从农村回所工作后,就积极到周围几个工业院校去了解他们工作中对数学的需要.为此华先生和我一起学习过《矿体几何学》并合写过一篇文章.

1958 年,我们注意到苏联科学院 1957 年的工作总结中提到了两项重要的数学成果:一项是公用事业中的数学方法,即排队论,另一项为数论在多重积分近似计算中的应用.我还看到一篇关于积分近似计算的蒙特卡罗方法的俄文文章,讲到其中所需要的随机数服从均匀分布等.我曾拿了这篇文章给华先生看,他那天很累,不想看.我说:“就看一行吧.”他看完后很兴奋地说:“蒙特卡罗方法实质上就是数论中的一致分布论的应用.这就好像隔着一层纸,戳穿了就那么一点点东西.”

1958 年,我们见到了卡罗波夫发表于 1957 年苏联的《科学记录》上的文章,那是一篇借助于完整三角和估计来构造的多重积分求积公式的文章.1959 年,我们又见到他关于多重积分求积公式的极值系数法文章,他证明了:对于任何素数 p,皆存在整数矢量 $\underline{\underline{a}}(p)=(a_1, \cdots, a_s)$ 使

$$\int_0^1\cdots\int_0^1 f(x_1, \cdots, x_s)\mathrm{d}x_1\cdots\mathrm{d}x_s-\frac{1}{p}\sum_{k=1}^{p} f\left(\frac{a_1k}{p}, \cdots, \frac{a_sk}{p}\right)\ll C\,p^{-\alpha}(\log p)^{\alpha s}, \tag{2}$$

此处被积函数是周期的,且有傅里叶展开式

$$f(x_1, \cdots, x_s) = \sum \overset{\infty}{\underset{-\infty}{\cdots}} \sum C(m_1, \cdots, m_s) \mathrm{e}^{2\pi i(m_1 x_1 + \cdots + m_s x_s)},$$

其中

$$|C(m_1, \cdots, m_s)| \ll \frac{C}{(\bar{m}_1 \cdots \bar{m}_s)^{\alpha}},$$

$\bar{m} = \max(1, |m|)$，$\alpha > 1$及$C > 0$为常数.我们记这种函数类为$E_{\alpha, s}(C)$，$\underline{\underline{a}}(p)$称为模$p$的极值系数.1962年，那夫卡独立地得到了公式(2)，并称$\underline{\underline{a}}(p)$为模$p$的好格子点.

这一公式很优美，但要求出矢量$\underline{\underline{a}}(p)$，需$O(p^2)$次初等运算.从计算数学的眼光看，只能算是一条存在性定理，因此寻求一个直接的方法很重要.华先生以其敏锐的数学直觉及从具体特例入手的单刀直入研究方法而著称，他建议我先从$s=2$的情况入手.我们很快证明了如果在公式(2)中将素数换成任意整数n，(2)的左端都不会比$Cn^{-\alpha}\log n$更好.华先生预测当$s=2$时，用斐波那契贯可达这一误差.

我当时对数论方法的掌握还很不够，实际上是边学边干.斐波那契贯是从$Q(\sqrt{5})$的单位$-\frac{1}{2}+\frac{\sqrt{5}}{2}$的连分数展开中得来的.我嫌其系数$\frac{1}{2}$麻烦，所以改用了域$Q(\sqrt{2})$，其单位$-1+\sqrt{2}$的系数是整数.假定$\frac{p_n}{q_n}$是$\sqrt{2}-1$的第$n$个渐近分数，则我们证明了：

$$\sup_{f \in E_{\alpha,\alpha}(C)} \left| \int_0^1 \int_0^1 f(x, y) \mathrm{d}x \mathrm{d}y - \frac{1}{q_n} \sum_{k=1}^{q_n} f\left(\frac{k}{q_n}, \frac{p_n k}{q_n}\right) \right| \ll \frac{C \log q_n}{q_n^{\alpha}}, \tag{3}$$

这是一个臻于至善的构造性公式.华先生与我将这一结果发表于1960年的《科学记录》上.这是我们合作的第一篇有意思的应用数学论文.后来发现了苏联数学家巴赫瓦洛夫也证明了同样的结果，但他用的方法要间接得多.

如何将(3)式推广至$s>2$的情况？首先要推广斐波那契贯(F_n).华先生考虑到$\frac{F_{m+1}}{F_m}$是黄金数$\frac{\sqrt{5}-1}{2}\left(=2\cos\frac{2\pi}{5}\right)$的渐近分数，他认为应将黄金数推广为一般分圆域$Q(\cos\frac{2\pi}{m})(m \geqslant 5)$的整底，从分圆域的一组独立单位出发来构造整底的联立有理逼近.这一有理逼近就可以看作是斐波那契贯的推广.

详言之,取分圆域 $R_s=Q\left(\cos\frac{2\pi}{p}\right)$,此处 p 为一个素数 $\geqslant 5$.已知这是一个次数为 $s=\frac{p-1}{2}$ 的实代数数域,它有一组独立单位

$$p_l=\frac{\sin\frac{\pi g^{l+1}}{p}}{\sin\frac{\pi g^l}{p}},\ 1\leqslant l\leqslant s-1,$$

其中 g 是 $\bmod p$ 的一个原根.利用这一组单位可得一组单位 $\eta_l(l=1, 2, \cdots)$ 满足

$$\eta_l>l,\ \eta_l^{(i)}=O(\eta_l^{-\frac{1}{s-1}}),\ 2\leqslant i\leqslant s,$$

其中 $\eta_l^{(i)}$ 是 $\eta_l(=\eta_l^{(1)})$ 的共轭数.已知 $\omega_l=2\cos\frac{2\pi l}{p}(1\leqslant l\leqslant s)$ 是 R_s 的整底,所以

$$\sum_{i=1}^{s}\eta_l^{(i)}=n_l \text{ 与} \sum_{i=1}^{s}\eta_l^{(i)}\omega_j^{(i)}=h_{l,j}\quad(1\leqslant j\leqslant s)$$

都是有理整数.于是得到联立有理逼近

$$\left|\frac{h_{l,j}}{n_l}-\omega_j\right|=O(n_l^{-1-\frac{1}{s-1}})\quad(1\leqslant j\leqslant s).$$

$(1, h_{l,1},\cdots, h_{l,s-1}; n_l)$ 就可以看作是 $(1, F_l; F_{l+1})$ 的推广.于是我们得到一个求积公式

$$\int_0^1\cdots\int_0^1 f(x_1, \cdots, x_s)\mathrm{d}x_1\cdots\mathrm{d}x_s\approx\frac{1}{n_l}\sum_{k=1}^{n_l}f\left(\frac{k}{n_l}, \frac{h_{l,1}k}{n_l},\cdots,\frac{h_{l,s-1}k}{n_l}\right).\qquad(4)$$

得到这一公式所需的计算量仅为 $O(\log n_l)$. 因此是一个构造性公式,但遗憾的是我们无法估计(4)的理论误差.

这时我见到苏联数学家沙尔抵柯夫借助于计算机及卡罗波夫方法算出当 $2\leqslant s\leqslant 10$ 时一张关于 $(a_1, \cdots, a_s; n)$ 的表.这就启发了我放弃我们擅长的用逻辑推导的方法求理论误差的途径,改用模拟的手段,即先用台式计算机算出一个 $s=11$ 时的数据 $(a_1, \cdots, a_{11}; n)$,再请计算所的朋友将这一数据所对应的求积公式的数值

误差算出来.结果是颇为理想的.为此数学所还付给计算所 200 元机时费.华先生与我将成果写成了两个研究简报及一篇文章,分别于 1964 年及 1965 年发表在《科学通报》及《中国科学》上面.

几个纯粹数学的学科,如数论、代数、拓扑学与函数论,在三年“大跃进”中受到了特别大的冲击.1961 年夏,在颐和园中的龙王庙分别召开了这几个学科的学术会议.与会者在会上批判了这几年“左”的破坏.会后,数论的研究有所恢复.我参加了会议.

1960 年,潘承洞作为研究生毕业于北京大学(简称北大),由国家统一分配至山东大学工作.他发现匈牙利数学家瑞尼于 1947 年证明的著名结果(1, C),其中 C 是一个大常数,依赖于中值公式:

$$\sum_{D\leqslant x^{\eta}}\mu^{2}(D)\max_{\substack{l(\bmod D)\\(l,\,D)=1}}\left|\pi(x;\,D,\,l)-\frac{\operatorname{li}x}{\varphi(D)}\right|=O\left(\frac{x}{(\log x)^{A}}\right),\tag{5}$$

其中 $\mu(D)$表示麦比乌斯函数,$\operatorname{li}x=\int_{2}^{x}\frac{\mathrm{d}t}{\log t}$,$\pi(x;\,D,\,l)$ 表示适合 $p\leqslant x$, $p\equiv l(\bmod q)$ 的素数个数及 A 为一个常数>5.(1, C)中的 C 依赖于(5)中的 η,由瑞尼方法得到的 η 很小,所以 C 很大.

潘承洞对中值公式作了实质的改进,他证明了当 $\eta=\frac{1}{3}-\varepsilon$ 时,其中 ε 为任意正数,(5)式成立,当然此时与 O 有关的常数依赖于 ε,并由此推出(1, 5).这时我又收到了苏联数学家巴尔巴恩寄来的论文,他证明了(5)式对于 $\eta=\frac{1}{6}-\varepsilon$ 成立.我将潘承洞的结果写信告诉了巴尔巴恩.不久,我又收到了潘承洞将(5)式中的 η 改进为 $\frac{3}{8}-\varepsilon$ 并推出(1, 4)的论文手稿.同时,我也收到了巴尔巴恩的信,信中说他已证明了 $\eta=\frac{3}{8}-\varepsilon$ 及(1, 4).我将潘承洞证明(1, 4)的方法告诉了巴尔巴恩,他回信说他的证法跟潘承洞的证法是一致的.这样一来,他们就独立地证明了(1, 4).同时,我又指出,从潘承洞的 $\eta=\frac{1}{3}-\varepsilon$ 即可以推出(1, 4).潘承洞在这一段时间中是奋力拼搏的，他给我写了约六十封信，但他在北大的未婚妻只收到了两封信.

1965 年，我们得知苏联数学家阿·维诺格拉多夫将(5)中的 η 改进为 $\frac{1}{2}-\varepsilon$，从而推出了(1, 3)，这样一来，哥德巴赫猜想的记录就落入外国数学家之手了.但阿·维诺格拉多夫的论证不易懂，我对此存有疑惑.事实上，他在以后对其文章作了修正.

幸好有陈景润，他不畏险阻.1965 年冬，他证明了(1, 2)，其中他用到阿·维诺格拉多夫的公式(5)，此处 $\eta=\frac{1}{2}-\varepsilon$. 1966 年，陈景润将(1, 2)在《科学通报》上宣布了，以后，这一杂志即因“文化大革命”的开始而停刊，陈景润总算搭上了最后一班车.陈景润证明(1, 2)的方法是有创造性的，国外称之为“转换原理”.

这期间值得记述者为我在 1958 年做了模 p 的最小原根 $g(p)$ 的估计.特别在广义黎曼假设下，我证明了

$$g(p)=O(m^6\log^2 p),$$

其中 m 表示 $p-1$ 的互异素因子个数.这一结果与 $g(p)=\Omega(\log p)$ 已相差很近，至今尚无实质改进.1965 年我又对阶为 s 的两两正交拉丁方的个数 $N(s)$ 的上界估计作了改进.上述两个结果都是在有了灵感之后不到一个月之内完成的.

1958 年，中国科学技术大学(简称科大)成立，华先生被任命为副校长.他要去科大应用数学系兼课，他要创导“一条龙”教学法.他始终认为数学是一门内在紧密联系的学问，所以将基础课分成微积分、高等代数、复变函数论等分科来讲授是将数学人为地割裂开来了.华先生决定将所有的基础课放在一起教三年.他还兴致勃勃地订了一个颇有雄心的计划，即写一部六七卷的著作来阐述大学基础课.这一计划由于“文化大革命”的开始而中断.他只完成了二卷共四册，由科学出版社出版.

华先生要我做他的助手.教课的讲义由他先写出百分之七十左右，然后由我补充剩下的部分.补充的部分均为较成熟的教材或我们合作的东西.华先生每周上四小时课，我也上四小时课.我主要讲授教材中较为技巧性的部分及例题.若华先生有事，则他的课就由我代替.此外，学校还为我们配有助教，负责给学生出习题及批改作业.曾先后担任过我们助教的有韩京清、邓诗涛与周永佩.

1962 年，我与吴方一道在科大数学系组织了一个数论专门化.讲授数论导引、解析数论及指导毕业论文.学生有冯克勤、於坤瑞、朱尧辰、王连祥与蒋运财，再加上前两年来数学所数论组工作的谢盛刚与陆洪文.这些人都受过我的影响而取得不少成绩，可惜他们的工作刚开始即因“文化大革命”而中断.

我还与越先生一起协助华先生撰写了他的著作《指数和的估计及其在数论中的应用》.该书于 1959 年在东德正式出版.

四 劫难（1966—1976）

1966 至 1976 年，整个国家遭受了十年“文化大革命”（简称“文革”）的浩劫，大批老干部、科学家、教师、工程师、医生与文化艺术工作者都遭到残酷迫害，研究所与大学的工作都被迫全部停顿了.

幸好华先生得到了毛泽东主席与周恩来总理对他的特殊保护，从而还未受到太大的冲击，但亦遭到红卫兵的几次抄家及被造反派批斗了几次.他虽然还可以较安稳地待在家里，并间断地到一些工业部门去普及“优选法”与“统筹法”（简称“双法”），但不能和学生交谈与进图书馆.

1964 年，我随数学所的人去吉林省梨树县参加“四清运动”，次年回所.1966 年即开始了“文革”.我亦遭到抄家与批判.1966 年 8 月 20 日数学所文化革命委员会筹委会召开了批判华先生的大会.事前筹委会的一个负责人曾召集华先生的学生越民义、万哲先、陆启铿、吴方与我交谈，要大家作一个联合发言，并指定万哲先起草发言稿，由我来念.当时大家的思想已被搞乱，认为理应这样做.事后反省，很感内疚.1968 年，随着“清理阶级队伍”运动的进行.我又被划入了数学所中一个所谓攻击无产阶级司令部的反革命小集团，受到更为严重的迫害.我于 1969 年冬被下放到湖北潜江“五七干校”劳动，1971 年夏回所工作.潜江是个血吸虫流行的区域，一些人曾由于防御不良而被染上血吸虫病，我幸运地未被染上.

1966 年冬，我与郭宝文结婚，并于 1968 年与 1972 年各得一子.小家庭的温暖是这几年苦难日子能够支撑的巨大力量.

1971 年，林彪的“九一三事件”发生了.周总理自“文革”开始后，就想方设法对科学院进行保护.1972年,他又调走了进驻科学院及其各研究所的"工人,解放军毛泽东思想宣传队",调来了周荣鑫主持工作,直至1975年.以后,周总理与邓小平副总理又调来胡耀邦、李昌与王光伟来科学院主持工作.他们拨乱反正,大力整顿,科学院开始有了生机.

实际上,从"九一三事件"后,人们即从短暂的困惑与疑虑中惊醒过来."文革"到底是什么?这时人们已从"文革"初期的狂热转向冷静.数学所的人悄悄地钻进了"业务"之中,几乎找不到一个真正的"运动"积极分子.

我在政治上受到迫害,生活上亦很困难.刚结婚时,我家被挤住在熊庆来先生家的食堂里,只有10平方米大小.有了两个孩子以后,才给了我一间16平方米的房子.吃饭、住宿与工作都在这间房子里.在晚上小孩子都睡着了,我才能够看书,并借用床的一角当桌子用来写字.

我已经多年不进图书馆,不读书,也不看数学杂志了,当然一点也不会知道国际上的数学发展.1971年,我首先用了两周时间去图书馆看看新书与新杂志,包括美国的《数学评论》.特别我了解到这些年来在丢番图分析方面有了很好的进展,我于是将以前在科大的几个学生组织起来一起学习.我们着重学习了贝克尔与施密特的卓越工作.

我们早就知道,如果要求得公式(4)的理论误差,就必须要一条大定理,即罗斯代数数的有理逼近定理关于联立逼近的推广.这一难题已由施密特在1970年解决了.利用他的结果,我们就证明了(4)式两端的差囿于

$$O\left(n_l^{-\left(\frac{1}{2}+\frac{1}{2(s-1)}\right)\alpha+\epsilon}\right). \qquad (4)'.$$

1972年,华先生参加了由廖承志率领的一个代表团访问日本.日本数学家告诉他"华-王方法"很成功,并送给他一本札伦巴主编的论文集,其中包含一篇哈波论述分圆域方法的文章,并首次用"华-王方法"来命名这个方法.华先生与我已经多年不来往了,他专门给我打电话要我去找他一下,我们研究了这本书,分享了成果得到承认时的喜悦.当时哈波还不知道公式(4)的理论误差(4)′已被我们证明了.从此我们中断了多年的合作又开始了.我们考虑了用PV数来构造高维求积公式,特别研究了广义斐波那契贯的理论与应用.

在“文革”前，最早是布赫夕塔布 1960 年出版的一本教科书《数论》上将(2，3)列为一条定理，以后，西尔宾斯基的书上也写了这一结果.又见 1963 年与 1964 年出版的卡罗波夫、巴赫瓦洛夫与沙霍夫的书与论文中征引了华先生与我关于分圆域最早的文章.这时，在图书馆里，我见到“文革”后期出版的一些书，如哈贝斯坦与罗斯、革罗斯瓦尔德的书及不少文章中都征引我这两方面的著作.我感到成果得到承认时的欣慰.这无疑是这么多年来辛苦的最大回报.

1972 年，部分学术杂志开始恢复出版了，陈景润将他(1，2)的证明全文投稿《中国科学》.该文被送交闵先生与我审查.最熟悉这方面工作的人是潘承洞与我，但那时彼此不能来往，只好由我独自来承担审稿任务.在这篇文章中，陈景润对他原来的证明作了相当简化.这时我们已经见到了庞比尼独立于阿·维诺格拉多夫发表的具有 $\eta=\frac{1}{2}-\varepsilon$ 的公式(5)的证明.实际上，庞比尼的公式中的求和范围可达到 $D\leqslant\frac{x^{\frac{1}{2}}}{\lim^{B}x}$，而且证明很清楚简洁.另一方面，阿·维诺格拉多夫也修正了他的证明.尽管陈景润(1，2)的证明结构很易于了解，但为了慎重起见，每一个证明细节仍应仔细推敲，为此我让陈景润给我整整讲了三天，待一切都清楚无误时，我也顾不得“文革”之极左，在他的文章审稿意见上写下了“未发现证明有错误”.闵先生也支持了他，(1，2)的证明全文终于得以在 1973 年《中国科学》上面世.

我也将与华先生合作的工作整理成三篇论文《论一致分布与近似分析》，分别在《中国科学》1973 年、1974 年与 1975 年发表了.1974 年，华先生曾收到国际数学大会作报告的邀请，他拟去报告分圆域方法及有关问题，可惜未能获准前往.这时华先生与我还策划写一本专著来全面阐述一下近似分析中的数论方法，由我先写出初稿.

1974 年，潘承洞与我之间的联系也恢复了.潘承洞已洞察到陈景润(1，2)的证明关键可以写成一条类似于(5)的中值公式，这样就得到了一个简化证明.当时参与一起讨论的有潘承洞、丁夏畦与我.我们三人合作了一篇文章.

1975 年，方开泰曾来问我高维求积公式的数论方法问题，这埋下了我们以后二十年合作的种子.

1971 年开始的“乒乓外交”使长期封闭的中国大门开了一下,以后就愈开愈大了.戴维斯是第一个来访的数学家.华先生主持了他的报告会,我去听了报告.接着,曾对中国数学发展作出过重要贡献的陈省身教授也访问了北京.我去听了他的报告并参与一起座谈.1976 年 5 月,美国数学家代表团一行十人来中国访问一个月,进行了广泛的交流活动.我向美国代表团报告了华先生与我合作的工作,受到了好评.

五 春回大地

1976 年 10 月 6 日,“四人帮”及其爪牙被捕.这实际上宣告了“文革”的结束.

如同冬去春来,到处充满着生机.当年,数学所就召集全国各著名大学数学系派代表来数学所商讨如何恢复与发展中国数学的问题.1978 年,在成都举行了停顿近二十年的中国数学会年会,我参加了会议并主持了数论组的论文报告.

1978 年 12 月,召开了党的十一届三中全会,决定将党的工作重点转移到现代化建设上来,特别是会议决定了改革开放政策.

我收到了去法国、西德与英国访问及开会的邀请.我很感谢党和政府对我的信任,批准我一个人单独去这三个国家访问三个半月.这是我第一次出国,也是当时很少几个出国访问的学者之一.1979 年 5 月至 8 月,我先后去法国高等研究院与波恩数学研究所各工作了一个多月,并顺访了法国与西德一些著名大学,再去英国达勒姆参加了一个国际解析数论会议后回国.在英国意外地碰到了正在英国伯明翰大学访问的华先生及国内来的潘承洞.潘承洞与我都被安排作了大会的全会报告,他与我分别在会上讲述了中国数学家在哥德巴赫猜想及高维求积公式方面的成就.这次访问,我向西方学者多次讲述了中国学者在封闭与极为困难的条件下取得的成就,受到了普遍的尊重与好评.回国后,我又多次作报告,介绍国外的数学研究、教学、管理制度、友好往来及个人感受等.对长期处于封闭状态的科技工作者,无疑是很有兴趣的.1980 年 10 月,我又参加了以华先生为首的中国数学家代表团,对美国作了一个月回访,然后我继续留在美国访问了两个多月,并与失散了三十多年的弟弟妹妹见了面并作短期团聚.直至 1995 年,我又去过四次美国和日本、加拿大、俄罗斯、新加坡、泰国、菲律宾等国，以及中国香港、澳门、台湾等地区，共计三十余次，总时间约五年.每次我都按期回来，没有多滞留一天.通过出访，学习了别人的长处，开阔了眼界，也宣扬了我国数学家的成就，广交了朋友.

1979 年 7 月，数学所分成数学研究所、应用数学研究所与系统科学研究所，我留在数学所工作.

春天降临了，可是我已年过半百，进入老年了，如何工作更适宜于我？必须认真思考.我决定一面做研究，一面应将过去的工作整理成书出版.由于研究分圆域方法，我对经典代数数论及丢番图分析也有了一些了解.1978 年，施密特来中国访问，我们有幸相识.1979 年，我们又在达勒姆会面了.1980 年，我去美国，专程到他那里访问了一个星期，并住在他家里，从而了解到他当时从事的研究工作.特别是他用哈代-李特伍德圆法求出了一般奇次型组最小解估计的工作.他的结果可以述于下：

命 $F_i(\underset{=}{x})=F_i(x_1, \cdots, x_s)(1\leqslant i\leqslant h)$ 为 h 个实系数的奇次型(即齐次多项式)，其次数均$\leqslant k$，则对于任何大数 E，皆存在常数 $c=c(h, k, E)$ 具有如下性质：当 $T\geqslant 1$ 及 $s\geqslant c$ 时皆存在整点 $\underset{=}{x}\in Z^s$ 满足

$$0<|\underset{=}{x}|\leqslant T, \ |F_i(\underset{=}{x})|\ll|F_i|T^{-E}, \ 1\leqslant i\leqslant h,$$

此处$|F|$表示型 F 系数的最大绝对值，$|\underset{=}{x}|$ 表示 $\underset{=}{x}$ 的支量的最大绝对值及与$\ll$有关的常数仅依赖于 k, h, E.

若诸 F_i 的系数为整数，则可以由此导出不定方程组

$$F_i(\underset{=}{x})=0, \ 1\leqslant i\leqslant h$$

的最小非寻常解估计.

这一结果深深地吸引了我.这是由于施密特将圆法用到了非加型的丢番图不等式组与方程组，而且在多变数之下，最小解的阶估计是臻于至善的.但施密特的结果对偶次型是不对的，例如 $F(\underset{=}{x})=x_1^2+\cdots+x_s^2=0$，除 $\underset{=}{x}=0$ 之外，就没有其他实解.这使我想起华先生在 20 世纪 50 年代曾说过，将解析数论的结果推广到代数数域去的研究方向.我猜想若在全虚域中求解，可能会取消型的次数为奇数的限制，至少对加型方程可以尝试.

从20世纪80年代初开始，我就着手学习西革尔关于代数数域上圆法的文章及日本数学家龙泽周雄与三井孝美关于西革尔方法的改进文章.

施密特定理证明的第一步为求出一个加型方程的最小解估计，再用德文坡德与海尔仆朗方法以证明定理对于一个加型不等式成立，最后用“对角化方法”得出一般定理.其中第一步是最关键的.大约用了两三年时间，我弄懂了西革尔方法并将它用于加型方程，证明了施密特关于奇次加型方程最小解估计在全虚代数数域中的类似.这时加型方程的次数是没有限制的.我将结果的证明详细写出，投交给波兰《算学学报》发表.

1985年至1986年，我应邀去普林斯顿高等研究院工作.正巧施密特也在那里.他建议我研究丢番图不等式，并预测他的结论在全虚代数数域中有类似，即对于任意次数的复系数型系成立.在这一年里，我证实了他的猜想.除将论文送交《数论杂志》发表外，我还开始写一本专著《代数数域中的丢番图与方程不等式》来全面阐述代数数域中的西革尔圆法与施密特方法及其应用.这本书于1991年由斯普林格出版社出版了.

20世纪70年代末，由于某个昂贵试验，要求用较少的试验次数以得出较好的试验结果来.常用的正交设计法所需的试验次数太多，不能应用，这就使方开泰来找我商量可否用数论方法来安排试验的问题.我们合作将数论方法加以移植.

首先要建立模型：假定有一个s个因素，每个因素有q个水平的试验要安排.我们将每个试验对应于s维单位立方体G_s中一个等距的有理点.这样共约q^s个等距有理点，我们在其中确定一个有$O(q)$个点的集合A.A在G_s中是均匀散布的.在A的点上安排试验，这就是所谓的“均匀设计”.由于试验次数一般只有几次至几十次，所以我们需要一些均匀散布的小样本，而过去数值积分法所具备的样本都是大样本.于是我们就借用卡罗波夫的“极值系数法”找到了一批小样本，这样就解决了问题.由此引发了方开泰与我长达二十年的合作.我们将数论方法用于有约束的试验设计问题，统计中的最优化问题，多元分布代表的确定及统计推断等.从20世纪90年代开始，我们撰写了一本书《统计中的数论方法》来阐述我们合作的结果，由方开泰负责执笔，由我补充.这本书已于1994年由卡普曼-霍尔出版社出版.

“文革”结束前，华先生与我即着手写第一本书《数论在近似分析中的应用》，这是总结高维求积公式的数论方法，其中包括华先生与我的工作.该书于 1978 年由科学出版社出版，被列为该出版社的《纯粹数学与应用数学丛书》第一册.那时，斯普林格出版社愿与科学出版社联合用英文出版一些中国数学家的著作.本书的英文版于 1981 年由它们联合出版.更早些，日本数学家江田义计将这本书译成了日文，由于英文版的面世而未出版.

我又应新加坡世界科学出版社之邀，编辑出版了《哥德巴赫猜想》一书，于 1984 年面世.

美国布克豪司出版社要华先生写一本书，总结他这许多年来在中国工业部门普及应用数学方法的书.他将这一写作任务交给了我.我根据他过去发表的文章及他的手稿与撰写的提纲写了一本书《在中华人民共和国普及数学方法的个人体会》，于 1989 年在布克豪司出版社由我们合作发表.可惜华先生未能见到书的出版.

1985 年，华先生不幸逝世，在他生前，我曾写过文章介绍他的数论工作，登于斯普林格出版社出版的《华罗庚文选》上，得到他本人的好评.我也写过一些与华罗庚生平有关的其他文章，这使我萌发了为他写一个传记的念头.他的学术成就，刻苦努力与自学成才的经历，热爱祖国与甘为人梯的情操，无疑对后人有激励作用.我将这一想法告诉他，他表示同意.以后他又给了我一张纸条写有他本人希望写的内容.实际上，主要是他的数学工作，此外，只涉及在“文革”中，他所受到的迫害，他对青年的关怀与他所从事的数学普及工作.特别说到，他小时候的事情就不要写了.

如果按照华先生的意见来写，恐怕只有数学专业工作者会有兴趣，对他们可能有些参考价值，一般人是不会有兴趣的.于是我决定较全面地写一下.除他的学术工作外，还应将他所处的历史背景，他的老师、朋友与学生也尽量作个交代.他的欢乐、彷徨与劫难也应该写出来.我尽量寻找一切资料.特别，1991 年在香港中文大学访问时，我充分地利用了该校“大学服务中心”中的丰富资料.我对当时的人与事，反复加以核实，务求真实.写作过程中，我还得到了华先生家属的支持与帮助，得到了我父亲的帮助，他以九十高龄为我搜集资料，审阅手稿并提出意见.

共有三十多万字的长篇传记《华罗庚》终于在 1994 年由开明出版社出版，第一次印刷一万多本.同时，中国台湾地区的九章出版社出版了繁体字版两千本，均销售一空.我还让“希望书库”无偿印刷一万册，供农村的农民与学生阅读.本书出版后颇引起各方面，特别是知识分子的关注.江苏电视台将本书改编为八集电视连续剧，已于1998年在中央电视台一台与八台各播了一次.斯普林格出版社决定将该书译成英文与日文出版.英文本是由肖文杰先生翻译的，我与他是在1979年达勒姆会议上相识的.以后，他曾翻译过《数论导引》并帮助我修改过《代数数域上的丢番图方程与不等式》的英文.日文本是由村上信吾先生及汉语专家仓桥幸彦先生合译的.我与村上信吾先生是1983年在日本相识的，以后又多次在中国见过面.

1996年以后，我先后应湖南教育出版社、斯普林格出版社与山东教育出版社之约，审订过去发表过的论文与报刊文章，准备出版我个人的论文选集.1995年之后，我开始练习毛笔字.

除了学术工作之外，我担负了一些行政工作.1984年至1987年，我任中国科学院数学研究所所长.这期间做的主要工作是与副所长杨乐一起提出将数学所办成面向全国开放的开放型研究所.这一倡议得到了科学院卢嘉锡院长与周光召副院长的支持，也得到了中国数学界的资深数学家的支持.自此以后，数学所为国内数学家，特别是边远地区的数学家提供了从事研究工作与交流学术的条件，受到国内数学界的广泛好评.

1983年至1987年，我被选为中国数学会副理事长.1988年至1992年任中国数学会理事长.在这段时间中，我着力抓了数学的出版工作：我尽量邀请中国数学家将他们的专长与贡献写成英文专著，并送到国外出版，从而将一批数学家推上国际数学舞台；主持翻译出版苏联数学大百科全书；担任《数学学报》主编，并主持改组编委会，使之年轻化.我先后参与并筹划了由数学会负责评选的由亿利达公司捐资的陈省身数学奖及由湖南教育出版社捐资的华罗庚数学奖.我参与主持了在北京召开的第31届国际数学奥林匹克比赛.值得一提的是我主持了修改中国数学会章程，将理事长不连任列入了会章.

我于1956年由实习研究员提升为助理研究员，1963年提升为副研究员，1978年提升为研究员，1980年当选为中国科学院数学物理学部委员（院士）.1992年至1998年被选为数学物理学部常委，1992年至1996年被选为数学物理学部副主任，1997年当选为中国科学院主席委员.1986年至1990年，当选为中国科学技术协会常委委员.1986年以后任全国政协委员.1982年，我与陈景润及潘承洞一起，由于哥德巴赫猜想的研究而获得国家自然科学一等奖.1987年与华先生一起,由于数论在近似分析中的应用研究而获得陈嘉庚物质科学奖.1994年,我获得何梁何利数学奖.1998年,接受香港浸会大学授予的名誉理学博士.

(《我的数学生活》首先发表于日本《科学》,1982(2):89-94;《我的回忆》发表于日本《数学讨论班》,1983:58-60.本文是在这两篇文章的基础上补充改写而成的)

我的青少年

一　童　　年

我出生时，父亲王懋勤是国民政府浙江省兰溪县县长.待我能记事时，父亲已调任浙江省政府民政厅第一科科长.我家就住在杭州荷花池头一个独门独院里.在我们的亲戚中，我们家的经济较富裕.我的祖母、两个姑母与姑父、叔叔都和我们住在一起，是个大家庭.我的母亲汪级秋是苏北宿迁县人，忠厚老实.由于我弟弟王克只比我小一岁，由我母亲带，所以我是由祖母带大的.我是长子，在家里颇受宠爱.我在四岁时就进入幼稚园，听说我很腼腆，常常独自坐在墙角里咬衣服尖，等着家里人接我回家.

刚入小学，抗日战争就爆发了.举家内迁.到哪里去呢？全家坐火车南逃，我们在长沙停了一个月.一路上兵荒马乱，我记得见到国军鞭打逃兵，惨不忍睹.以后又继续逃到柳州，住了一个多月.那时，姑父与叔叔都在柳州西南公路局做事，在他们帮助下，与他们家一起，坐汽车经贵阳到了重庆.

在重庆住了不久，就遇到日军空袭大轰炸，我们家只能辗转往乡下搬，最后落脚在江北县悦来场.这时我已十岁(1940年)，才开始正规地进了小学.在逃难的颠簸途中，父亲教我语文与算术，所以学业还没有完全荒废，这样一共上了两年小学就毕业了.第一年进的是家旁的一个小学，第二年转入高峰寺小学.学校与我的家隔着一条嘉陵江，我与王克就住校了，每周父亲接我们回一次家.

那时生活极苦，吃的是有霉味的平价米，米里还有不少杂物，需仔细挑选后，才能煮着吃.穿的是平价布，由我父母在油灯下帮我们缝.我们整天在野外玩，抓青蛙，摸鱼，我还敢抓住蛇尾巴，抖一抖，它就不动了.

我 11 岁时，父亲借来一本儿童读物《爱的教育》，由他读给我听，慢慢地我就能自己读了.我被书中充满了友爱的情节深深感动，人是需要爱的，也应该施爱于他人.

另一值得记述的事是我 11 岁时，我与王克去屋后面的水池帮家里抬水，三岁的小弟弟王光跟着我们去玩，他不慎掉进了水池，我那时还不会游泳，就毅然跳进水里，幸好水只齐腰深，我把他抱了上来.

二　中　　学

我 12 岁时，与王克同时考取了位于合川的二中，并在暑假学会了游泳.那时考取二中是一件令人羡慕的事.扬州中学是二中的老底子，绝大部分老师与同学都是逃难到四川来的所谓"下江人"，大家格外亲切友爱.我们住校，每年寒暑假才回家.二中就像一座音乐学校，同学自己将竹子锯成筒，蒙上蛇皮，做成二胡，几乎人人拉二胡，丝竹之声充满了学校.我的二胡是我们班里拉得最好的，我喜欢刘天华的作品"良宵""病中吟""空山鸟语"等.我也喜欢画画.虽然也画得不错，但我只会临摹，自己却创作不出一张像样子的画来.我还喜欢书法.这些方面，对于提高我的文化素养帮助极大.正课中我最喜欢数学与英语.我喜欢数学理论的精确与严格的逻辑推导方法，尤其喜欢平面几何"假设，求证，证明"这一套程式，它需要我们对矛盾进行细致分析，逐步深入思考，有时还要加几条辅助线才能证明出结果来.每当一个问题经过反复思考后，才找到了解决问题的线索，总能给我带来喜悦与满足.我喜欢英语，这是由于接触到一种新的语言，它的语法与汉语完全不同，对初学者是较困难的，这样反而激发了我的好奇心与钻研劲头.我不喜欢一些以叙述为主的功课，我觉得自己看看书就都懂了.我还喜欢一些课外活动，如到野外露营，自己支个锅炒菜煮饭吃，晚上还偷营，也喜欢到周围去远足.

我 14 岁时，父亲辞去国民党党部工作，去当时的中央研究院工作，历任总务主任、主任秘书等职.我们家仍住在悦来场.我 16 岁时，二中奉命解散，迁回江苏省丹阳县，我即离校随家里搬至重庆中央研究院宿舍住，在那里等候迁回南京，那时父亲已先期到南京接收.我们家的斜对门住着建筑学家梁思成.我们两家都只有一间房子,每天看到瘦弱的他,不是躺在床上看书,就是坐在打字机旁打论文.他的勤奋与刻苦,给我留下了终身难忘的印象.

我 16 岁时,全家搬至南京,住在中央研究院成贤街宿舍.我转入南京社教附中(后改为市立六中)就读.我们家的邻居有天文学家张钰哲、气象学家赵九章、历史学家傅斯年、经济学家邬宝三等.那时国民党很腐败,物价不断上涨,可是这些科学家仍然坚持科学研究,过着清贫与困难的生活,他们是高尚的人.由于社会的动乱,我又看了较多的美国文艺电影,再加上我的功课中只有数学与英语较好,我 18 岁时,高中毕业了,我报考了六所大学,只有英士大学与安徽大学录取了我与王克.到这个时候,我才后悔没有好好读书.

三　大　学

进了金华英士大学(简称英大)数学系后,我感到很失望:没有正规校舍,亦无甚图书设备,连课也开不齐全.不到半年,解放军就渡江了.那时父亲已随中央研究院机关去了广州,屡次来信催我们南下.目睹国民党的腐败,兵败如山倒,看来气数已尽了,又听说北大、清华均已恢复招生上课,所以我们决定留校等待解放,再全家团圆,然后重新参加高考,改变我的处境.

金华解放后,好运气来了,英大理工科学生被并入南方的最高学府之一浙江大学(简称浙大)继续就读.金华这一年,我们基本上没有上课,到了浙大,是再上一年级,还是上二年级?我决心闯一闯!这一年,我选了九门课.经一年拼搏,我门门都得到了高分.我一跃成为浙大的高材生了.

浙大在美丽的杭州,人杰地灵.尤其是她有一批著名学者,如我们数学系的分析学家陈建功、几何学家苏步青;我们理学院还有核物理学家王淦昌、有机化学家王葆仁、遗传学家谈家桢等.我听到陈建功、卢庆骏、张素诚、徐瑞云、白正国、郭本铁等教授的精彩讲课.特别那时陈老与苏老都已年过半百,仍从字母开始学习俄语,直到能翻译俄文数学书.他们跟年轻教师一道组织讨论班,互相切磋.这种精神深深地教育了我.

在浙大期间,家里已不能接济我们,除免去学费与食宿费外,生活费用方面,我曾得到父亲的同事与亲戚的资助.当时的中央研究院代理总干事、物理学家钱临照就给我们寄过钱.我还参加半工半读,如改低年级同学的习题本及理发等.

来浙大的第三年,我参加了陈老与苏老独创的在教师指导下的学生数学讨论班.我在讨论班上报告了英格姆著《素数分布理论》.从第三年开始,每周我就只听四五节课,其余时间都自学数学.来浙大的第一年,我还参加过学校的小提琴队,以后我就毅然放弃了这些业余爱好,将全部身心都投入到数学的学习之中.三年很快过去了.由于我的学习成绩优良,陈老与苏老推荐我来科学院工作.

好运气又来了,那时数学家华罗庚已回国,出任数学所所长.他那时刚过四十岁,年富力强.我幸运地拜他为师,向他学习数论.从此以后,我走上了一条通常数学家所走之路.

(本文曾发表于《中国科学院院士自述》,上海:上海教育出版社,1996:7-9)

我与数学

当一个人在某方面小有成就时，人们就会对他是否在小时候就有某方面的特殊才能或经历感兴趣.这也是人之常情，但实际上，常常不见得有什么特殊才能.

从我记事时起，知道我家住杭州.父亲是省政府的一个科长，家境较富裕.我七岁时，抗日战争爆发.父亲辞职，举家向内地逃难.途经浙江、江西、湖南、广西、贵州，经过几个月的跋涉，才逃到了重庆，受尽艰辛.虽然父亲在重庆又重新就业，但抗战时期的生活是非常艰苦的.在重庆住了不久，就碰上了日寇的大轰炸，我们家不得不向乡下搬.一直到抗战胜利搬回南京的八年中，我们家都住在江北县的农村，大部分时间住在悦来场.

由于经常搬家，在小学的六年中，我大概正规在校的时间还不足三年，其余时间都是父亲在家里教我.我经常跳级，所以仍在我 12 岁时，小学毕业.我父亲没有念过正规大学，是自学成才，通过浙江省公务员考试而逐渐步入仕途的，母亲是家庭妇女，大约是小学文化程度.父亲很聪明，可以教我小学的语文与算术，但算术的道理深究一下，他就说不清了.

我小时候很爱玩，我还有两个弟弟与两个妹妹.父亲要工作，母亲要操持一家人的吃饭与穿衣，无暇管我们.乡下很好玩，抓青蛙，抓鱼，爬树摘果子，游泳等，我都很喜欢.小学时，我对数学既谈不上讨厌，也谈不上特殊爱好.

我就记得我接受一个新的数学概念总比别人慢一些.倒不完全由于我的脑子笨，我不愿意盲目地死记硬背，“套公式”，而是要打破锅子问到底，弄懂其中的道理，所以往往需要一个较长时间的思考，才能逐渐体会与了解.因此，一旦掌握了就比较牢固.例如我第一次感到困难的是学习分数，弄不懂为什么分数加减必须先通分，其实是不了解分数的含义.例如为什么二分之一等于四分之二呢？我就不明白,恐怕至少经过了半年,我才逐渐明白了,原来一张饼切成两块,其中的一块就等于将一张饼切成四块中的两块是一样的.也就是说,分数的分子与分母各乘一个相同的非零数之后,分数是不变的.这样一来,分数的运算规则也就自然懂得了.

在小学的最后一年里,学的是"四则杂题"解法,其中最典型的问题是"鸡兔同笼"问题.例如一个笼子里放有鸡与兔子共 8 只,它们共有 20 只脚,问鸡与兔子各多少只.我不愿意套用老师教的解题公式,因为我不明白这个公式的来由! 慢慢地我想到了,如果 8 只都是鸡,那么应该是 16 只脚,可见一定有兔子,于是减少一只鸡,即 7 只鸡,一只兔子,这时共 18 只脚.再减一只鸡,即 6 只鸡,两只兔子,这时正好 20 只脚.我就是用这种笨的推移法解决了这类问题的.再回过头去看看书上的公式也就容易了解了.就这样举一反三,我就会解一些别的类型的"四则杂题",没有公式的问题也难不倒我.每当我有了新的体会时,总是给我带来莫大的喜悦与满足.抗战时期,好的中学很少,我考取了当时最好的二中与中大附中.

我进了位于合川县的二中,每当寒暑假才回家.念了四年,回到南京又读了二年,毕业于南京市立六中.中学这六年是正规念的.在中学阶段,我的兴趣很广,喜欢拉二胡、绘画与书法,还喜欢看小说、下象棋、打桥牌与游泳等.在初中时的英语、作文与书法比赛中,我都拿过名次.但有不少功课,我的考试成绩并不好,所以总成绩仍属中等.

数学是我爱好的一门功课,我接受新概念仍很慢,但经过一段思考之后,总是掌握得很牢固,例如当学到代数时,我非常兴奋地看到小学时非常困难的"四则杂题"竟然变得这么容易.只要列出方程就可以立即解出答案来.我更喜欢平面几何的严格推理及"假设,求证,证明"这一套程式.在高中时学了三角课,我很高兴地看到了直角三角形边与角的关系的实际应用,例如可以测量房子的高度与河的宽度.学了解析几何,我又一次兴奋地看到用代数方法可以很容易地解决一些困难的平面几何问题,几乎可以不要动脑子了.在南京的两年中,我看了过多的电影,不算很用功,所以只考上了英士大学与安徽大学的数学系.父亲希望我成为科学家,见到我对数学爱好,就鼓励我考数学系.另一方面,数学系也是一个冷门,比较容易考上.

在英士大学读了一年,金华解放了,我的第一次好运来了,我随英士大学并入南方最有名的浙江大学数学系就读,那时我 19 岁.浙大数学系有良好的学术环境,陈建功院士与苏步青院士长期在那里工作.我几乎放弃了一切业余爱好,全身心地投入于数学学习.由于我善于认真思考每一个新的概念,所以掌握得很牢,而且我还不停地将新的知识与过去的知识加以比较与总结.浙大虽有良好的老师,但我更愿意依赖自己的思考与努力,因此独立工作与学习的能力愈来愈强了.

大学毕业了,陈、苏两位老师推荐我到华罗庚院士那里工作.我的第二次好运降临了,政府分配我来中国科学院数学研究所工作,师从华罗庚院士,研究数论.由于我在大学得到了较好的基础训练及我的独立学习与研究的能力较强,在华老师指点下,很快作出了成绩,从此走上了一条数学家通常走的路.

(本文曾发表于《第二课堂》,广东省教育厅,1998(5):4-6)

结缘数论

一

1952 年,我毕业了.由于国家急需建设人才,下一班同学也提前毕业了.杜庭生早已退学,我们班共三个同学：孙和生与我被国家统一分配到北京中科院数学所工作,周先意留浙大任教.孙和生四年的平均成绩在 90 分以上,我正好 80 分,周先意 70 多分.孙和生对做研究工作的欲望不强烈.我记得他的志愿是去边远省份从事教育工作,但既已分配到中科院,也就服从了.王克则分配到南京航空学院教书.

初秋,杭州市分配到北京的学生同乘一趟火车一起到了北京,各用人单位均有人来车站迎接.中科院将分配来的大学生都集中在文津街的院部学习一个月,学习的文件为中科院第一副院长陈伯达的讲话.讲话中谈到共产党员在中科院的工作及他们与党外科学家的关系,老科学家与年轻科学家的关系,知识分子的改造问题等.陈伯达指出:“科学院的工作好不好,共产党员要负很大责任.”“共产党员如何能搞好工作呢? 是否可以滥用党的威信,妄自尊大,以党员身份发号施令,而认为一切科学工作者,不经他同意,不通过他,就不能做事情呢? 如果采取这种态度就是错误的.”“共产党员应该与科学家合作,向他们学习,在工作上帮助他们解决困难.”“老科学家应当爱护年轻的一辈,年轻人对老科学家要尊重,主要地要看到他们的优点,要向他们学习,请他们指教.”

我非常赞成这个报告,它一直深深地印在我的脑子里.直到“反右斗争”之前的五年,中科院基本上是按这个报告去做的,这五年是做研究工作的黄金岁月.以后,特别是“文革”开始后,陈伯达变得那么“左”.回想起他的报告,我感到茫然了.

国庆节后,我们下到各研究所.数学所坐落在清华园南门内一座二层小楼里.这一年共分配来四个人，除孙和生与我之外，还有来自清华大学的许孔时与来自北京大学的何善堉.所里给孙和生与我二人一间房，办公与住宿都在那里.华罗庚写了一首诗，表示欢迎我们来数学所工作.王寿仁用毛笔将华罗庚的诗写在红纸上，贴在门口.王寿仁还亲自做了一桌菜，欢迎大家.

那时，十分强调学习苏联.除华罗庚外，我们所的研究人员，包括吴新谋、王寿仁与田方增等，都参加了北大数学系举办的全国速成俄文班，我就住在北大未名湖边的教师宿舍里.经过一个月的强化学习，基本上学会了拼音与文法，达到依靠词典可以阅读俄文数学文献的水平.

所里一些人认为我们几个新来的大学生数学基础课没有学好，需要补习一年基础课.于是由吴新谋为我们开设《高等分析》课，他是按照菲赫金戈尔茨的分析教程教的；张素诚教《微分几何》，他自编讲义；《理论力学》由庄逢甘授课；还有段学复负责代数，他指定盖尔芳德的一本小册子《线性代数》，要大家用矩阵语言将书重新写一遍；分析与代数课分别由陆启铿与万哲先任助教，负责批改我们的作业.实际上，所里把我们的程度过于低估了，讲的东西太简单.在分析课堂上，我常常点出吴新谋的笔误.

我还是延续大学时已形成的学习方法，将主要时间花在自学上.为了巩固速成俄文学习，我选择了那他松著的俄文书《实变函数论》，认真读了两遍，基本上做了书的习题.我觉得这本书写得很清楚易懂.接着我读了刘斯捷尔尼克与索波列夫的俄文书《泛函分析》.这是我第一次接触泛函分析这个领域，接触到函数空间.记得在大学里，我最早喜欢的数学领域是“解析数论”.自从接触了“拓扑学”之后，就觉得解析数论过于技巧，所以对拓扑学更有兴趣.现在学习了泛函分析，又觉得这种将分析与代数融合起来的数学领域更有意思，它比拓扑学更易于把握其内涵.于是我认定我应该选择泛函分析作为研究方向.

二

一年很快过去了，1953 年底，所里决定要确定我们四人、1953 年毕业分配来所工作的大学生，及以前在所里的实习研究员的研究方向.那时，人们选择研究方向并不看导师是否有名或哪个领域"吃香",而是根据自己对数学的理解及兴趣来确定.当时,张里千就志愿从事数理统计研究;王光寅先是跟华罗庚搞解析数论,后来要求改微分方程;陆启铿志愿搞多复变函数论.此外,何善堉志愿搞力学;王传英搞计算机研制;龚升与胡和生则愿意留在上海,分别由陈建功与苏步青指导他们.所里都尊重并支持他们的选择.那时数学所决定成立数论与微分方程两个组,所以这两个方向要的人多一些.微分方程组为丁夏畦、王光寅、邱佩璋与孙和生,数论组则有许孔时、吴方、魏道政与王元.

开始,我并不想进数论组.读完刘斯捷尔尼克与索波列夫的书之后,我想搞泛函分析.分组前,我曾去找过关肇直与田方增,向他们表示了请他们指导我搞泛函分析的愿望,并告诉他们我已念过了刘斯捷尔尼克与索波列夫的书.关肇直与田方增表示欢迎我,很客气地说:"指导不敢当,你只要再念一点文章,我们就可以一起工作了."当时,他们对华罗庚很尊重,所以当他们得知华罗庚希望我去数论组工作后,立即表示支持华罗庚的意见.这样,我与泛函分析就无缘了.

另一方面,已经在代数方面工作的助理员万哲先跟我谈得比较多,我们经常在一起散步.他的意见很明确,认为我应该搞数论,应该跟华罗庚作研究.万哲先的意见逐渐地影响着我,使我逐渐地同意了他的看法.在大学时,我念过英格姆的书,对解析数论有点基础,也欣赏她的美.

三

记得1948年,当我在报上看到华罗庚的著作《堆垒素数论》在苏联科学院出版的消息时,非常激动.那时,父亲很希望我学数学.我就对爸爸妈妈说:"将来我要拜华罗庚为师."他们笑着说:"他肯收你吗?"当时只是一句玩笑话而已.直到33年后,在纽约,我的妹妹王之友才将这件趣事告诉了华罗庚.

1948年,我又在家里看到了父亲带回家的中研院院士候选人的材料,其中有华罗庚的材料,他是著作数量很大的一位候选人.

1952年,我们刚到数学所,华罗庚就在他的办公室接见了我们新来所的四个人.我心中一惊!这样出名的人怎么这样年轻?是啊,他当时才42岁呀!

有一次，华罗庚来我的宿舍，随便问了我一道题：如何将平面二次曲线化成标准型，并用矩阵表示出来.我当时未能立刻答出来.他说："怎么连这也忘掉了！"过了一天，我把答案给了他.其实就是在正交矩阵之下，将实对称矩阵化成标准型的问题.

在确定我们的研究方向前，华罗庚正在写《数论导引》讲义.他要出一个题目考一下大家：命 $p(n)$ 表示正整数 n 之分拆个数，则

$$\lim_{n\to\infty}\frac{\log p(n)}{n^{\frac{1}{2}}}=\pi\sqrt{\frac{2}{3}},\tag{1}$$

其中 log 表示自然对数.

华罗庚首先给大家作一个报告，他讲了一个用初等方法得到的估计：当 $n>1$时，

$$2^{[\sqrt{n}]}<p(n)<n^{3[\sqrt{n}]},\tag{2}$$

其中$[x]$表示 x 的整数部分，然后他又给出了估计式

$$p(n)<\mathrm{e}^{cn^{\frac{1}{2}}},\ c=\pi\sqrt{\frac{2}{3}}\tag{3}$$

的证明.他要求大家证明：任给一个 $\varepsilon>0$，皆存在正数 $A(\varepsilon)$，使

$$p(n)>\frac{1}{A}\mathrm{e}^{(c-\varepsilon)n^{\frac{1}{2}}}.\tag{4}$$

当然由(3)与(4)立即得(1).华罗庚要大家做完后，将卷子交给他.

经过几天努力，我证明了(4)并将考卷交给了华罗庚.后来，我知道张里千也交了卷.这实际上是一次开卷考试.大概是华罗庚对我的卷子较满意，所以才有意要我去数论组.

华罗庚热情地对我说："王元，你跟我搞数论，就这样定了吧！"这时，我已经有过一段时间的思考，决定志愿进数论组，于是我痛快地回答："好啊！"

就这样，我结缘了数论.

四

数论组成立时，除我们四个大学毕业生外，还有助理研究员越民义.他是筹备数学所时，由浙大调来所里工作的.越民义本来是搞分析的，他协助华罗庚指导我们.我们有什么问题不明白，常常去向他请教.此外还有 1952 年北京师范大学的毕业生严士健来数论组进修，他是闵嗣鹤的学生.稍晚一些，又由西北大学来了一个进修教师任建华.

从 1953 年冬开始，华罗庚亲自领导了两个讨论班：一个是数论导引讨论班，另一个是哥德巴赫猜想讨论班.每周各进行一次，每次半天.

数论导引讨论班由华罗庚一个人主讲.那时，他正在撰写《数论导引》这本书.在讨论班开始之前，他已根据过去的手稿，一口气写了六章，即整数之分解，同余式，二次剩余，多项式之性质，素数分布之概况及数论函数，并将讲义发给了听讲者.记得在浙大读二年级时，我曾选修了卢庆骏讲的《初等数论》一年课.虽然课程进行很慢，但我感到并非特别容易.其实，课程内容只是《数论导引》前六章的小部分.约一个月，华罗庚就讲完了前六章，我感到很浅显易懂.可见在不知不觉之中，我已经成熟多了.

以后的十四章，基本上都各章自成体系，有的章即为数论某一领域的导引，难度比前六章加大了，所以进度就慢多了.这时除数论组的五个人及两位进修教师外，其他旁听者也都退出了.

从第七章开始，讨论班的讲法变了.每一章华罗庚都先写出一个初稿，约占整章篇幅的百分之六七十，当然也就不发讲义了.华罗庚在讨论班上讲一遍，将讲稿交给许孔时、吴方、魏道政与王元中的一个人作补充，并将整章完整地写出来，交越民义审核，经他过目修改后交华罗庚定稿.严士健与任建华亦参加了部分工作.

我那时正在学习与研究筛法，所以第九章“素数定理”与第十九章“史尼尔曼密率”是由我负责的.这两章对原稿作了如下变动：在第九章的素数定理初等证明中，原来讲义写的是由赛尔贝格渐近公式推出素数定理的爱多士方法，改成了赛尔贝格方法，而且赛尔贝格渐近公式的证明也换成了塔吐撤娃与依赛基的证明.还增加了算术数列中有无穷多个素数的狄里克雷定理的初等证明，这里我采用了夏皮罗的证明.对第十九章，我也作了不少补充.其他由我负责的部分，修改都不大.

华罗庚用写一本书的办法，让学生一起参加工作来作为培养学生的途径是非常好的.这远比让学生去读一本现成的书要好得多.这是由于有了当家做主的感觉，所以大家是很投入的.这也不同于“放羊”，即完全放手让学生去写书，那样很可能前后不连贯，且风格各异.

当时，大家都为建设社会主义忘我地劳动，没有人想到或计较哪些章节是哪个人执笔修改的，要不要作个说明等.大家都尽力使书能够写得完美一些.由于越民义与我们的修改补充，所以内容比华罗庚的原稿有不少扩充并增添了一些新成果.

《数论导引》在1956年就完稿了.科学出版社很积极地组织了出版工作，1957年就正式出版了.全书共约60万字.

通过《数论导引》的学习，我们对数论有了一个较全面的了解.

五

哥德巴赫猜想讨论班的计划是华罗庚与越民义一起拟定的，计划分四个单元来进行：

1. 史尼尔曼密率、曼恩定理与赛尔贝格 Λ^2-上界方法.

2. 布朗筛法与布赫夕塔布方法.

3. 林尼克大筛法与瑞尼定理.

4. 素变数指数和估计方法，西革尔定理与维诺格拉朵夫三素数定理.

华罗庚曾谈起为什么要选择哥德巴赫猜想为讨论班的主题.他说：“我并不是要你们在这个问题上做出成果来.我的着眼点是哥德巴赫猜想跟解析数论中所有的重要方法都有联系，因此以哥德巴赫猜想为主题来学习，将可以学会解析数论中最重要的方法.”关于这个猜想，华罗庚说：“哥德巴赫猜想真是美极了，现在还没有一个方法可以解决它.”在谈到数论组的研究方向时，华罗庚指出：“你们弄懂了解析数论，再学一点代数数论，就可以将解析数论的结果推广到代数数域上去.”“关于代数数论，除《数论导引》第十六章外，再学两条定理，即狄里克雷单位定理与戴德金判别式定理，就可以边学习边工作了.”这就是所谓解析代数数论.这个方向直到 30 年之后，才由我将它搞了起来，这是后话.

在建所初的一次演讲中，华罗庚指出:“如果你们现在要搞解析数论，我劝你们不要再搞维诺格拉朵夫方法了(指韦尔和估计方法)，你们要学习林尼克方法与赛尔贝格方法.”

华罗庚还多次对我说:“并不是搞一大堆数学问题，都搞得不深入叫做有水平，而是搞一个问题，搞得很深，这才是真正的高水平.”在谈到他由数论改行时，他说:“我已经明白维诺格拉朵夫的韦尔和估计方法，不仅主阶已经无法再改进，甚至次阶，即对数阶亦去不掉.如果还有可能作出本质的改进，我是不会改行的，我要将韦尔和继续搞下去.”“我研究维诺格拉朵夫方法，每次都看到他把自己的方法又改进了，直到最后，我们才一起作了一个总结.”华罗庚所说的“总结”是指他在 1948 年的文章及维诺格拉朵夫的专著，华罗庚的结果略为强一点.直到几十年后，英国数学家乌利才又作了改进.

华罗庚还对我说:“数学结果要在历史上留下来非常困难.有时整个领域就不再提了.我年轻时，‘射影几何’很热闹，现在还剩下多少呢?”

虽然华罗庚的话都印在了我的脑子里，但我当时并不理解，直到很多年之后，才体会到他的远见卓识.

华罗庚倡议由数学所编辑出版两套专著丛书:甲种专刊为由个人研究工作总结而写成的学术专著;乙种专刊则是对某一领域的系统介绍，其目的在于使后学的数学家可以较容易地进入这一领域.这个计划在所内外得到了普遍的支持.

华罗庚计划在哥德巴赫猜想讨论班的四个单元都进行完之后，将全部材料完成综合性论文，在数学所乙种专刊或仿照苏联而创办的杂志《数学进展》上发表.当时在世界上的数论书籍中，都还只有包含这四方面某部分的内容，所以这确实是一个颇吸引人的计划.

计划的第一单元是以夏波罗与瓦尔加的论文为主线.他们证明了“每个充分大的整数都是不超过 20 个素数之和”.再补充其他材料，例如，曼恩定理，这是根据辛钦的书《数论三珠》的第二章来讲的.讨论班由我们四个 1952 年与 1953 来所的大学毕业生轮流讲.华罗庚则不停地提问，务必使每一点都弄清楚为止.华罗庚这种打破砂锅问到底的做法，常常使主讲人讲不下去，长时间站在黑板旁边思考，这就是所谓“挂黑板”.讨论班进行得很慢，但参加者收益颇大.

数学所刚成立时，几乎没有图书、杂志，这是由于中研院数学所搬去台湾地区时，将该所的图书、杂志都搬过去了.幸好华罗庚从美国带回来了不少书、杂志与论文单印本.他还留了一些钱在美国，续订由美国数学会出版的几种杂志，所以他能陆续收到由美国寄来的新杂志，供数学所的人自由借阅.华罗庚在他的办公室里放了一个小本子，拿走他的书、杂志或论文单印本之后，只要在小本子上登记一下就行了，归还时将登记的书目划掉.

华罗庚有一个未发表的“解析数论”手稿，其中有赛尔贝格的 Λ^2 -上界方法及素数定理的初等证明.我们能从他的手稿中读到这些材料，在全世界来说，也算相当早的了.

当时全国在全面向苏联学习，有些学科错误地批判了西方的某些学说.苏联的数学确实处于世界领先地位.华罗庚是很了解苏联数学的.由于他对世界数学的整体了解与修养及他一贯治学严谨，所以在学术上，华罗庚始终坚持一视同仁，既学习苏联的数学，也学习西方的数学.正是由于他的这种态度，使中国数学界，特别是数学所在学习苏联问题上所持的态度是正确的.

哥德巴赫猜想讨论班进行完第一单元后，接着进行第四单元的学习.我们报告了埃斯特曼写的小书《现代素数论导引》.1956 年开始“鸣放”，接着就是“反右运动”.这个讨论班就不了了之了，当然更谈不上出版乙种专刊了.

六

《指数和的估计及其在数论中的应用》一书是德国专业数学百科全书中的一册.华罗庚在接到撰写这本书的邀请后，觉得写书太花时间，本不拟写.由于关肇直认为撰写这本书是一个荣誉，劝他写，所以华罗庚就决定写了.

早在 1953 年，华罗庚就在为撰写这本书作准备了：越民义首先将美国的《数学评论》与联邦德国的《数学评论》中的有关文章之评论勾出来，交由关谷兰将它们在卡片上打字备用，真正动手写则是从 1955 年开始的.

大概是华罗庚觉得我还比较得力，他让越民义与我做他的助手.仍像撰写《数论导引》一样，他先用英文写出百分之六七十，然后由越民义与我分别作补充，最后由华罗庚定稿.我那时已对“筛法”下过一番工夫，所以有关筛法的部分是由我协助他的.

书写成后，由两位沙利教授译成德文，于 1959 年出版.

我在做华罗庚的助手时，工作很认真，就像做自己的研究工作一样，所以从中学到了很多东西.这本书每弄完一章，我就认真誊写一遍，然后才交给华罗庚审阅.

通过写作这本书，我了解了圆法、指数和估计方法及应用；了解了解析数论的历史；更进一步了解了华罗庚的写作风格.华罗庚不将书写成“豆腐账”，而是将主要方法与定理的证明思路概要地写出来，观点高但起点低.这一门学问在他脑子里是很清晰的，所以在写作时，他很少参看预先准备的卡片.由于我是用英文作补充的，所以通过这本书的写作，我基本上学会了用英文写数学论文的技能.

通过在数论组的几年工作，我认定数论是我终身工作的研究领域.

第二部分

数学巨擘

华罗庚的科研工作，常常是发展自己的原始思想，有自己的方法，这一点对于生长并长期工作在发展中国家的数学家来说，尤为难得.华罗庚的数学著作，无论是解决经典问题，还是建立一个系统的数学理论，都贯穿着一种独特的风格，这就是使用直接方法.他的写作特点上亦有这样的风格，从不玩弄名词，故弄玄虚，而是深入实质，语言朴素.

我的老师华罗庚

我的老师华罗庚教授是我国现代史上杰出的数学家，他的名字已载入国际著名科学家的史册.他是中国科学界的骄傲，是中华民族的骄傲.在这里，我想就我所知，谈谈华老对数学的贡献与影响，他的治学经验与他的爱国主义崇高品德.

一

华老的科研工作是从数论开始的.很多数论重要问题的解决，都可以归结为某种三角和的估计.三角和的估计是近代数论研究的中心问题之一.高斯是这个领域的创始人，关于二次多项式对应的完整三角和就称为高斯和.高斯本人解决了它的最佳估计问题.经历了二百多年之后，才由华罗庚在1938年解决了任意多项式，系数为整数的一般完整三角和的最佳估计.这项工作在数论中有广泛的应用，华林问题推广中的主要困难就是依靠这条定理克服的.所以，最广泛的希尔伯特-华林定理首先是在华罗庚手中形成的.国际上称华罗庚的关于完整三角和的成果为“华氏定理”.例如1971年出版的苏联维诺格拉朵夫的专著《数论中的三角和方法》与1981年英国沃恩的专著《哈代-李特伍德方法》都以整章或相当篇幅记述了这条定理及其应用.1957年，华罗庚应用怀依关于黎曼猜想的著名研究，得到了非完整三角和的精密估计，从而将华林问题的优弧部分做到最好程度，改进了哈代-李特伍德1920年的结果，国际称这项工作为“怀依-华不等式”.沃恩在他的书中，以整章论述了这一工作.1938年，华罗庚关于三角和的积分平均估计，是处理低次华林问题的重要工具，国际上称为“华氏不等式”.除沃恩的书外，1960年出的德文坡德的专著《丢番图方程与丢番图不等式》的第一章就是“外尔不等式与华氏不等式”.华罗庚关于维诺格拉朵夫方法的改进与简化工作，影响亦很大.他首先指出这个方法的核心为一个积分平均，华罗庚称它为维诺格拉朵夫中值定理.1950 年梯其玛奇的专著《黎曼 ξ-函数》，其中在论及维诺格拉朵夫方法时，就是采用华罗庚的形式.以后所有著作，包括帕拉哈、瓦尔菲茨、卡拉楚巴、沃恩等的名著中，都是按照华罗庚的形式来论述维诺格拉朵夫方法的.华罗庚的主要成果包括在其专著《堆垒素数论》中，这本书先后被译成俄、日、德、匈、英文出版，至今虽已四十年，仍为这方面研究所必须征引的文献.

华罗庚关于体论的工作，充分体现了代数的优美性.1949 年，他证明了“体的半自构必是自同构或反自同构”，这条定理去掉了体的半自构概念，由此可以证明特征≠2 的射影几何的基本定理.1956 年，阿丁在专著《几何的代数》中记述了这个定理，并称之为美丽的“华氏定理”.1949 年，华罗庚证明了“体的每个真正规子体均包含在它的中心之中”.H.嘉当最初证明这个结果时，用了复杂的伽罗华理论，并仅对可除代数加以证明，上述结果则是普芬威尔与华罗庚证明的，国际称为“嘉当-普芬威尔-华定理”.华罗庚关于典型群的工作有其特点，先解决低维问题，再用归纳法处理高维问题.相比于狄多涅从高维入手，不仅方法上更为初等，而且解决了用处理高维的方法不能解决低维问题的困难.华罗庚的工作后由万哲先继续深入发展与丰富.矩阵几何学是华老开辟的研究领域，这些工作完成于 20 世纪 40 年代.

1935 年，E.嘉当证明了共六类既约、齐次有界对称区域，其中四类称为典型域，二类是例外.1943 年与 1944 年，西革尔与华罗庚分别系统地研究了典型域.他们的工作侧重面有所不同，华罗庚证明了典型域的很多基本几何性质，西革尔关于自守函数论的专著中记述了华罗庚的结果.1953 年，华罗庚给出了四类典型域的贝格曼格与柯西核.特别是华罗庚首创用群表示论方法得到四类典型域的完整正交系，将它们加起来而得到柯西核.他把结果总结成专著《多复变函数论中典型域的调和分析》，先后被译成俄文与英文出版.这项工作有广泛的联系，英文版编者写道：“这项工作不仅对函数论，而且对于李群表示论，齐次空间理论与多复变自守函数论都是重要的.”这项工作也是以夏皮罗为首的苏联复分析学派的工作起点（参看夏皮罗专著《自守函数论》）.

在典型域调和分析这项工作的基础上，华罗庚与陆启铿进一步研究了典型域的调和函数论，他们给出了典型域的泊松核，解决了调和函数的狄利克雷问题.在此过程中，华罗庚发现了一组具有调和算子类似性质的微分算子，国际上称为“华氏算子”.

在这些研究的基础上，华罗庚首先研究了诸如酉群这类典型群上的富利埃分析问题，首先给出了酉群的阿贝尔求和.这方面的工作，由龚升继续深入系统地发展与丰富.

1958 年，华罗庚提出利用分圆域的独立单位系来构造多重定积分的求积公式，这种公式是很精密与有效的，国际上称为“华王方法”.

在总结多年来工业生产与管理中普及数学方法的经验与教训的基础上，华老提出了适合中国国情的优选法与统筹法，对这些方法进行了改进及简化.他又提出了计划经济的数学理论——正特征矢量方法.

华罗庚的科研工作，常常是发展自己的原始思想，有自己的方法，这一点对于生长并长期工作在发展中国家的数学家来说，尤为难得.华罗庚的数学著作，无论是解决经典问题，还是建立一个系统的数学理论，都贯穿着一种独特的风格，这就是使用直接方法.他的写作特点上亦有这样的风格，从不玩弄名词，故弄玄虚，而是深入实质，语言朴素.

像华老这样数学研究领域广阔的数学家在世界上也很少.在硬分析即精密分析方面，他的成就受到哈代与维诺格拉朵夫的高度评价.在另一个截然不同风格的数学领域——抽象代数方面，他的成就又得到阿丁的高度评价.国外报刊上高度赞扬华老成就的评价很多，其中征引了不少第一流数学家的话.自从我国执行开放政策以来，外国纷纷赠予华老种种荣誉头衔.如果他能和我们再多在一起几年，可以肯定，这些荣誉还会更多.在这里我不想介绍这方面的材料，而想谈谈他对学术评价的观点.

早在三十多年前，华老就说过：“历史将严格地考验着每个科学家和每项科学工作.大量工作经过淘汰只剩下一点点，有时整个数学分支被淘汰了.”1978 年后，他公开提出：“早发表，晚评价”，“努力在我，评价在人”等观点.上面列举的事实说明，华老的工作有的经历了三十年，有的经历了近半个世纪的考验.历史是无情的，但也是公平的，我相信华老是可以经得起历史考验的数学家.

二

华老的治学经验贯穿着一个总的精神，即不断进取的精神.他十九岁发表第一篇文章.二十岁发表的关于五次方程的第二篇文章，受到熊庆来先生的赏识，从而于 20 世纪 30 年代初来到清华大学.当时的研究工作很活跃，但科研方向不集中.华老从 1935 年开始，致力于哈代-李特伍德-维诺格拉朵夫方法，即堆垒数论的研究，取得了系统深入的结果，写成专著《堆垒素数论》.这时候，这个方向已经成熟，华老说过:"我如果继续搞三角和，大概顶多再写几篇好文章，也就结束了."他不顾已经成为著名数论学家的荣誉，毅然放弃了数论研究，宁可另起炉灶.从 20 世纪 40 年代开始，他进入代数领域工作，段学复是他当时的合作者，数论的合作者是闵嗣鹤.解析数论与代数是两个不同风格的数学领域，一个是精密分析，一个则要求漂亮简洁.他在体论、典型群、矩阵几何等方面取得了卓越成就，又开辟了自守函数与多复变函数论的研究，把分析与代数的技巧高度结合起来.可以说从 20 世纪 30 年代到 50 年代是他在理论数学研究上大力进行开拓工作的二十年.

中华人民共和国刚成立，他就回国了.除继续过去的研究工作外，他的工作重点转到了培养年轻数学家，致力于发展中国的数学事业.实际上，他把自己的研究工作愈来愈放到第二位来考虑.于 1953 年正式成立了数论组，他撰写了《数论导引》.后来又成立代数研究组，他与万哲先合写了《典型群》.后来又写《多复变函数论的典型域的调和分析》.他让学生们听讲，协助他修改讲义，使学生们受到了多方面的锻炼.这时期的学生有越民义、万哲先、陆启铿、龚升、王元、许孔时、陈景润、吴方、魏道政、严士健与潘承洞等.除他直接领导的三个组外，他还热情支持成立拓扑学、微分方程、概率统计、泛函分析与数理逻辑等研究室.特别在建所初期，就很重视应用数学与计算机研制工作，数学所设有力学组与计算机研制组，他对各方面都给予尽可能的关怀.他支持了他的老师熊庆来先生回国工作，使熊老晚年还能为中国数学作贡献，培养了杨乐、张广厚等学生.吴文俊是华老邀请来数学所主持几何学、拓扑学研究的.华老关心过冯康研究广义函数论；关心过关肇直、田方增研究赋范环论；也支持了张宗燧、胡世华、吴新谋、张素诚、秦元勋、王寿仁等的工作.听过华老讲课而受益者有王光寅、丁夏畦、张里千、丁石孙、曾肯成等.陈景润则是华老出面调来数学所工作的.从1958年开始,华老的工作进一步转向以培养后来者为中心.他为科技大学学生撰写了《高等数学引论》数卷,为研究生撰写了《从单位圆谈起》.一些研究生已成为我国数学界的中年骨干,如钟家庆、孙继广、冯克勤、陆洪文、裴定一、那吉生、徐伟宣等人.在这期间,华老又致力于对他不熟悉的应用数学做多方面探索,包括理论研究与到现场去普及线性规划.

从1965年开始,华老的工作又有了重大转折,决心将工作重点放到普及应用于工农业生产的数学方法上.他选择了以改进工艺为主的“优选法”与改善组织管理的“统筹法”来普及.为了让普通工人能明白,他对这两个方法作了简化,以最易懂的语言进行讲解.他写的两本小册子中几乎避免了数学语言.特别是他身体力行,不顾劳累和年老多病的身体,在近二十年的时间里,几乎跑遍了中国所有的省、市、自治区,到过无数的工厂,为群众教授数学,解决实际问题.二十年来,从没有动摇过他为国民经济建设从事数学普及工作的决心.陈德泉、计雷、李志杰、徐新红等是华老在这方面工作的助手.

他的一生就是这样不断进取的.当他看准了,就毫无顾虑地、毅然地、忘我地去干.干一件完全不熟悉的工作有可能将一无所成,还会遇到朋友的不理解,但是,各种困难都不能阻挠他向既定的目标前进.

三

华老是一个伟大的爱国主义者.他的不少优秀工作,如“华氏不等式”“体的半自构定理”等,都是在国外某个特定环境中受到启发而做出来的.1950年回国时华老才四十岁,当时他已经是世界上著名的数学家了,至少还有十五年到二十年时间可以做数学的开拓工作,成为更伟大的数学家.尽管回国后也可以研究数学,但吸收外来营养的机会就很少了.处于这种情况,对一个像他这样有成就的数学家来说,需要怎样的决心与毅力才能决定回国啊! 1979年以后,他重访了欧洲与美国,不少人问过他这样的问题:“你回国了,不后悔吗?”在英国,华老与我、潘承洞一道,就碰到过有人这样问他,华老只回以淡然一笑.1981年,费弗曼在《旧金山周报》上发表的《华罗庚教授在旅行》一文中，写有华老谈他当初决定回国时的想法："我留下是容易的，在美国对我的妻子、儿女及我的工作都是重要的，我回去与否呢？最后我决定了，中国是我的祖国，我的家乡.我是穷人出身，革命有利于穷人.而且，我想我可以做一些对于中国数学来说，是重要的事情."1977 年沙拉夫写的《华罗庚传》上引用了华老归国前与莱沫的谈话："中国是一个大国，一个伟大的国家，为什么要让数学这样落后呢？我们应该赶上去，我想我们是能够赶上去的."他回国后的言行，证明这些话是真实的，即他回国是为了把中国数学搞上去而贡献一切.尽管由于"左"的干扰，特别是所谓"文化大革命"的干扰，华老的才华未得到更大的发挥，但华老对中国数学发展所作的贡献，确是举世公认的.1980 年，科拉达在美国《科学》上发表了《华罗庚形成中国的数学》的文章.文中列举了他所访问过的科学家是怎样高度赞扬华老成就的话，其中有数学家赛尔贝格经过深思熟虑之后说出的一段话："要是华罗庚像他的许多同胞那样，在第二次世界大战之后，仍然留在美国的话，毫无疑问，他本来会对数学作出更多的贡献.另一方面，我认为他回国对中国数学是十分重要的，很难想象，如果他不曾回国，中国的数学会怎么样."科拉达文章的题目和结尾都用的是赛尔贝格的话.当然，形成中国的数学还有其他重要人物与因素，然而，华罗庚培养、影响与教育了中国的好几代数学家，毕竟是事实.我相信这些人对中国数学的发展是会长久起作用的.

华老在 1984 年 8 月 25 日写的《述怀》中有这样的话："学术权威似浮云，百万富翁若敝屣，为人民服务，鞠躬尽瘁而已."华老已经离开我们了，他留给我们的精神财富是丰富的，我们要把他的学问、品德与情操告诉后人，使后人从他的事迹中得到启发与教益.

（本文曾发表于《中国科学院院刊》，1986：79－83.这是在纪念华罗庚先生逝世一周年纪念会上的讲话的主要部分）

怀念陈省身先生

一

1944年，我父亲王懋勤到中央研究院任职，初任总务主任，后又任主任秘书.从那时起，他就认识陈省身先生了.但我第一次听到陈省身这个名字还是1948年，我念高三的时候.那时中央研究院选举第一批院士.我父亲将所有候选人的两大本材料带回了家，我看了一遍，记住了有一个数学家陈省身.

以后，我进了浙江大学数学系.在我将毕业的1952年，我看到了一本斯廷诺德的书《纤维丛》，书中引用了不少陈先生和他学生的文章，顿时使我激动万分.科学落后的中国，出了他这样一个有国际声誉的数学家，这是炎黄子孙的光荣.从此，他成了我心中的一个英雄.

从家里的来信得知，在中央研究院召开院士会议时，父亲见到过陈先生，并和他谈起有一个儿子学数学，所以陈先生知道了我的名字.

但是我们无缘相识."文化大革命"中，我被打成了数学所的"现行反革命小集团"之一分子，属于"敌我矛盾".1972年，中美解冻，陈先生回国访问.经"革命群众"批准，我可以去听讲，实际上，是要一些人去捧场.我有自知之明，每次都在最后一排选一个角落听讲，我总算目睹了陈先生的风采，聆听了他深入浅出的报告.他在北大作了关于初等微分几何的公众报告，给我留下的印象尤深.我不愿意连累他人，所以未前往相认.

1979年，我被"解放"了，而且允许我单独去法国、联邦德国与英国访问了三个多月.1980年，我又参加了以华罗庚先生为团长的"中国数学家访美代表团"访问美国.陈先生以东道主之一宴请代表团.在饭桌上，当介绍到我时，陈先生颇为生气地说:“在国内见不着你,倒在这见着你了!”我说:“您要见我太容易了,随叫随到.”他说:“随叫随到,好啊!”我想他已经明白,必须他主动,我们才能见面.

代表团回国了,我留下来继续访问与探亲两个多月.临回国时,我仍然途经旧金山.一天晚上,我去陈先生家拜访.这是我第一次拜访他.他的家坐落在一座小山上,旧金山的灯火夜景尽收眼底.我们边喝茶,边交谈.我记得他说:“基础理论研究一定要在中国搞,做得好的人一定要回国去.”他也关心华先生在“文革”中的遭遇,我告诉他,华先生在“文革”中,曾受到毛主席与周总理的保护,实属大幸.陈先生那样谦和地交谈,给我留下了难忘的印象.从此,谁也没有再提起过,为什么在长达8年的时间里,我竟没有去招呼过他.

二

往后,我们有了较多的接触.1990年陈先生与师母应邀访问中山大学,然后去珠江三角洲访问,有几个数学家陪同一起访问,我是其中之一.我们有一周时间朝夕相处.同年,我又参加了以卢嘉锡为团长的科协代表团到旧金山开会,我又一次拜访了陈先生,他亲自驱车到火车站接我,那是一辆很小的日本车.带我去了他在加州大学伯克利分校的办公室,然后又去了伯克利数学所的办公室.我们在研究所共进了午餐,谈了不少数学,他说:“首先要注意数学的品位,知道什么是好的数学及自己的工作所处的位置.”

这么多年,政治运动不断,不少学者曾受到“莫须有”的迫害.选择在国外发展是完全可以理解的,不应该有所非议.他真的会如我们初次见面时所说的:“做得好的人,一定要回国去!”老实说,我并不认为他需要实践这句话.2000年他真的回天津定居了.这样我就向他提出,希望到天津去看望他一下,他很爽快地答应了.

这些年我对陈先生的科普与自述性著作花了不少时间研读.了解了他对数学及数学以外一些事物的观点,知道他还对历史、诗词与书法都很爱好,他还用楷书为韦依的数论史的书题写了“老马识途”四个字.于是我带了两张临摹二王(王羲之与王献之)的行草书作为“见面礼”,果然一下拉近了我们的距离.他仔细看了我的字.我说:“这是送给您的.”他高兴地说:“送给我,好啊!”于是我们就聊起了数学,从古到今,任凭话题遨游,他是那样的谦和与平等,使我一点拘束也没有."数学"确实是数学家之间一个永恒的话题,同样的话多说几遍一点也不会烦人.我们谈到了数学的国际奖项问题,陈先生多次说:"一个奖是否重要主要看得奖人.由于量子力学的一些创始人得了诺贝尔物理奖,所以诺贝尔物理奖很重要.其他诺贝尔奖的影响就没有那么大了.菲尔兹奖章原来是奖励年轻人的一个奖章,因为有许多杰出数学家得奖了,所以就显得很重要了."他总是谆谆告诫大家,不要把奖看得太重了.有一次,他说:"不要评什么奖嘛,大家好好作研究不好吗!"跟陈先生谈过一次话就会给人永远难忘的印象.潘承洞多次跟我谈起,他在旧金山的时候,陈先生请他吃过茶点,推心置腹地谈话,使他很受感动.其实他跟陈先生只谈过这一次话.我想陈先生的诚恳与关爱,使他在朋友与晚辈中有着特殊的人格魅力.石钟慈与龚升也有同样的感受.陈先生多次表示欢迎我多去看看他,这确实使我受宠若惊,于是我每年总得去看他几次.记得有一个周末约好去看他,恰逢大雾弥漫,京津塘高速公路关闭了,只好作罢了.于是我跟他约定,顺延至下个周末,若再有不测,就继续顺延.

三

社会上有一种传说,陈先生与华先生不和,互相看不起,是否事实?我曾作过很多考察,他们二人在年轻时就都露出了头角,老一辈对他们确有不同评价,但都被视作接班人.1940年,在昆明成立"新中国数学会",年轻人中只有他们二人被选为理事,并被委以负责具体领导工作.华先生任司库,陈先生任文书,他们二人都协助苏步青先生编辑过《中国数学会学报》.所以他们既是好朋友,又是竞争对手.也许正是由于这种竞争,加速了双方的成才.《陈省身传》的作者[①]将他们早年的竞争比喻为"瑜亮之争"是适当的,应该说他们对数学的爱好与评价确有差异.

但更多的是相互的关爱与尊重.即使在他们二十多岁留学时,华先生就曾去德国与陈先生一道看过运动比赛,陈先生还专程去剑桥大学看望过华先生.在西南联大期间,他们二人与王信忠同住一屋一年多.1950年,华先生归国前,在芝加哥与陈

① 张奠宙,王善平.陈省身传[M].天津:南开大学出版社,2004.

先生作过长谈，想不到这一别就是二十多年.再见面时，大家都已年过花甲了，剩下就只有关爱了.《陈省身传》作了详细叙述，我还可以作点补充.当《陈省身选集(卷Ⅰ)》在斯普林格出版社刚出版时，陈先生就寄了一本给华先生.华先生将它放在汽车里，读了很多天.而当《华罗庚选集》在斯普林格出版社刚拿到书，华先生就立即寄给了陈先生.一年以后，华先生才买了几本，分送给他的几个最亲密的学生.华先生生前，中国数学会就设立了"陈省身奖".当时我是数学会的副理事长并分管这件事，当我告诉华先生时，他连声说："好啊！"后来，为了纪念华先生，青年团设立了小学生"华罗庚数学金杯奖"，陈先生担任了历届组委会的名誉主任.有一次，陈先生去中国科技大学，原本要向学生报告他学习与研究数学的经验，但当他听说华先生刚过世，就立即改变了演讲题目，讲述了华先生的生平与他们的友谊.

1984年华先生从美国访问回来，曾对我说："在美国，陈省身告诉王信忠说，华罗庚来了.王信忠请我们在一个旋转餐厅吃了一顿饭."这时，他们一定会回忆起40年前同住一屋的友情.

1985年，华先生去世了，我写了《华罗庚》一书，寄了一本给陈先生，他在不少场合都夸奖过这本书.

陈先生很爱才，虽然他对每一个人都很关爱，但对有才华的数学家是格外关爱的.正如《陈省身传》所说，陈先生称华先生为他在华人数学家朋友中之首是很自然的，他们彼此想得最多的华人数学家一定都是对方.

社会上喜欢谈论名人，对他们的某种分歧加油添醋，作为谈话资料，垫垫牙这是可以理解的，谁叫你是名人呢！

四

跟陈先生谈话次数多了，自然就跳出了数学的范围.我注意他过着宁静淡泊的生活，他在美国开的是一部很小的日本车，却送了五辆汽车给南开大学，其中包括一辆"奔驰".他天津的家比较宽大，但却很简朴，没有一张沙发.大家围着一张大长桌谈话，他则坐在轮椅上，他的家已经十多年没有粉刷了，显得相当破.有一次我去看他，那时他家正在修理暖气，他暂时住在南开大学的宾馆里.我劝他，何不趁这个机会把家里装修一下呢？他坚持说：“不装修，就这样很好！”

他跟我多次谈起他跟师母郑士宁的婚姻，他说：“我们的婚姻很幸福，我们从来没有红过脸，我挣的钱全部交给她管，她把整个家都包下来了，这就是运气.”他还谈到他身后的事，他说：“我会给南开留下一笔钱的，我想应该有100万美元.”

我们当然会谈到书法和诗词，他说：“小时候，家里给我一本字帖，我不知道这是要我照着写，把字帖放在一边，自由地写.”

有一次，他对我说：“你帮我写一点字，我喜欢3个诗人，陶渊明、杜甫与李商隐.”我问他写谁的？他说：“每个人都写一点.”陈先生喜欢陶渊明是看得出来的，他一向向往自由、平等与宁静.但杜甫与李商隐的代表作则是很悲的.于是我说：“陶渊明虽然是诗人，但代表作是《桃花源记》；杜甫的诗，我想写《登高》好吗？”他说：“好啊！”李商隐的写什么诗呢？我没有说.2002年，我万分有幸地收到陈先生寄给我的一张自制的精美贺年片，正面是陈先生的照片，背面有一首诗：

畴算吸引离世远，
垂老还乡亦自欢.
回首当年旧游地，
一生得失已惘然.

后两句与李商隐的诗《锦瑟》[①]是心心相通的，于是我猜想他是很喜欢《锦瑟》的.果然被我猜中了，这是他最喜欢的一首诗.[②]我将这三个作品用行草书写好了寄给了他.

五

2004年春节，我去天津向陈先生拜了年.4月在浙大，我们在一起待了近两周，一起去新建的雷峰塔玩，到他家乡嘉兴南湖泛舟，品尝了不少杭州佳肴，更作了多次交谈.我感到了他的听力已衰退了好多，或许是我说话底气不足了？差不多说话

① 锦瑟无端五十弦，一弦一柱思华年.庄生晓梦迷蝴蝶，望帝春心托杜鹃.沧海月明珠有泪，蓝田日暖玉生烟.此情可待成追忆，只是当时已惘然.

② 张奠宙，王善平.陈省身传[M].天津：南开大学出版社，2004.

都要说两遍才行.

5月,我又与杨乐及其夫人黄且圆一道去南开看望了陈先生,并在他家住了一晚.

9月3日在清华大学听了陈先生一个报告,并与他说了几句话,这是与他的最后一面!

10月,我收到他寄来的一本《陈省身传》.11月我又收到了传记作者张奠宙的来信,信上说:"如果你觉得可以和可能的话,敬请您能够写一则书评(在您为《陈省身文集》写的书评的基础上).""昨日因事路过天津,见到陈先生,谈到写书评时,提到杨振宁、李文林和您."①

我回函陈先生与张奠宙,大意是我会认真阅读《陈省身传》,并努力去做张奠宙要我做的事.我想他已经看到了我的回信.

安息吧,陈省身先生,我会永远记住您的.

---

① 在我写的《文集》读后感的基础上,不易写成一篇传记书评,特作一点评.《陈省身传》是一本全方位介绍陈省身的书,从他的出身、经历、治学经验与经过、成就与个人爱好、性格直至朋友、家庭都作了讲述,是研究陈先生的一本有价值的参考书,对他的学术成就的分析似不足,可参考其他文献.另外,本文是记述个人与陈先生交往的片段,可作为《陈省身传》之补充.

怀念冯康教授

冯康教授已经离开我们一年了.听到他突然病危时,我正住在301医院治疗前列腺,所以未能向他告别,深感遗憾.但他的音容始终清晰地印在了我的脑子里.

我们是1953年认识的,那时我来数学所工作已一年,他则刚从苏联学成回国.华罗庚所长领着他到每个办公室走走,将冯先生介绍给大家.鉴于广义函数论的重要及法国数学家薛瓦兹得到了1950年的费尔兹奖,华先生建议冯先生研究广义函数论及学习薛瓦兹的专著.冯先生很聪明,不久就学会了,而且写出了长达一百多页的综合性论文,发表在《数学进展》上,他还对广义函数的梅林变换公式得到了杰出的成果.

早在1944年,华先生就意识到计算数学的重要性.到20世纪50年代,由于计算机的日益进步,他更认为在我国发展计算数学是刻不容缓的事.我国十二年科学技术发展规划将计算技术列为重点之一,这就需要有一个年富力强的好数学家站出来领导在中国属于空白的近代计算数学.华先生看中了冯先生.但这是需要冯先生放弃自己熟悉的纯粹数学领域到一个完全陌生的领域去工作的问题,这两个领域连价值标准都不一样,所以这是不能勉强的.当华先生婉转向冯先生试探时,冯先生非常痛快地答应了.为此华先生多次表示他对冯先生的感谢.在以后的三十多年里,冯先生作出了国内外公认的成就.他在求解偏微分方程的有限元方法与基于辛几何的哈密顿系统算法方面的工作都是开创性的.他培养与指导了中国几代计算数学家,真可以说是桃李满天下了.现在近代计算数学在中国的众多数学分支中已属强项了,这首先应该归功于冯康先生——我国近代计算数学的奠基人与开拓者.

我与冯先生很熟,多次促膝长谈,由于他的坦诚,谈话竟达两三小时.他对数学的一般修养极好.他告诉我:“虽然我只搞一个方面,但我对其他方面还是注意的.”正因为这样,每次跟他谈话都能从中受到教益.冯先生对华先生很敬仰,感情也很深.他对华先生的敬仰是基于他对华先生工作的深刻了解.比国外《华罗庚传》的作者沙拉夫早很多年,冯先生就指出:“华先生的工作的主要长处之一是他用初等与简单的数学方法来解决困难的数学问题.”1985 年当冯先生得知华先生在日本突然过世时,很沉痛.在一次《计算数学》杂志编委会开会时,冯先生含着眼泪说:“让我们起立,为华先生默哀.”冯先生的学术道德尤其值得学习,他很正直,不搞小圈子,对学术评价公正,学风严谨,对自己要求严格.他很少发表论文,十分重视文章质量.

由于他的品德、学问与业绩,冯先生将永远留在中国数学家心上.我们要学习他,努力将中国的数学事业发扬光大,这将是对他最好的怀念.

(本文曾发表于《中国科学报》,1993)

陈景润：生平与工作简介

（与潘承洞合作）

陈景润于 1933 年 5 月 22 日生于福建省福州市.他的父亲陈元俊是一个邮政局职员，母亲于 1947 年即过世.由于父亲收入低微及家庭人口较多，所以家境相当贫寒.

陈景润在福州读完小学与中学.1949 年至 1953 年，他就读于厦门大学数学系.大学毕业后，由政府分配至北京市第四中学任教.因他对教师这一工作很不适应而被辞退.厦门大学校长王亚南了解他的处境之后，于 1955 年 2 月将陈景润调回厦门大学工作.

那时，陈景润对数论产生了强烈的兴趣.厦门地处海防前线，时常有空袭警报，需到防空洞躲避.陈景润就把华罗庚的专著《堆垒素数论》撕开，放几页在身上，走到哪里，学到哪里.《堆垒素数论》的第四章"某些三角和的中值公式(Ⅱ)"是用华罗庚的方法来处理低次多项式所对应的三角和的中值公式.第五章"维诺格拉朵夫的中值公式及其推广"则是用维诺格拉朵夫方法来处理高次多项式对应的三角和的中值公式.陈景润发现用《堆垒素数论》第五章的方法可以改进第四章的某些结果.他写了一篇论文《关于塔内(G. Tarry)问题》寄给了华罗庚.华罗庚将陈景润的论文交给中国科学院数学研究所的一些研究人员审查.陈景润的结果被确认是对的.华罗庚认为陈景润是一个很有才能的年轻人.

1956 年 8 月，中国数学会在北京召开"全国数学论文报告会".由华罗庚推荐，陈景润应邀参加大会，并报告了他关于塔内问题的结果，受到与会者的好评.由于华罗庚的赏识与推荐，陈景润于 1957 年 10 月被调到中国科学院数学研究所，并任实习研究员.

陈景润在中国科学院数学研究所的良好环境中，研究工作进展很快，取得了重要成果.他从研究三角和的估计及其应用入手，对圆内整点问题，除数问题，球内整点问题及华林(E. Waring)问题等著名问题的结果，作出了重要的改进.

从20世纪60年代中开始，陈景润又转入了筛法及其应用的研究，达到了他研究工作的顶峰.他对哥德巴赫(C. Goldbach)猜想及殆素数分布的研究成果有广泛的影响，受到国内外数学家的高度评价.1978年与1982年，他两度收到在国际数学大会上作45分钟报告的邀请.

陈景润一直多病，健康欠佳.在“文化大革命”的十年中，陈景润受到了错误的批判与不公正的待遇，使他的工作与健康都受到严重的伤害.1984年，陈景润不幸得了帕金森氏综合征，即使在这样的情况下，他仍不停地进行研究工作，并常与年轻学生讨论数学问题.1976年，“文化大革命”结束后，陈景润的工作与生活得到了政府很好的照顾，在他病重住医院的几年中，更得到政府对他的特别照顾.1996年3月19日，陈景润因病情加重，治疗无效而去世.

由于陈景润在数学上的突出贡献，他于1977年被提升为中国科学院数学研究所研究员，1980年当选为中国科学院学部委员.陈景润得到过国家自然科学一等奖，何梁何利数学奖与中国数学会华罗庚数学奖.

陈景润于1980年与由昆女士结婚，生有一个儿子陈由伟.

数 学 工 作

一　筛法及其应用

1. 表大偶数为素数与殆素数之和.

哥德巴赫猜想是1742年，哥德巴赫与欧拉(L. Euler)的通信中提出来的关于表整数为素数之和的两个猜想，即

每一个偶数≥6都是两个奇素数之和，　(A)

每一个奇数≥9都是三个奇素数之和.　(B)

显然由(A)可以推出(B).基于圆法及关于素变数三角和的估计,维诺格拉朵夫(И. М. Виноградов)于1937年天才地证明了,猜想(B)对于充分大的奇数成立.因此剩下要证明的就是猜想(A)了.利用维诺格拉朵夫方法还可以证明,几乎所有的偶数都是两个素数之和.详言之,命 $E(x)$ 表示不超过 x 的偶数中不能表示为两个素数之和的偶数个数,则 $E(x)=O(x(\ln x)^{-B})$,其中 B 为任意正常数,且与 O 有关的常数仅依赖于 B.

研究猜想(A)的另一个方法是筛法.筛法肇源于公元前250年的"埃拉朵斯染尼氏(Eratosthenes)筛法".1919年,布伦(V. Brun)对筛法作出了重大改进,并将它用于哥德巴赫猜想.命 P_a 表示素因子个数不超过 a 的整数.我们称 P_a 为一个殆素数.布伦证明了:

每一个充分大的偶数都是两个素因子个数不超过9的殆素数之和,简单记为(9, 9). (1)

我们可以类似地定义(a, b).不少数学家改进了布伦的方法与他的结果:(7, 7)(拉代马海尔(H. Rademacher),1924),(6, 6)(埃斯特曼(T. Estermann),1932),(5,5)(布赫夕塔布(A. A. Buchstab),1938),(4, 4)(布赫夕塔布,1940)及(a, b) $(a+b\leqslant 6$,孔恩(P. Kuhn),1954),其中布赫夕塔布与孔恩是将某些组合方法加以巧妙地运用,从而使布伦方法的威力大大地提高了.关于埃拉朵斯染尼氏筛法的另一重要改进是1947年赛尔贝格(A. Selberg)提出来的.综合以上的方法,王元证明了(3, 4)(1956)与(2, 3)(1957).

运用布伦筛法,素数分布理论及林尼克(Yu. V. Linnik)的大筛法,瑞尼(A. Rényi)于1948年证明了$(1, c)$,即

每一个大偶数都是一个素数与一个素因子个数不超过 c 的殆素数之和,其中 c 是一个常数. (2)

命 $\pi(x; k, l)$ 表示适合 $p\equiv l(\bmod k)$,$p\leqslant x$ 的素数个数.瑞尼关于(2)的证明中隐含了下面关于 $\pi(x; k, l)$ 的中值公式:存在 $\delta>0$ 使

$$\sum_{k\leqslant x^{\delta}}\max_{(l, k)=1}\left|\pi(x; k, l)-\frac{\operatorname{li} x}{\varphi(k)}\right|=O\left(\frac{x}{(\ln x)^{c_1}}\right), \tag{3}$$

其中 $\varphi(k)$ 表示欧拉函数，$\mathrm{li}\, x=\int_2^x \frac{\mathrm{d}t}{\ln t}$ 及 c_1 为常数≥5.1961 年与 1962 年，巴尔巴恩(M. B. Barban)与潘承洞分别独立地证明(3)式对于 $\delta=\frac{1}{6}-\varepsilon$ 及 $\delta=\frac{1}{3}-\varepsilon$ 成立，其中 ε 为任意正数，而与 O 有关的常数依赖于 ε.潘承洞并由 $\delta=\frac{1}{3}-\varepsilon$ 导出(1, 5).1962 年与 1963 年，潘承洞与巴尔巴恩又独立地证明(3)式对于 $\delta=\frac{3}{8}-\varepsilon$ 成立并推出(1, 4).注意有时(3)式中的 $\pi(x;k,l)$ 需换成一个加权和.1965 年，阿·维诺格拉朵夫(A. I. Vinogradov)与庞比尼(E. Bombieri)独立地得出 $\delta=\frac{1}{2}-\varepsilon$.庞比尼的结果得出的 k 的范围还更大一些，即 $\frac{x^{\frac{1}{2}}}{(\ln x)^{c_2}}$，其中 c_2 是依赖于 c_1 的正常数，由此导出了(1, 3).庞比尼-阿·维诺格拉朵夫公式的重要性在于有时可以用它来代替广义黎曼(G. F. B. Riemann)猜想.

1966 年，陈景润天才地引进了一个转换原理，从而证明了(1, 2)，即

每个大偶数都是一个素数与一个素因子个数不超过 2 的殆素数之和. (4)

命 p, p_1, p_2, p_3 表示素数，$A=\{a_v\}$ 为一个有限整数集合，及 $F(A;q,q')$ 表示 A 中适合下面条件的元素个数：$a_v\equiv 0 \pmod{q}$，$a_v \not\equiv 0 \pmod{p}$ $(p<q',\ p\nmid q)$，特别记 $F(A;q')=F(A;1,q')$.

命 n 为一个偶数，$A=\{n-p,\ p<n\}$，

$$N=F(A;n^{\frac{1}{10}})-\frac{1}{2}\sum_{n^{\frac{1}{10}}\leqslant p<n^{\frac{1}{3}}} F(A;p,p^{\frac{1}{10}}),$$

$$\Omega=\frac{1}{2}\sum_{\substack{p<n\\(p_{1,2})}}\ \sum_{\substack{n-p=p_1p_2p_3\\p_3\leqslant n/p_1p_2}} 1$$

及 $M=N-\Omega+O(n^{\frac{9}{10}})$，此处$(p_{1,2})$表示条件 $n^{\frac{1}{10}}\leqslant p_1<n^{\frac{1}{3}}\leqslant p_2\leqslant\left(\frac{n}{p_1}\right)^{\frac{1}{2}}$.借助于庞比尼-阿·维诺格拉朵夫中值公式及各种筛法可以得出 N 的一个正下界估

计,由此即得出(1, 3).陈景润引进 Ω,并给一个上界估计,从而使 M 有一个正下界.这样就证明了(1, 2).

2. 表偶数为两素数之和的表法数估计.

命 n 为偶数及 $D(n)=\sum\limits_{p_1+p_2=n} 1$ 表示将 n 表为两素数之和的表法个数.将赛尔贝格筛法用于集合 $A=\{a_v=v(n-v),\ 1\leqslant v<n\}$,则可以得到

$$D(n)\leqslant 16\sigma(n)\frac{n}{(\ln n)^2}(1+o(1)),$$

此处

$$\sigma(n)=\prod_{\substack{p\mid n\\ p>2}}\frac{p-1}{p-2}\prod_{p>2}\left(1-\frac{1}{(p-1)^2}\right).$$

若将赛尔贝格筛法用于集合 $A=\{a_p=n-p,\ p<n\}$ 并用到庞比尼-阿·维诺格拉朵夫中值公式,则可以得到 $D(n)\leqslant 8\sigma(n)\frac{n}{(\ln n)^2}(1+o(1))$. 但欲改进系数 8,则是很困难的事.1978 年,陈景润将系数 8 改进为 7.834 2.换言之,他证明了

$$D(n)\leqslant 7.834\,2\sigma(n)\frac{n}{(\ln n)^2}(1+o(1)). \tag{5}$$

3. 殆素数的分布问题.

素数论中有一个著名猜想:

当 $x\geqslant 1$ 时,在区间$[x,\ x+2x^{\frac{1}{2}}]$中恒有一个素数. (C)

首先是布伦在 1919 年,用他的筛法证明了,当 x 充分大时,在区间$[x,\ x+x^{\frac{1}{2}}]$中存在一个殆素数 P_{11},即猜想(C) 对 P_{11} 成立.布伦的结果被不少数学家加以改进.例如王元在 1957 年证明了存在 $P_3\in[(x,x+x^{\frac{20}{49}})](x>x_0)$.我们有兴趣于这样的问题,即对于用殆素数 P_2 代替素数时,猜想(C) 是否成立? 王元于 1957 年证明了,当 x 充分大时,有 P_2 满足 $P_2\in[x,\ x+x^{\frac{10}{17}}]$.1969 年,黎切尔特(H. E. Richert)将上面的结果进一步改进为$P_2\in[x,\ x+x^{\frac{6}{11}}]$,$(x>x_0)$. 1975 年,陈景

润对于 P_2 证明了猜想(C)，即当 x 充分大时，有 P_2 使

$$P_2 \in [x, x+x^{\frac{1}{2}}]. \tag{6}$$

陈景润在证明(6)时用到了加权筛法，其中余项估计用到了三角和的估计.1979 年，陈景润又用组合方法将(6)式中的 $x^{\frac{1}{2}}$ 改进为 $x^{0.477}$.陈景润的方法成为以后不少重要工作的出发点.

二　其他工作

4. 华林问题.

所谓华林问题是英国数学家华林于 1770 年提出来的关于表正整数为正整数的等方幂和的问题，即

对于整数 $k \geqslant 2$，恒存在一个仅依赖于 k 的整数 $s=s(k)$，

使每一个正整数都可以表示为 s 个非负整数的 k 次方幂之和.　　(D)

这一历史难题是 1908 年由希尔伯特(D. Hilbert)证明的.命使上面结论成立的最小的 s 为 $g(k)$.问 $g(k)$等于什么？或其上界估计？已有的重要结果为 $g(2)=4$(欧拉，拉格朗日(J. L. Lagrange)1770). $g(3)=9$ 很早即被菲弗立希(A. Wieferich)证明.狄克逊(L. E. Dickson)与皮勒(S. S. Pillai)独立地证明了当 $k>6$ 及

$$\left(\frac{3}{2}\right)^k-\left[\left(\frac{3}{2}\right)^k\right] \leqslant 1-\left(\frac{1}{2}\right)^k\left\{\left[\left(\frac{3}{2}\right)^k\right]+3\right\} \tag{7}$$

时有

$$g(k)=2^k+\left[\left(\frac{3}{2}\right)^k\right]-2,$$

此处$[x]$表示 x 的整数部分.皮勒又证明了 $g(6)=73$. 于是剩下要处理的只是 $k=4, 5$ 及使(7)式不成立的 k.陈景润于 1964 年完全解决了 $k=5$ 时的情形，即

$$g(5)=37. \tag{8}$$

用陈景润的方法还可以导出 $g(4) \leqslant 20$.直至 1986 年，巴拉苏仆勒曼尼(R. Balasubramanian)，德苏耶(J. M. Deshouillers)与坠斯(F. Dress)才证明了 $g(4)=19$(见[BDD86]).

5. 格子点问题.

命 $r(n)$ 表示将正整数 n 分解成两个整数平方之和的分法个数及 $r(0)=1$，则

$$A(x)=\sum_{0\leqslant n\leqslant x} r(n)$$

就等于落在圆 $u^2+v^2\leqslant x$ 中的整点 (u, v) 的个数.命 $d(n)$ 表示正整数 n 的因子个数,则

$$D(x)=\sum_{1\leqslant n\leqslant x} d(n)$$

就是在双曲扇形 $uv\leqslant x$，$u\geqslant 1$，$v\geqslant 1$ 中的整点 (u, v) 的个数.所谓圆内整点问题与除数问题分别为求最小的 θ 与 φ 使对于任何 $\varepsilon>0$ 皆有 $A(x)=\pi x+O(x^{\theta+\varepsilon})$ 与 $D(x)=x(\ln x+2\gamma-1)+O(x^{\varphi+\varepsilon})$ 成立,此处 γ 为欧拉常数而与 O 有关的常数仅依赖于 ε.数论中有一个著名的猜想：

$$\theta=\varphi=\frac{1}{4}. \tag{E}$$

还有一个著名问题为求黎曼 ζ-函数在临界线上的阶,即 $\zeta(\frac{1}{2}+it)$ 的估计.由于近代处理这些问题的方法都是类似三角和的估计,所以仅叙述圆内整点问题的进展.

首先是高斯(C. F. Gauss)证明了 $\theta=\frac{1}{2}$. 1903 年,伏龙诺耶(G. Voronoi)给予重要改进,他证明了 $\varphi=\frac{1}{3}$，1906 年夕尔宾斯基(W. Sierpinski)证明了 $\theta=\frac{1}{3}$. 1923 年,范·代·柯尔坡特(J. G. Van der Corput)引进了某种三角和的估计,将 θ 改进为 $\theta=\frac{37}{112}$. 迄至 1942 年,最佳结果 $\theta=\frac{13}{40}$ 是华罗庚得到的.1963 年,陈景润将华罗庚的结果改进为 $\theta=\frac{12}{37}$，即

$$A(x)=\pi x+O(x^{\frac{12}{37}+\varepsilon}) \tag{9}$$

现在最好的估计是依万尼斯(H. Iwaniec)与莫卓溪(J. Mozzochi)得到的 $\theta=$

$\frac{7}{22}$（见〔IM88〕）.

类似于圆内整点问题与除数问题有所谓球内整点问题与虚二次域的类数平均问题.详言之,命 $B(x)$ 表示球 $u^2+v^2+w^2\leqslant x$ 内的整点 (u, v, w) 的个数.求最小的 θ_1 使对于任何 $\varepsilon>0$ 皆有 $B(x)=\frac{4}{3}\pi x^{\frac{3}{2}}+O(x^{\theta_1+\varepsilon})$. 这就是球内整点问题.命 d 为整数 >0 及 $h(-d)$ 表示虚二次域 $Q(\sqrt{-d})$ 的类数.类数平均问题就是求最小的 φ_1 使对于任何 $\varepsilon>0$,

$$H(x)=\sum_{1\leqslant d\leqslant x}h(-d)=\frac{4\pi}{21\zeta(3)}x^{\frac{3}{2}}-\frac{2}{\pi^2}x+O(x^{\varphi_1+\varepsilon}).$$

1963 年,陈景润与维诺格拉朵夫独立地证明了

$$\theta_1=\varphi_1=\frac{2}{3}. \tag{10}$$

与圆内整点问题相类似,θ_1 与 φ_1 也有相应的改进.

6. 算术级数中的最小素数问题.

命 k, l 为满足 $(k, l)=1$ 的正整数,问在算术级数 $kn+l, n=0,1,2,\cdots$ 中是否有无穷多个素数.这个问题是狄利克雷(G. L. Dirichlet)于 1837 年解决的.命 $P(k, l)$ 表示上面算术级数中的最小素数.1934 年,邱拉(S. Chowla)曾猜想,对于任何 $\varepsilon<0$ 皆有

$$P(k, l)=O(k^{1+\varepsilon}), \tag{F}$$

此处与"O"有关的常数依赖于 ε.首先是林尼克于 1944 年证明了,存在常数 c 使

$$P(k, l)=O(k^c). \tag{11}$$

潘承洞于 1957 年最先定出 $c\leqslant 544\,8$. 其后不少数学家改进了潘承洞的结果,其中陈景润与他的学生曾证明过 c 可以取如下之值:

$$777,\ 168,\ 17,\ 15,\ 13.5,\ 11.5 \tag{12}$$

目前最佳估计 $c\leqslant 5.5$ 是希斯-仆朗(D. R. Heath-Brown)得到的(见〔HB92〕).

7. 哥德巴赫数问题.

凡可以表示为两个素数之和的偶数称为哥德巴赫数.前面定义过的 $E(x)$就是不超过 x 的非哥德巴赫偶数的个数.1975 年,蒙哥马利(H. L. Montgomery)与沃恩(R. C. Vaughan)将 $E(x)$的估计改进为:存在 $\delta > 0$ 使 $E(x) = O(x^{1-\delta})$,此处与"O"有关的常数依赖于 δ(见〔MV75〕).1979 年,陈景润与潘承洞首次提出

$$\delta > 0.01, \tag{13}$$

其后陈景润又将 δ 的估计改进为$\delta>0.05$.

8. 三角和的估计.

命 q 为整数 $\geqslant 2$ 及 $f(x) = a_k x^k + \cdots + a_1 x$ 为整系数 k 次多项式且满足 $(a_k, \cdots, a_1, q) = 1$. 引入完整三角和

$$S(f(x), q) = \sum_{x=1}^{q} \mathrm{e}\left(\frac{f(x)}{q}\right),$$

其中 $\mathrm{e}(y) = \mathrm{e}^{2\pi i y}$.当 $f(x) = ax^2$ 时,$S(ax^2, q)$ 就是有名的高斯和.高斯给出了估计式

$$| S(ax^2, q) | \leqslant 2\sqrt{q}. \tag{14}$$

对于一般的完整三角和估计这一著名问题是华罗庚于 1940 年证明的:

$$| S(f(x), q) | \leqslant c(k) q^{1-\frac{1}{k}}. \tag{15}$$

其中 $c(k)$为依赖于 k 的常数.(15)右端的阶 $1-\dfrac{1}{k}$是臻于至善的.1977 年,陈景润给出了 $c(k)$的估计:

$$c(k) = \begin{cases} \exp(4k), & \text{当 } k \geqslant 10, \\ \exp(kA(k)), & \text{当 } 3 \leqslant k \leqslant 9, \end{cases} \tag{16}$$

其中 $\exp(x) = \mathrm{e}^x$ 及 $A(3) = 6.1, A(4) = 5.5, A(5) = 5, A(6) = 4.7, A(7) = 4.4, A(8) = 4.2, A(9) = 4.05$ 等.

后记：关于陈景润的生平与工作，过去曾有过一些著作.例如〔HR74，W80，PP81，W84，W88，WYP88，Z91〕，在撰写本文时，作者参考了这些著作.

参考文献

〔HR74〕 Halberstam H，Richert H. E. Sieve Methods. Acad. Press，1974.

〔W80〕 王元.解析数论在中国.自然杂志（日本）[J]，1980，8：57－60.

〔PP81〕 潘承洞，潘承彪.哥德巴赫猜想[M].北京：科学出版社，1981.

〔W84〕 Wang Y.（Editor）Goldbach Conjecture.World Sci.Pub.Comp，1984.

〔W88〕 王元，陈景润.中国大百科全书，数学卷[M].北京：中国大百科全书出版社，1988，80.

〔WYP88〕 Wang Y，Yang C C，Pan C B，（Editors） Number Theory and Its Applications in China. Cont. Math.；Amer. Math. Sci. ；1988，77.

〔Z91〕 张明尧，陈景润.中国现代科学家传记[M].北京：科学出版社，1991.

〔BDD86〕 Balasubramanian R，Deshouillers J. M，Dress F. Problème de Waring pour les bicarres Ⅱ. *C. R. Acad，Sci.Paris，I Math.*，1986，303：161－163.

〔IM88〕 Iwaniec H，Mozzochi J. On the divisor and circle problems[J].*Num. Theory*，1988，29：60－93.

〔HB92〕 Heath-Brown D. R. Zero free regions for Dirichlet L-functions，and the least prime in an arithmetic progression. *PLMS*，1992，64：265－338.

〔MV75〕 Montgomery H. L，Vaughan R. C. The exceptional set in Goldbach's problem. *Acta Arith.*，1975，27：353－370.

（本文曾发表于《数学学报》，1996，39(4)：433－441）

回忆潘承洞

陈景润才走了一年多,潘承洞又走了.留下了一片空白,一片凄凉.

我是1952年在浙江大学毕业,由政府分配到中国科学院数学研究所工作的.1953年秋进入数论组,师从华罗庚先生研究数论.承洞正是1952年考入北京大学数学系.1954年,他选择了闵嗣鹤先生的数论专门化.这时,我们成了同行,就认识了.他刚20岁,我比他大4岁.数学所数论组还有越民义、许孔时、吴方、魏道政及进修教师严士健与任建华,1956年又调来了陈景润.北大数论专门化还有尹文霖,邵品琮与侯天相.早在西南联大时期,闵先生就是华先生的助手与合作者,所以两个摊子都搞解析数论,彼此关系很亲密.闵先生鼓励他的学生多与数学所数论组的人交流,多向华先生学习.他们常来数学所参加华先生领导的哥德巴赫猜想讨论班,得到了华先生的指导与熏陶.数学所数论组的年轻人也把闵先生看成老师,常向他请教.

承洞性格开朗,心胸开阔,襟怀坦白.他还有一大优点,就是淡泊名利,不与人争.这在数学界是有口皆碑的,所以他有众多朋友.我很喜欢与他交往,我们愈来愈熟了,彼此感到在一起时很舒畅.

承洞于1956年以优异的成绩毕业,继续留校做研究生.承洞很有才华,在他做学生的时候,就有突出的表现:命D与l为两个互素的正整数.又命以l为首项及D为公差的等差数列中的最小素数为$P(D, l)$,苏联科学院院士林尼克于1944年证明了$P(D, l)$的上界囿于D^C的著名定理,其中C是绝对常数.承洞于1956年定出$C \leqslant 5446$.其后的四十年中,引起了国内外不少著名数学家从事于C的估计的改进,他们的论著中总是要引用承洞最初的结果的.

接着“反右斗争”之后,就是“大跃进”.1958年夏天又开展了以批判武汉大学数学系党总支书记齐民友而引发的所谓“拔白旗，插红旗”运动.景润作为一个最“顽固”的“小白旗”被调到大连化学所去从事他所不懂的专业.直到几年之后，才被“落实政策”调回数学所工作.数学所数论组的其他人也都受到冲击，说他们搞“理论脱离实际”的东西.哥德巴赫猜想更被说成是“洋人，古人，死人”的“垃圾”.他们纷纷改行了.轰轰烈烈的数论研究就这样沉静下去了.诚如华老在纪念熊庆来先生的诗中所说“恶莫恶于除根计”.

当时，承洞是在校研究生，他还继续他的学业.这时有一个大学部的学生李淑英跟他相爱.几年后，他们喜结良缘，始终感情很好.承洞与我仍常见面，当然在一起待的时间不会很长.

1960 年，承洞研究生毕业了.像他这样可能已被划归为内部掌握的“白旗”了.北京没有单位要他.他被分配到济南山东大学（简称山大）去工作.我为他离开北京良好的研究环境而难过，我们依依相别了.

幸好山大领导不仅未歧视他，而且还相当看重与照顾他，使他能在山大继续从事“理论脱离实际”的解析数论研究工作.这时他已被哥德巴赫猜想迷住了.

首先是匈牙利数学家瑞尼于 1947 年证明了$(1,\ C)$，即每个充分大的偶数都是一个素数与一个不超过 C 个素数的乘积之和.哥德巴赫猜想本质上就是$(1,\ 1)$，但 C 的上界是什么？若用瑞尼的方法来计算 C，这将是一个天文数字，没有人愿意干.

承洞天才地洞察到瑞尼关于$(1,\ C)$的证明实质上依赖于一条素数分布的中值公式，其中有一个参数 Z，而 C 的值则依赖于 Z.Z 愈大，则 C 愈小.按瑞尼的方法，Z 是非常小的.承洞对这个问题作了重大改进，证明了 $Z=\frac{1}{3}$ 时，这一中值公式就成立，并导出了$(1,\ 5)$.承洞那时非常着迷，他给我的信件很多，将他的结果不断告诉我.当一个数学家做过一件工作而受到阻碍后，往往轻易不会相信这件工作还会有进展，这是对自己的迷信与偏见.我在证明了$(2,\ 3)$之后，就陷入这种思维的怪圈之中，所以我不相信承洞的结果，每每予以反驳，承洞再加以解释，彼此的信都写得很长.最后在无可争辩的情况下，还是承认了承洞的$(1,\ 5)$.这段时间，承洞总共给我写了六十几封信，淑英大概只收到了两封信，可见其拼搏之激烈.

正当我承认了$(1,\ 5)$后不久，我又收到了苏联数学家巴尔巴恩寄来的论文，他也证明了一条中值公式，结果比承洞的弱一点，即 $Z=\frac{1}{6}$，而且未有关于哥德巴赫猜想的应用.我将承洞的结果告诉了巴尔巴恩.这时我又收到了承洞证明(1, 4)的手稿与巴尔巴恩的信，信上告诉我，他已证明了(1, 4).我立即将承洞证明(1, 4)的方法告诉了巴尔巴恩，即用林尼克方法将他的中值公式中的 $Z=\frac{1}{3}$ 改进为 $Z=\frac{3}{8}$，巴尔巴恩回信说，他证明(1, 4)的方法也是一样的.这样，他们二人最后的结果是相同的.

1965 年，庞比尼与阿·维诺格拉多夫独立地将 $Z=\frac{3}{8}$ 改进为 $Z=\frac{1}{2}$，从而证明了(1, 3).庞比尼的结果略强一点，而且证明方法是独辟蹊径，十分简练，从而获得了 1974 年的费尔兹奖.

1966 年，景润证明了(1, 2)，又将哥德巴赫猜想的纪录夺回到中国数学家的手中了.图论组合学家王建方在国外访问时，曾有一个日本学者对他说“在 20 世纪 50、60 年代，中国的解析数论着实光辉了一下”，指的就是景润与承洞.

山大为承洞的成就而感到喜悦，1963 年，山大校庆期间，数学系请了三个客人，除夏道行是山大校友外，闵先生与我显然都是因为潘承洞而受到邀请的.这是我参加工作后第一次出差.我们被安排住在济南火车站附近的山东宾馆之中.那时还处于困难时期，每天能吃饱吃好，住得也很舒服，真是福气了.我庆幸承洞在山东时工作与生活都很愉快.

接着就是“四清”“文化大革命”，大家都未见过面，当然也不敢见面，一晃就是十几年.

1976 年，“十年浩劫”结束了，春回大地了.数学所于当年就召集全国各著名大学派代表来数学所商谈“如何恢复数学研究”“如何制订各个数学领域的发展规划”“如何在全国分工布局”等重大问题.一句话，怎样把二十年损失的光阴追回来.承洞与我终于又见面了.大家都没有兴趣谈这些年的遭遇，我们都憧憬着美好的明天.他给我带来了两斤花生米，那时北京每户每月只配给两斤蔬菜，每人半斤肉，我已记不得最后一次吃花生米是何年何月了.

1978年，党的十一届三中全会召开了.1979年8月，我们都应邀参加了在英国达尔姆召开的解析数论国际会议.同时应邀的还有华老与景润.景润未能去，华老与我已从欧洲其他地方先期到达了.承洞见到我们时高兴极了.承洞与我都是第一次出国，在异国他乡能碰见老朋友该多高兴啊.这一周，每天我们都去华老屋里，促膝谈心，傍晚一起散步，同桌吃饭.承洞与我都被安排在全会上作报告.1979年12月30日《光明日报》上登有林海采访华老后写的文章，文章说："王元与潘承洞在会上作了报告，不少人用'突出的成就''很高的水平'等评语，赞扬中国数学家在研究解析数论方面所作的努力.一些白发苍苍的数学家向华罗庚教授祝贺，祝贺中国老一辈的数学家培养了这样出色的人才."早在达尔姆会议之前三个月之中，我就在法国与西德多次作报告，介绍景润与承洞的成就，孤立状态下的中国数学家所作出的成绩，赢得了外国同行的高度尊重.

1980年夏天，承洞安排我与一些较年轻的解析数论学者十多人去青岛进行学术交流与度假.我们住在海边北海修船厂的招待所里.上午讨论，做研究，下午游泳，每天看着潮涨潮落.平静时，天水一片蓝，偶见几点孤舟.风起时，巨浪拍岸，声若闷雷.承洞是高度近视，不会游泳，也不能单独去海边岩石间与沙滩上漫步.经我多次动员，由我扶着他，我们一起去海边散了一次步.以后，我们又在济南与青岛聚会了几次.淑英每次都同去，她对承洞照顾得很仔细.

1986年，我当上了全国政协委员，承洞是全国人大代表.每年两会同时开会时，我们就约好在人民大会堂进门休息厅的右侧见面.这时我已听到传闻，他患有肿瘤病，又听说他在手术后，虽用化疗，但恢复得很快.他的造血功能很好，白细胞增加恢复得很迅速.这以后，我们在北京一起开会的机会就更多了.如每年的院士会议等.我们总是住在一间房子里.每次我都是最多住一个晚上，一起聊聊天.我注意到他睡眠很好，胃口也不错，可见他的心、肾都很健康.其实，我要求跟他住一屋的真正用心在于我可以住在家里，让他能得到更好的休息.

1992年，香港大学(简称港大)廖明哲教授邀请承洞偕淑英去港大访问两周.那时我正在香港浸会学院访问，这是我们第二次在海外相聚了.我曾去车站接送他，也陪他玩玩.山东省对他的关怀真让人羡慕.省里一家公司对他照顾得很好，不仅负责接送，还在北角安排了一个单元给他们夫妻住，在香港寸土如金的地方，有此待遇，恐怕是罕见的.我们还得空在承洞住处自己做了一顿丰盛的晚饭呢.

1994年，国家基金委在香港召开了一个会议，要我们二人参加，承洞很希望我去.大概因为事情太多，我未能去.不久，就听说承洞在香港时身体欠适，脸色很黄，其实是有新的肿瘤生成了.回济南后即住院治疗，山东省尽了最大努力，在全国遍访名医，手术进行了十一个小时，这是他第三次动手术.承洞竟奇迹般地康复了，不久他居然又可以来北京开会了.

1997年5月，承洞来北京参加院士会，前些日子他的眼睛又成功地动了手术，居然跟常人的眼睛一样了.过去开会时，吃饭与走路都要有人照顾一下他的，现在完全可以自理了，而且显得比平常人更精神一些，朋友们都向他表示衷心的祝贺.

不管怎么说，我们都老了.我对承洞说："从1995年，我65岁开始，我又重操中小学生时代的旧业，练习写毛笔字，这对修身与健康都有好处."我给了他几张我临摹的字看看，承洞很高兴，他说："我也要练字，我们学校有好几位书法家，我还可以请他们指教呢."

1997年10月，院士会在北京召开.我接到承洞的电话，他说腰痛，大概是骨质增生，不能来了，我也以为是小毛病，没有在意，只是安慰了他几句.最后他说："山大编辑了一本碑帖，我已托人寄了一本给你."以后又来过电话，问我收到了没有，直到11月10日我收到了，我们还通过电话，而且我告诉他："报纸已经登了，济南市给了你一套房子，并配有照片，我们大家都衷心地为你高兴啊."

12月27日上午，所领导给我电话，告诉我承洞已于凌晨两点走了，我被这一消息吓蒙了，顿时语塞，也不相信，一个多月前我们不是还通过电话吗！28日才从承洞的弟弟承彪处得到了证实并得知31日即将火化.他与淑英都不让我去济南.我还是买了31日8点去济南的机票，同行者还有数学会秘书长李文林.

6点多，我们就到机场去等候了，机场有告示，济南有大雾，航班延期，8点，9点，10点，至11点，才有广播说，10点40分的航班取消了.我们也只能去办退票手续了.至12点离开机场.第二天清晨接到电话："后事已办完，从党政军领导到群众，一千多人向承洞送别，大雾至晚仍未散去."

（本文曾发表于《科技日报》，1998年1月17日；《数学通报》1998(4)：1-3）

第 三 部 分

数学揽萃

1，2，3，…这些简单的正整数，从日常生活以至尖端科学技术都是离不开的.其他的数字，如负数、有理数等，则都是以正整数为基础定义出来的.所以研究正整数的规律非常重要.在数学中，研究数的规律，特别是研究整数的性质的数学，叫做“数论”.数论与几何学一样，是最古老的数学分支.

关于哥德巴赫猜想

1，2，3，…这些简单的正整数，从日常生活以至尖端科学技术都是离不开的.其他的数字，如负数、有理数等，则都是以正整数为基础定义出来的.所以研究正整数的规律非常重要.在数学中，研究数的规律，特别是研究整数的性质的数学，叫做"数论".数论与几何学一样，是最古老的数学分支.

看起来似乎是十分简单的数字，却包含着许多有趣而深奥的学问.这里，先就本文涉及的一些数学名词作一点解释.除了1以外，有些正整数除1与它自身外，不能被其他的正整数整除，这种数叫"素数".最初的素数有2，3，5，7，11，…另外的正整数，就是除1与它自身外，还能被别的正整数除尽，这种数叫做"复合数".最初的复合数有4，6，8，9，10，…所以正整数可以分为1，素数与复合数三类.凡能被2整除的正整数，叫"偶数"，如2，4，6，…其余的1，3，5，…叫"奇数".

任何复合数都是可以唯一地分解成素数的乘积，这些素数就是复合数的素因子，例如$30=2\times3\times5$等.所以素数在整数中是最基本的.素数性质的研究是数论中最古老与最基本的课题之一，早在欧几里得(Euclid)就已经证明了素数有无穷多个，但我们还没有判断任何一个正整数是素数还是复合数的切实可行的方法.借助于电子计算机，我们迄今所知道的最大素数是$2^{19\,937}-1$，共6 002位.又如我们可以证明$2^{16\,384}+1$是一个复合数，但我们并不知道它的任何因子.由此不难看出，我们能够证明与素数有关的命题是很少的.

在数论研究中，往往根据一些感性认识，小心地提出"猜想"，然后通过严格的数学推导来论证它.被证明了的猜想，就变成了"定理"，但也有不少猜想被否定了.

上面讲过，任何复合数都可以分解为素数的乘积，把复合数分解成素数之和的情况又如何呢？这里面是否有什么规律呢？

早在1742年,德国人哥德巴赫(Goldbach)就写信给欧拉提出了两个猜想:(1) 任何一个大于2的偶数都是两个素数之和(表为"1+1");(2) 任何大于5的奇数都是3个素数之和.欧拉(Euler)表示相信哥德巴赫的猜想是对的,但他不能加以证明.容易证明(2)是(1)的推论,所以(1)是最基本的.

1900年,德国数学家希伯尔特(Hilbert)在国际数学会的演说中,把哥德巴赫猜想看成是以往遗留的最重要的问题之一,介绍给20世纪的数学家来解决,即所谓希伯尔特第八问题的一部分.1912年,德国数学家朗道(Landau)在国际数学会的演说中说,即使要证明较弱的命题(3),存在一个正整数a,使每一个大于1的整数都可以表为不超过a个素数之和(注意:如果(1)成立,则取$a=3$即可),也是现代数学家所力不能及的.1921年,英国数学家哈代(Hardy)在哥本哈根召开的数学会上说过,猜想(1)的困难程度是可以和任何没有解决的数学问题相比的.

近七十年来,哥德巴赫猜想引起了世界上很多著名数学家的兴趣,并在证明上取得了很好的成绩.此外,研究这一猜想的方法,不仅对数论有广泛的应用,而且也可以用到不少数学分支中去,推动了这些数学分支的发展.

下面我们谈谈关于哥德巴赫猜想的一些主要成果.

早在1922年,英国数学家哈代与李特伍德(Littlewood)就提出一个研究哥德巴赫猜想的方法,即所谓"圆法".1937年,苏联数学家阿·维诺格拉朵夫(A. Vinogradov)应用圆法,结合他创造的三角和估计方法,证明了每个充分大的奇数都是三个素数之和,从而基本上证明了哥德巴赫信中提出的猜想(2).因此只剩下信中提出的猜想(1),这就是要证明命题(1+1)是正确的.

1920年,挪威数学家布朗(Brun)改进了有两千多年历史的埃拉多染尼氏(Eratosthenes)"筛法",证明了每个充分大的偶数都是两个素因子个数不超过9的正整数之和.我们将布朗的结果记为(9+9).1930年,苏联数学家史尼尔曼(Schnirelman)用他创造的整数"密率"结合布朗筛法证明了命题(3),并可以估计出a的值.但这一方法得到的结果不如前面讲过的三角和方法精密,我们就不叙述了.德国数学家拉代马哈(Rademacher)在1924年证明了(7+7),英国数学家埃斯特曼(Estermann)于1932年证明了(6+6),苏联数学家布赫夕塔布(Buchstab)又于1938年与1940年分别证明了(5+5)与(4+4).这就像运动员那样,不断地刷新着世界纪录.

我国数学家华罗庚早在20世纪30年代就开始研究这一问题,得到了很好的成果,他证明了对于"几乎所有"的偶数,猜想(1)都是对的.中华人民共和国成立后不久,他就倡议并指导他的一些学生研究这一问题,取得了许多成果,获得国内外高度评价.1956年,笔者证明了(3+4),同一年,苏联数学家阿·维诺格拉朵夫又证明了(3+3).1957年,笔者证明了(2+3).这些结果的缺点在于两个相加的数中还没有一个可以肯定为素数的.

早在1948年,匈牙利数学家瑞尼(Rényi)就证明了(1+b),这里b是一个常数.用他的方法定出的b将是很大的,所以并未有人具体定出b来.直到1962年,我国数学家潘承洞证明了(1+5),1963年,潘承洞、巴尔巴恩(Barban)与笔者又都证明了(1+4).1965年,阿·维诺格拉朵夫、布赫夕塔布与意大利数学家庞比尼(Bombieri)证明了(1+3).我国数学家陈景润在对筛法作了新的重要改进之后,终于在1966年证明了(1+2),取得了迄今世界上关于猜想(1)最好的成果.他证明了,任何一个充分大的偶数,都可以表示成为两个数之和,其中一个是素数,另一个或为素数,或为两个素数的乘积.陈景润的结果在世界数学界引起了强烈反响,为我国赢得了国际荣誉.正因为陈氏定理重要,不少数学家致力于简化这个定理的证明.目前世界上共有四个简化证明,最简单的是我国数学家丁夏畦、潘承洞与笔者共同得到的.

由上所述不难看出,哥德巴赫猜想也像其他经典问题一样,它的一切成就,都是在前人成就的基础上,通过迂回的道路而得到的.数学是一门很严格的学问,现在有些同志,连数论的基础书都没有认真看过,就企图去证明(1+1),这不仅得不到结果,浪费了宝贵的时间,反而把一些错误的推导与概念,误认为正确的东西印在脑子里,它对于学习与提高都起着有害的作用.我们要从中吸取有益的教训.我们认为愿意搞这类经典问题的人,应先熟悉已有的成果与方法,再作进一步的探讨,才会是有益的.既要有敢于创新的精神,更要有严谨的科学态度,这对于青年同志尤其重要.当然,这里谈的是经典数学问题.必须指出,在我国,应该有更多的人从事于研究更有直接应用价值的课题.这个道理大家都是很明白的.最后,让我们团结起来,为实现我国的数学事业全面赶超世界先进水平而奋斗吧.

(本文曾发表于《光明日报》,1978年8月18日)

素 数

序 言

在数学中,数论是研究数的性质,特别是研究整数性质的分支,它和几何学一样,是最古老的数学分支.

素数就是除 1 与其自身外,没有其他因数的大于 1 的自然数.在自然数列中,最初的几个素数是

$$2, 3, 5, 7, 11, 13, 17, \cdots$$

素数的性质是数论最早的研究课题之一,现在则已发展成为数论的一个独立分支——素数论.素数论是数论中十分有味与引人入胜的一个分支,它里面有着许多没有解决的奇妙的猜测.

这本小册子将介绍素数论方面的一些结果,前面一部分(一~十一)是算术部分.在中学的数学课中,平面几何学是训练逻辑推导最好的课程.此外,初等数论也能起到这个作用,它有助于培养分析问题和解决问题的能力.这一部分并不涉及更多的定义与知识,所以只要耐心阅读,高中的学生是可以看得懂的.但素数论方面的重要与深刻的结果,常常是用精深的数学方法,特别是精深的分析方法得到的.如果不讲这一部分,就会给人以错觉,好像近代的素数论研究,只要从整数与素数的定义出发,作一些算术推导就行了.事实当然不是这么回事,所以在十二~二十四中,我们将假定读者学过微积分并了解实数的极限概念.这一部分着重介绍近代素数论的一些问题与结果,而将证明省略了.讲这一部分的目的是给读者增加一点数学常识,属于近代数学的那些结论中,能让非专业人员了解的,也许除数论以外

就不多了.从这里也不难看到,虽然素数论中的许多问题表面上提法都很简单,但是近代素数论的重要成就,却往往是在近代数学成就的基础上,通过十分迂回的道路而得到的.反过来,为了解决素数论中的问题,也曾多次刺激并带动了其他不少数学分支的重要发展,因此素数论在数学中并不是孤立的,而是与很多数学分支密切相关的.由上所述,我们认为企图从整数与素数的定义出发,用简单的算术方法来处理这一类问题是不易收效的.不少事例表明这样做往往劳而无功,我们应该从中总结经验教训.总之,我们认为有兴趣于这类经典问题(例如哥德巴赫问题)的人,应该具备相当的数学知识与修养,而且应该先熟悉素数论中已有的成果与方法,再作进一步的探讨,才可能会是有益的.

这本小册子取材于华罗庚老师的著作《数论导引》(科学出版社,1957年)、《指数和的估计及其在数论中的应用》(科学出版社,1963年)及夕尔宾斯基著《关于素数——我们已知和未知的》(波兰,华沙,1961年).笔者仅仅作了一些整理与归纳,使读者更便于了解素数论的概貌.另外,由于上面几本著作都已出版十多年了,所以本书也引证了一些新的文献,供作参考.

在撰写的过程中,承蒙陈景润同志的热情支持与帮助,又承蒙于坤瑞、徐广善等同志帮助准备手稿,他们提出了不少宝贵的意见.我谨在此向他们致以最衷心的感谢.限于笔者的水平,错误与不妥之处,还希望读者不吝指教.

一　素数与复合数

自然数是指

$$1,\ 2,\ 3,\ \cdots$$

中的数.整数是指

$$\cdots,\ -3,\ -2,\ -1,\ 0,\ 1,\ 2,\ 3,\ \cdots$$

中的数.所以自然数就是正整数.

任意给出二整数 a 与 b,其中 $b>0$,如果有一个整数 c 使

$$a=bc,$$

就称 b 可以整除 a，a 称作 b 的倍数，b 称作 a 的因数，记为 $b|a$.假若 b 不能整除 a，就记做 $b\nmid a$.注意，这里因数都是正的.记

$$|a|=\begin{cases} a, & \text{当 } a\geqslant 0, \\ -a, & \text{当 } a<0. \end{cases}$$

我们称 $|a|$ 为 a 的绝对值.如果 $b|a$，而且 $1<b<|a|$，我们就称 b 是 a 的真因数.

显然，对于任何正整数 a 都有

$$1\mid a,\ a\mid 0,\ a\mid a,$$

这说明 a 至少有因数 1 和 a.

自然数可以分成三类：

1) 1，只有自然数 1 为它的因数.

2) p，正好有而且只有自然数 1 及 p 为它的因数.换句话说，p 是大于 1 而又没有真因数的自然数.

3) n，有两个以上大于 1 的因数.换句话说，n 是有真因数的自然数.

第 2)类数叫素数，又称质数.例如

$$2,\ 3,\ 5,\ 7,\ 11,\ 13,\ 17,\ 19,\ 23,\ \cdots$$

我们常常用 $p,q,r,p_1,p_2,\cdots$ 等来表示素数.

第 3)类数叫复合数.例如

$$4,\ 6,\ 8,\ 9,\ 10,\ 12,\ 14,\ 15,\ 16,\ 18,\ 20,\ 21,\ 22,\ \cdots$$

我们常常用 $n,l,m,a,b,\cdots$ 等来表示复合数.

2 能整除的自然数叫做偶数，如 2,4,6,8,…而 2 不能整除的自然数叫做奇数，如 1,3,5,7,…显然大于 2 的偶数都是复合数.所以只有一个偶素数 2，其余的素数都是奇素数.

二　唯一分解定理

引理 1　大于 1 的自然数 n 都可以分解成为素数的乘积.

证：如果 n 本身就是一个素数，那么定理就已经成立了.现在假定 n 是复合数，那么 n 总有一个最小的真因数 q_1.我们先证明 q_1 一定是素数.如果 q_1 是复合数，那么 q_1 还有真因数 r_1，当然 $r_1<q_1$，而且 r_1 也是 n 的真因数.这与 q_1 是 n 的最小真因数相矛盾，所以 q_1 是素数.记

$$n=q_1n_1,\qquad 1<n_1<n.$$

如果 n_1 已经是素数，那么定理即成立.如果 n_1 不是素数，假定 q_2 是 n_1 的最小素因数，即得

$$n=q_1q_2n_2,\qquad 1<n_2<n_1<n.$$

我们继续实行上面这种手续，得 $n>n_1>n_2>\cdots>1$，这种手续不能超过 n 次，最后得

$$n=q_1q_2\cdots q_k,$$

其中 $q_1,q_2,\cdots,q_k$ 都是素数(注意：$q_1,q_2,\cdots,q_k$ 不一定是互不相同的).这个式子叫做 n 的素因数分解式.引理证完.

例如：$10\,725=3^1\times5^2\times11^1\times13^1$.

我们可以把大于 1 的自然数 n 的素因数分解式写成

$$n=p_1^{a_1}p_2^{a_2}\cdots p_k^{a_k},$$

其中 $p_1<p_2<\cdots<p_k$ 都是素数，而 $a_1,a_2,\cdots,a_k$ 都是自然数.这个式子叫做 n 的标准分解式.

引理 2 如果 p 是素数而且 $p\mid ab$，那么必定 $p\mid a$ 或 $p\mid b$.

证：不妨假定 a,b 都是自然数.假定引理不成立，那么一定有一个最小的素数 p 使引理不成立.对于这个素数 p，又有最小的 ab 使引理不成立，即 $p\mid ab$ 而 $p\nmid a$，$p\nmid b$.

我们先来证明 $a<p$，$b<p$.假如不然，例如假定 $a>p$，由于 $p\nmid a$，所以用 p 除 a，所得的余数 a_1 必在 0 与 p 之间，即

$$a=kp+a_1,\ 0<a_1<p.$$

因此

$$ab=(kp+a_1)b=kbp+a_1b.$$

由 $p|ab$ 及 $p|kbp$ 得 $p\mid(ab-kbp)$，即 $p|a_1b$.然而 $p\nmid a_1$，$p\nmid b$，从而有 $a_1b<ab$ 使引理不成立.这与 ab 是使引理不成立的最小数的定义相矛盾.所以 $a<p$，同理可知 $b<p$，因此 $ab<p^2$.

现在来证明 $p|ab$ 而 $p\nmid a$，$p\nmid b$ 将引出矛盾.因 $p|ab$，所以 $ab=lp$. 若 $l=1$，那么 p 有真因数 a 与 b.这与素数的定义相矛盾.因此 $l>1$. 另一方面，上面已证 $ab<p^2$，所以 $l<p$.由引理 1 的证明可知，假定 q 是 l 的最小非 1 的因数，那么 q 为素数.由于 $l|ab$，所以 $q|ab$.因为 $q\leqslant l<p$，所以由 p 是最小的使引理不成立的素数这一假定，可知 $q|a$ 或 $q|b$.我们不妨假定 $q|a$.记 $a=a'q$. 由于前设 $q|l$，记 $l=tq$，代入 $ab=lp$ 得

$$a'qb=tqp.$$

因而 $a'b=tp$，即 $p|a'b$.但这样 $a'b<ab$，$p\nmid a'$，$p\nmid b$. 这与关于 p 与 ab 的假定相矛盾.引理证完.

定理 1(唯一分解定理)　大于 1 的自然数 n 的标准分解式是唯一的.换句话说，如果不计次序，那么 n 只有唯一的方法表示成素数的乘积.

证：由引理 2 显然可知，如果 p 是素数，

$$p\mid ab\cdots c,$$

那么 p 一定能整除 a，b，…，c 中的一个.又如果 a，b，…，c 都是素数，那么 p 一定是 a，b，…，c 中的一个.

假定 n 有两种标准分解式

$$n=p_1^{a_1}p_2^{a_2}\cdots p_k^{a_k}=q_1^{b_1}q_2^{b_2}\cdots q_l^{b_l}.$$

那么任何 p_i 必定为 q_1，q_2，…，q_l 中的一个，任何 q_j 也必定为 p_1，p_2，…，p_k 中的一个.所以 $k=l$.由于

$$p_1<p_2<\cdots<p_k\text{ 及 }q_1<q_2<\cdots<q_k,$$

所以

$$p_i=q_i,\ 1\leqslant i\leqslant k.$$

最后，如果有 $a_i>b_i$，这里 $1\leqslant i\leqslant k$，那么以 $p_i^{b_i}$ 除 n 的标准分解式得

$$p_1^{a_1}\cdots p_i^{a_i-b_i}\cdots p_k^{a_k}=p_1^{b_1}\cdots p_{i-1}^{b_{i-1}}p_{i+1}^{b_{i+1}}\cdots p_k^{b_k}.$$

上式的左边是 p_i 的倍数，但右边不是，这不可能.同样 $a_i<b_i$ 也是不可能的，所以

$$a_i=b_i, 1\leqslant i\leqslant k.$$

定理证完.

顺便说一句，我们不把 1 看成素数，是因为如果把 1 看成素数，那么在 n 的标准分解式前面，可以乘上 1 的任何次幂，这就破坏了标准分解式的唯一性了.

虽然在理论上，任何自然数 n 都是可以写成标准分解式的.但当 n 很大时，具体写出 n 的标准分解式来却是很不容易的事.有时甚至连 n 的一个素因数也找不出来.例如人们已经证明 $M_{101}=2^{101}-1$（共 31 位）是两个不同素数的乘积，其中较小的一个至少有 11 位，但我们至今还不知道这两个素因数是什么①.又例如在 1958 年，人们就知道 $F_{1\,945}=2^{2^{1\,945}}+1$ 的最小素因数 $p=5\times 2^{1\,947}+1$.但至今我们并不知道 $F_{1\,945}$ 的其他素因数②.由于

$$2^{1\,945}=32\times 2^{1\,940}=32\times(2^{10})^{194}>30\times(10^3)^{194}=3\times 10^{583},$$

所以

$$F_{1\,945}>2^{3\times 10^{583}}=(2^{10})^{3\times 10^{582}}>10^{9\times 10^{582}},$$

即 $F_{1\,945}$ 是一个超过 10^{582} 位的自然数，而 p 则是一个有 587 位的素数.

假定 a 与 b 是两个整数，但不都是 0.如果 $c\mid a$, $c\mid b$，我们就称 c 是 a 与 b 的公因数.如果 $a\neq 0$，那么由 $c\mid a$ 可得 $a=cd$，其中 $d\neq 0$ 是整数，即 $|d|\geqslant 1$.所以，$|a|=|cd|=c|d|\geqslant c$，即 a 与 b 的公因数 c 不大于 a 的绝对值 $|a|$.因此，a 与 b 的公因数中一定有一个最大的，称为 a 与 b 的最大公因数，记为 (a, b).例如

$$(5, 3)=1, \qquad (20, 45)=5,$$
$$(11, -242)=11, \qquad (0, -377)=377$$

---

① J. Brillhart and G. D. Johnson, On the factors of certain Mersenne numbers, *Math. Comp.*; 1960 (14): 553 - 555.

② R. M. Robinson, A report on primes and on factors of Fermat numbers, PAMS; 1958(9): 673 - 681.

等.如果 $(a, b)=1$,就称 a 与 b 互素.

我们用 $r=\min(m, n)$ 表示 r 等于 m 与 n 中较小的一个.例如 $5=\min(5,13)$. 我们又用 $s=\max(m, n)$ 表示 s 等于 m 与 n 中较大的一个.例如 $13=\max(5, 13)$.

定理 2 假定 a 与 b 是二正整数,把它们写做

$$a=p_1^{a_1}\cdots p_s^{a_s}, \quad a_1\geqslant 0,\cdots,a_s\geqslant 0,$$

$$b=p_1^{b_1}\cdots p_s^{b_s}, \quad b_1\geqslant 0, \cdots, b_s\geqslant 0,$$

其中 $p_1<\cdots<p_s$ 都是素数,那么

$$(a, b)=p_1^{c_1}\cdots p_s^{c_s},$$

其中 $c_i=\min(a_i, b_i)(1\leqslant i\leqslant s)$.

证:如果 $c|a, c|b$,那么由引理 2 可知 c 的素因数只能是 $p_1, \cdots, p_s$,即

$$c=p_1^{d_1}\cdots p_s^{d_s}.$$

显然 $d_1\leqslant a_1, d_1\leqslant b_1$,所以,$d_1\leqslant\min(a_1, b_1)=c_1$. 同理 $d_i\leqslant c_i(2\leqslant i\leqslant s)$. 因此

$$c\leqslant p_1^{c_1}\cdots p_s^{c_s},$$

即 a,b 的任何公因数 c 不大于 $p_1^{c_1}\cdots p_s^{c_s}$,另一方面,$p_1^{c_1}\cdots p_s^{c_s}|a$, $p_1^{c_1}\cdots p_s^{c_s}|b$,即 $p_1^{c_1}\cdots p_s^{c_s}$ 是 a,b 的公因数.所以 $p_1^{c_1}\cdots p_s^{c_s}$ 是 a 与 b 的最大公因数.定理证完.

三 素数有无穷多

现在发生一个问题,素数究竟只有有限多个呢,还是有无穷多?这件事早在欧几里得(Euclid)就已经知道了:素数有无穷多.

定理 1 素数有无穷多.

证:如果素数的个数有限,那么我们就可以将全体素数列举如下:

$$p_1, p_2, \cdots, p_k.$$

命

$$q=p_1p_2\cdots p_k+1.$$

q 总是有素因数的，但我们可证明任何一个 $p_i(1\leqslant i\leqslant k)$ 都除不尽 q.假若不然，由 $p_i|q$ 及 $p_i|p_1p_2\cdots p_k$ 就得到 $p_i|(p_1p_2\cdots p_k-q)$，即 $p_i|1$，这是不可能的.故任何一个 p_i 都除不尽 q，这说明 q 有不同于 $p_1,\ p_2,\ \cdots,\ p_k$ 的素因数.这与 $p_1,\ p_2,\ \cdots,\ p_k$ 是全体素数的假定相矛盾，所以素数有无穷多.定理证完.

对于每一个素数 p，命 $p^{\#}$ 为所有适合 $q\leqslant p$ 的素数 q 的乘积，例如 $5^{\#}=2\times3\times5$. $13\,649^{\#}+1$ 是已知最大的形如 $p^{\#}+1$ 的素数，当 $p<11\,213$ 时，除 $p=2,3,5,7,11,31,379,1019,1021,2657$ 外，所有 $p^{\#}+1$ 都是复合数[1].

由定理 1 的证明立刻可以推出：

定理 2 假定 $n>2$，那么在 n 与 $n!$（$n!$ 表示不超过 n 的自然数的连乘积，即 $n!=1\cdot2\cdot\cdots\cdot n$）之间一定有一个素数.

证：假定不超过 n 的素数为 $p_1,p_2,\cdots,p_k$，又假定 $q=p_1p_2\cdots p_k-1$.由于 $n>2$，所以 $q>4$.由定理 1 的证明可知 q 有一个不同于 $p_1,p_2,\cdots,p_k$ 的素因数 p，所以 $p>n$.另一方面，$p\leqslant q\geqslant n!-1<n!$. 定理证完.

定理 1 的证明方法还可以用来证明更广泛的结果.例如：

定理 3 形如 $4n+3$ 的素数有无穷多.

证：如果形如 $4n+3$ 的素数有限，则可假定它们的全体是

$$p_1,p_2,\cdots,p_k.$$

命

$$q=4p_1p_2\cdots p_k-1=4(p_1p_2\cdots p_k-1)+3.$$

从而 q 是形如 $4n+3$ 的，而且任何 $p_i(1\leqslant i\leqslant k)$ 都除不尽 q.由于除掉 2 以外，素数都是奇数，因此奇素数用 4 除以后，所得的余数必定是 1 或 3.又由于两个 4 除余 1 的数 $4l+1$ 与 $4m+1$ 相乘得

$$(4l+1)(4m+1)=4(4lm+l+m)+1,$$

仍然是一个 $4n+1$ 型的数.因 q 是 $4n+3$ 型的数，所以 q 的素因数不可能都是形如

---

① P. Ribenboim. The Book of Prime Number Records, Springer-Verlag, 1989.

$4n+1$ 的数，即 q 还有形如 $4n+3$ 的素因数，但又不能是 $p_1, p_2, \cdots, p_k$ 中的一个. 这与对于 $p_1, p_2, \cdots, p_k$ 的假定相矛盾，所以形如 $4n+3$ 的素数有无穷多. 定理证完.

读者可以仿照以上证法，证明形如 $6n+5$ 的素数有无穷多，形如 $4n+1$ 的素数也有无穷多，这将在八中证明.

虽然素数的个数有无穷多，但我们并不能写出任意大的素数来. 目前所知道的最大素数都是通过特殊的方法，而且借助于电子计算机才得到的. 现在我们知道的最大素数是

$$M_{858\,433}=2^{858\,433}-1,$$

共 258 415 位.

四 素数表

所谓素数表，就是造一张表，其中包括不超过已知自然数 N 的所有素数. 先讲一条引理.

引理 1 每一个复合数 n 至少有一个素因数 $\leqslant\sqrt{n}$.

证：假定 p 是 n 的最小真因数，那么由引理 2.1（即二中引理 1）的证明可知 p 是素数. 现在来说明 $p\leqslant\sqrt{n}$. 由于 n 是复合数，所以可以将 n 写作 $n=pn_1$. 因 p 是 n 的最小因数，所以 $n_1\geqslant p$. 如果 $p>\sqrt{n}$，就有 $n=pn_1>\sqrt{n}\cdot\sqrt{n}=n$. 矛盾. 所以 $p\leqslant\sqrt{n}$. 引理证完.

我们先找出不超过 $\sqrt{N}$ 的全部素数，依次排列如下：

$$2=p_1<p_2<\cdots<p_r\leqslant\sqrt{N}.$$

然后把大于 1，而又不超过 N 的自然数，按大小次序排列如下：

$$2,3,\cdots,N.$$

在其中留下 $p_1=2$，而把 p_1 的倍数全部划掉，再留下 p_2，而把 p_2 的倍数都划掉，继

续这一手续，最后留下 p_r，而把 p_r 的倍数都划掉.留下的就是不超过 N 的全体素数了.这是因为由引理 1 可知，如果 $n \leqslant N$ 而又是复合数，那么 n 必定有一个素因数 $\leqslant \sqrt{N}$，所以被划掉了.如果 n 是 $\leqslant \sqrt{N}$ 的素数，那么规定 n 留下.如果 n 是满足 $\sqrt{N} < n \leqslant N$ 的素数，那么 n 不会是任何 $p_i(1 \leqslant i \leqslant r)$ 的倍数，所以 n 也留下来了.因此留下来的是不超过 N 的全体素数。

例如要求出不超过 50 的全体素数，因为不超过 $\sqrt{50} < 8$ 的素数是 2，3，5，7，所以在 2，3，…，50 中，留下 2，3，5，7，依次划去 2，3，5，7 的倍数

2，3，~~4~~，5，~~6~~，7，~~8~~，~~9~~，~~10~~，11，~~12~~，13，~~14~~，~~15~~，~~16~~，17，
~~18~~，19，~~20~~，~~21~~，~~22~~，23，~~24~~，~~25~~，~~26~~，~~27~~，~~28~~，29，~~30~~，
31，~~32~~，~~33~~，~~34~~，~~35~~，~~36~~，37，~~38~~，~~39~~，~~40~~，41，~~42~~，43，
~~44~~，~~45~~，~~46~~，47，~~48~~，~~49~~，~~50~~.

留下的数

2，3，5，7，11，13，17，19，23，29，31，37，41，
43，47.

就是不超过 50 的全体素数.

上面讲的就是著名的埃拉多斯染尼氏(Eratosthenés)筛法.早在公元前三百年左右，埃氏就提出这一方法.素数表都是根据这一方法略加变化而造出来的.埃氏筛法的改进与发展，是近代解析数论的重要工具之一.

1909 年，莱苿[1]发表了不超过 10^7 的素数表.在表中凡 $\leqslant$10 170 600，而又不能被 2,3,5,7 整除的自然数，它的最小素因数都被列了出来.还有居立刻(J. F. Kulik，1793—1863)，他曾造出不超过 10^8 的素数表，他的手稿存放于维也纳科学院内.1951 年，居立刻(J. P. Kulik)、波来梯与波尔特[2]曾发表了不超过 1.1×10^7 的素数表，即在莱苿氏表的基础上增加了由 10 006 741 至 10 999 997 之间的所有素数.他们在造表过程中，用了居立刻(J. F. Kulik)的手稿.

---

① D. N. Lehmer, Factor table for the first ten millions, Washington, Carnegie Institute, 1909.

② J. P. Kulik, L, Poletti and R. J. Porter, Liste des nombres Premiers du onzième million (plus précisément de 10 006 741à10 999 997), Amsterdam, 1951.

自从有了电子计算机后，更大得多的素数表被制作出来了.1959年，贝克尔与格伦贝尔格[①]制成含有不超过$p_{6\,000\,000}=104\,395\,301$的全体素数（共$6\times10^6$个素数）的微型卡片.20世纪60年代初，美国学者就曾宣称，他们将在电子计算机的存储系统中存放前5×10^8素数.

五　费马数

定理1　如果2^m+1是素数，那么$m=2^n$.

证：如果m有一个奇数真因数q，那么$m=qr$，且

$$2^m+1=2^{qr}+1=(2^r)^q+1=(2^r+1)(2^{r(q-1)}-\cdots-2^r+1).$$

因为$1<2^r+1<2^m+1$，所以2^m+1有真因数2^r+1，即不是素数.矛盾.因此m不能有奇数真因数，即$m=2^n$. 定理证完.

形状是$F_n=2^{2^n}+1$的数叫做费马(P. Fermat)数.当$n=0, 1, 2, 3, 4$时，

$$F_0=3,\ F_1=5,\ F_2=17,\ F_3=257,\ F_4=65\,537,$$

都是素数.由此，费马曾猜测，所有的费马数都是素数，即定理1的逆也是成立的.但是在1732年，欧拉(L. Euler)证明了：

$$F_5=2^{2^5}+1=641\times6\,700\,417.$$

这可以证明如下：记$a=2^7$, $b=5$，那么$a-b^3=3$, $1+ab-b^4=1+(a-b^3)b=1+3b=2^4$，所以$F_5=2^{2^5}+1=(2a)^4+1=2^4\cdot a^4+1=(1+ab-b^4)a^4+1=(1+ab)a^4+1-a^4b^4=(1+ab)[a^4+(1-ab)(1+a^2b^2)]$，即$(1+ab)\mid F_5$，而$1+ab=641$. 从而费马猜想被否定了.

目前已知许多费马数为复合数，其中最大的是$F_{23\,471}$.仅仅只有F_5, F_6, F_7, F_8, F_9, F_{11}，我们知道它们的标准分解式.F_{14}与F_{20}是最小的两个费马数，我们知

① C. L. Backer and F. L. Gruenberger, The first six million prime numbers. The RAND Corp. Santa Monica, Pub. Microcard Foun; Madison, Wisconsin, 1959.

道它们是复合数,却不知道它们的任何真因数.F_{22},F_{24}, F_{28}是最小的几个我们不知其为素数或是复合数的费马数.[①②]

因此在费马数中,是否有无穷多个素数? 或者是否有无穷多个复合数? 都是没有解决的问题.

高斯(C. F. Gauss)曾经证明过,如果 F_n 是素数,那么正 F_n 边形是可以用圆规与直尺来作图的.这说明费马数与平面几何学的一些问题有着深刻的内在联系.

费马数有一个有趣的性质,即当 $k>0$ 时有 $(F_n, F_{n+k})=1$. 事实上,设自然数 $m|F_n$ 及 $m \mid F_{n+k}$. 命 $a=2^{2^n}$,则利用首项为-1,公比为$-a$ 的几何级数的求和公式得

$$\frac{F_{n+k}-2}{F_n}=\frac{2^{2^{n+k}}-1}{2^{2^n}+1}=\frac{a^{2^k}-1}{a+1}=a^{2^k-1}-a^{2^k-2}+\cdots+a-1,$$

所以 $F_n \mid (F_{n+k}-2)$. 因 $m|F_n$,因此 $m \mid (F_{n+k}-2)$. 再由 $m \mid F_{n+k}$,即得 $m|2$.但费马数都是奇数,所以必定有 $m=1$. 于是证明了 $(F_n, F_{n+k})=1$. 由此推出,在数列

$$F_0, F_1, F_2, \cdots$$

中,每个数的素因数都两两不同.这就再次得出素数有无穷多(即定理 3.1).由此也推出了第 $n+2$ 个素数 p_{n+2} 适合于

$$p_{n+2} \leqslant F_n=2^{2^n}+1.$$

设 F_n 的最大素因数为 $p(F_n)$.用数论中深刻的丢番图逼近论方法,斯梯瓦特[③]证明了存在常数 $A>0$ 使

$$p(F_n)>An2^n, \ n=1, 2, \cdots.$$

六　麦什涅数

定理 1　如果 $n>1$,且 a^n-1 是素数,那么 $a=2$, 且 n 是素数.

---

① P. Ribenboim, The Book of Prime Number Records, Springer Verlag, 1989.

② H. Riesel, Prime Numbers and Computer Methods for Factorization, Birkhauser, 1985.

③ C. L. Stewart, On divisors of Fermat, Fibonacci, Lucas and Lehmer numbers, PLMS.

证：如果 $a>2$，又因 $n>1$，所以 $1<a-1<a^n-1$，且 $a^n-1=(a-1)(a^{n-1}+a^{n-2}+\cdots+a+1)$，所以 a^n-1 有真因数 $(a-1)$，即它不是素数了.因此 $a=2$.如果 n 是复合数，即 $n=kl$，其中 $1<k<n$，那么 $1<2^k-1<2^n-1$，且 $(2^k-1)\mid(2^n-1)$.从而 2^n-1 也将不是素数了.所以如果 a^n-1 是素数，则必须 $a=2$ 及 n 是素数.定理证完.

形状是 $M_n=2^n-1$ 的数叫麦什涅(M. Mersenne)数.由定理 1 可知，如果 M_n 是素数，则必须 n 是素数.但反过来并不对，当 n 是素数时，M_n 不一定是素数.例如

$$23\mid M_{11},\ 47\mid M_{23},\ 167\mid M_{83},\ 263\mid M_{131},\ 359\mid M_{179}\ 等.$$

到今天为止，我们只知道 33 个麦什涅数是素数.它们是 M_p，其中 $p=2$，3，5，7，13，17，19，31，61，89，107，127，521，607，1 279，2 203，2 281，3 217，4 253，4 423，9 689，9 941，11 213，19 937，21 701，23 209，44 497，86 243，110 503，132 049，216 091，756 839，858 433.从第 13 个开始，即从 M_{521} 开始，都是在 1952 年以后，借助于电子计算机而陆续发现的.三中已经提到过的目前所知道的最大素数，就是麦什涅素数 $M_{858\,433}$.

麦什涅数中是否有无穷多个素数，是一个没有解决的问题.

还有人提出过这样的猜想，即如果 M_p 是素数，那么 M_{M_p} 也是一个素数.

这个猜想对于小的麦什涅素数都是对的，但到第 5 个麦什涅素数 $M_{13}=8\,191$，这个猜想就被否定了.借助于电子计算机，可以证明 $M_{M_{13}}=2^{8\,191}-1$ 是一个复合数.这个数有 2 466 位，至 1976 年，才找到它的一个素因数

$$p=2\times 20\,644\,229\times M_{13}+1=338\,193\,759\,479.$$

到 1957 年，有人证明了虽然 M_{17} 与 M_{19} 都是素数，但 $M_{M_{17}}$ 与 $M_{M_{19}}$ 都是复合数，它们可以分别被 $1\,768\times(2^{17}-1)+1$ 与 $120\times(2^{19}-1)+1$ 整除.已知最大的麦什涅复合数为 M_q，其中

$$q=39\,051\times 2^{6\,001}-1.$$ [1][2]

---

① R. M. Robinson, Mersenne and Fermat numbers. PAMS;1954(5): 842 - 846.

② R. M. Robinson, Some factorizations of numbers of the form $2^n\pm1$.MTAC;1957(11): 265 - 268.

与麦什涅数密切相关的是寻找偶完全数的问题.所谓完全数 n,是指 n 的全部因数之和等于 $2n$ 的数.例如 6,它的因数之和是 $1+2+3+6=12$. 又如 28,它的因数之和是 $1+2+4+7+14+28=56$. 所以 6 与 28 都是偶完全数.

定理 2 如果 M_p 是素数,那么

$$\frac{1}{2}M_p(M_p+1)=2^{p-1}(2^p-1)$$

是一个偶完全数,而且除了这些以外,再没有其他的偶完全数.

证:我们用 $\sigma(n)$ 表示 n 的全部因数之和.如果 M_p 是素数,那么 $\frac{1}{2}M_p(M_p+1)=2^{p-1}M_p=2^{p-1}(2^p-1)$ 的因数显然为 $1, 2, 2^2, \cdots, 2^{p-1}, M_p, 2M_p, \cdots, 2^{p-1}M_p$,所以

$$\begin{aligned}\sigma[2^{p-1}(2^p-1)]&=1+2+\cdots+2^{p-1}+(2^p-1)(1+2+\cdots+2^{p-1})\\&=(1+2+\cdots+2^{p-1})(1+2^p-1)\\&=2^p(2^p-1)=2\cdot 2^{p-1}(2^p-1).\end{aligned}$$

即 $\frac{1}{2}M_p(M_p+1)=2^{p-1}(2^p-1)$ 是一个偶完全数.

现在假定 a 是一个偶完全数,假设 a 的标准分解式中含 2 的最高方幂的次数为 $n-1$. 因 a 为偶数,所以 $n-1\geqslant 1$. 又因 2^{n-1} 显然不是偶完全数,所以

$$a=2^{n-1}u,\ u>1,\ 2\nmid u.$$

因此 a 的因数为所有形如 $2^i v$ 的数,其中 $0\leqslant i\leqslant n-1$ 及 $v|u$.从而

$$2^n u=2a=\sigma(a)=(1+2+\cdots+2^{n-1})\sigma(u)=\sigma(u)(2^n-1).$$

即得 $(2^n-1)|2^n u$.因 $(2^n, 2^n-1)=1$,所以 $(2^n-1)|u$,即 $\frac{u}{2^n-1}$ 是整数.另一方面,由上面的等式得到

$$\sigma(u)=\frac{2^n u}{2^n-1}=u+\frac{u}{2^n-1}.$$

但 u 与$\frac{u}{2^n-1}$都是 u 的因数,而$\sigma(u)$又是 u 的所有因数的总和,所以 u 只有两个因数 u 和$\frac{u}{2^n-1}$.因 $u>1$ 及 u 至少有两个因数 u 与 1,所以必须 $\frac{u}{2^n-1}=1$. 换句话说,u 是一个素数,且

$$u=2^n-1.$$

由定理 1,n 必须是素数.这就证明了 $a=2^{n-1}(2^n-1)=\frac{1}{2}M_n(M_n+1)$, n 是素数.定理证完.

这个定理说明,是否有无穷多个偶完全数的问题,即归结为是否有无穷多个麦什涅素数的问题.由于目前共知道 33 个麦什涅素数,所以目前只知道 33 个偶完全数,其中最大的是

$$2^{858\,433}\times(2^{858\,433}-1).$$

但是是否存在奇完全数呢?这是一个没有解决的问题.借助于电子计算机可以证明:(i) 若 n 为奇完全数,则 $n>10^{300}$;(ii) 若 n 是一个奇完全数,则 n 必有一个大于 100 110 的素因数;(iii) 若 n 为奇完全数,则 $\omega(n)\geqslant 8$, 其中 $\omega(n)$表示 n 的互异素因数的个数.

最近 Joel Armengaud(1996)发现了第 34 个及第 35 个 Mersenne 素数:$2^{1\,257\,787}-1$ 与 $2^{1\,398\,269}-1$.

七　特殊数列中的素数

所谓斐波那契(L. Fibonacci)数列,就是由递推公式

$$u_1=u_2=1,\ u_{n+2}=u_{n+1}+u_n(n=1,\ 2,\ \cdots)$$

定义的正整数数列.例如:$u_1=1$, $u_2=1$, $u_3=2$, $u_4=3$, $u_5=5$, $u_6=8$, $u_7=13$, $u_8=21$, $\cdots$.

我们已经知道,当 $n=2, 3, 5, 7, 11, 13, 17, 23, 29, 43, 47$ 时,u_n 是素数,其中

$$u_{47}=2\,971\,215\,073.$$

除这 11 个素数外，我们还不知道别的 u_n 是素数，更不知道在数列 $u_n(n=1, 2, \cdots)$ 中是否有无穷多个素数.

数列 $v_n(n=1, 2, \cdots)$ 的定义如下：

$$v_1=1, v_2=3, v_{n+2}=v_{n+1}+v_n(n=1, 2, \cdots).$$

这也叫做斐波那契数列. v_n 与 u_n 的差别仅在于初始值取得不同，即 $n=1, 2$ 时，所取的值不同，以后的值都是由同样的递推公式 $u_{n+2}=u_{n+1}+u_n$ 得到的.例如 $v_1=1$, $v_2=3$, $v_3=4$, $v_4=7$, $v_5=11$, $v_6=18$, $v_7=29$, $\cdots$.

当 $n=2, 4, 5, 7, 8, 11, 13, 17, 19, 31, 37, 41, 47, 53, 61, 71$ 时，v_n 是素数，其中

$$v_{71}=688\ 846\ 502\ 588\ 399.$$

除这 16 个素数外，我们还不知道别的 v_n 是素数，更不知道在数列 $v_n(n=1, 2, \cdots)$ 中是否有无穷多个素数.

对于 u_n 和 v_n 的最大素因数 $p(u_n)$ 和 $p(v_n)$. 斯梯瓦特证明了存在正常数 A_1 和 A_2 使

$$p(u_n) \geqslant A_1 \frac{n\log n}{q(n)^{\frac{4}{3}}},$$

$$p(v_n) \geqslant A_2 \frac{n\log n}{q(n)^{\frac{4}{3}}},$$

$$n=3, 4, \cdots,$$

此处 $q(n)$ 表示 n 的无平方因数的因数个数.

又如，在数列

$$1, 11, 111, 1111, \cdots$$

中是否有无穷多个素数呢？这个问题也没有解决.我们只知道很少几个这样形状的数是素数，例如 11 与

$$11\ 111\ 111\ 111\ 111\ 111\ 111\ 111=\frac{10^{23}-1}{9}. ①$$

① M. Kraitchik, Recherches sur la théorie des nombres, 2 vols, paris, 1924－1929.

八 费马小定理

假定 m 为正整数，将整数 a 表示为

$$a=qm+r,$$

此处 $0\leqslant r<m$，我们称 r 为 m 除 a 后所得的余数(注意：a 可以是负的).在讲费马小定理以前，为了简便起见，我们先引进同余式的概念.如果整数 a 与 b 的差 $a-b$ 是 m 的倍数，就称 a 与 b 对模 m 同余.记为

$$a\equiv b(\operatorname{mod} m).$$

实际上，a 与 b 对模 m 同余的意思，就是用 m 除 a，b 以后，所得的余数相同.如果 a 与 b 对模 m 不同余，就记为

$$a\not\equiv b(\operatorname{mod} m).$$

例如　$31\equiv-9(\operatorname{mod} 10)$，$29\not\equiv 7(\operatorname{mod} 8)$.

定理 1(费马)　如果 p 是素数，那么对于任何整数 a 都有

$$a^p\equiv a(\operatorname{mod} p).$$

证：假定 $p\mid a$，那么 $p\mid a^p$，所以 $p\mid(a^p-a)$. 即定理成立.今后我们假定 $p\nmid a$.

显然如果 $p\nmid n$，那么 n 一定模 p 同余于

$$1,\ 2,\ \cdots,\ p-1 \tag{1}$$

中的一个，这是因为用 p 除 n 后的余数总是其中之一.假定在这 $p-1$ 个数中任取两个不同的数 k_1 与 k_2，现在来证明

$$k_1a\not\equiv k_2a(\operatorname{mod} p). \tag{2}$$

假若(2)不成立，即 $p\mid(k_1a-k_2a)=(k_1-k_2)a$，那么由引理 2.2 得 $p\mid(k_1-k_2)$ 或 $p\mid a$.由假定 $p\nmid a$，所以 $p\mid(k_1-k_2)$.又由于 $1\leqslant k_1\leqslant p-1$，$1\leqslant k_2\leqslant p-1$ 及 $k_1\neq k_2$，所以 $p\nmid(k_1-k_2)$ 矛盾，所以(2) 式成立.另一方面，如果 k 是(1) 中的一个数，那么 $p\nmid ka$，因此 $p-1$ 个数

$$a, 2a, \cdots, (p-1)a, \tag{3}$$

模 p 分别同余于(1)中的一个数,而且(3)中的数又彼此对模 p 互不同余.又因从 $c \equiv d \pmod{p}$ 与 $c' \equiv d' \pmod{p}$ 可以推出 $cc' \equiv dd' \pmod{p}$,所以(1)中各数相乘的积模 p 同余于(3)中各数相乘的积,因此

$$a \cdot (2a) \cdot \cdots \cdot (p-1)a \equiv 1 \cdot 2 \cdot \cdots \cdot (p-1) \pmod{p},$$
$$(p-1)!\ a^{p-1} \equiv (p-1)! \pmod{p},$$

即 $p \mid (p-1)!\ (a^{p-1}-1)$. 因为 p 是素数及引理2.2,所以 $p \nmid (p-1)!$.再用引理2.2得 $p \mid (a^{p-1}-1)$,即得

$$a^p \equiv a \pmod{p}.$$

定理证完.

每个奇数或者是形状 $4n+1$,或者是形状 $4n+3$.我们已经知道形状是 $4n+3$ 的素数有无穷多(见定理3.3).现在我们来证明形状是 $4n+1$ 的素数也有无穷多.

定理 2 形状是 $4n+1$ 的素数有无穷多.

证:假定 m 是一个大于1的整数,那么 $m!$ 有因数2,所以 $m!$ 是偶数.因为 $m!^2+1$ 是一个大于1的奇数,所以它必定有一个奇素因数 p.现在证明 p 必定是形状 $4k+1$ 的素数.假定 $p=4k+3$,因为

$$\begin{aligned} m!^{p-1}+1 &= m!^{2(2k+1)}+1 \\ &= (m!^2+1)(m!^{2\cdot 2k}-m!^{2\cdot(2k-1)}+\cdots-m!^2+1), \end{aligned}$$

所以

$$(m!^2+1) \mid (m!^{p-1}+1).$$

因此由 $p \mid (m!^2+1)$ 可得

$$p \mid (m!^p+m!).$$

由定理1可得

$$p \mid (m!^p-m!).$$

从而

$$p \mid (m!^p + m! - m!^p + m!).$$

即得

$$p \mid 2 \cdot m!.$$

因为 p 是奇素数,所以 $p \nmid 2$.因此由引理 2.2 可知 $p \mid m!$.从而 $p \mid m!^2$.因为 $p \mid (m!^2+1)$,所以 $p \mid 1$,矛盾.因此对于每个自然数 $m>1$, $m!^2+1$ 的素因数 p 都是形如 $4k+1$ 的.现在证明 $p>m$.不然的话,如果 $p \leqslant m$,那么 $p \mid m!$,所以 $p \mid m!^2$,因而 $p \mid (m!^2+1-m!^2)$,即 $p \mid 1$.矛盾.所以 $p>m$.由于 m 可以任意大,所以形状是 $4k+1$ 的素数有无穷多.定理证完.

由定理 1 可知,如果 p 是奇素数,那么

$$2^{p-1} \equiv 1 \pmod p.$$

但是否存在素数 p 使

$$2^{p-1} \equiv 1 \pmod{p^2} \tag{4}$$

呢?我们仅仅知道两个这样的素数,即 1 093 与 3 511,而且当 $p<100\,000$ 时,不再有素数 p 适合于(4)式.至于使(4)式成立的素数是仅有有限多个呢,还是无穷多个?使(4)式不成立的素数仅有有限多个呢,还是无穷多个?我们都不知道.

由定理 1 可知,如果 p 是素数,那么

$$p \mid (1^{p-1}+2^{p-1}+\cdots+(p-1)^{p-1}+1). \tag{5}$$

1950 年,居加(G. Giuga)猜测,只有当 p 是素数时,(5)式才能成立.这一猜想对于不超过 $10^{1\,000}$ 的整数都是对的.但我们还不能够加以证明.

九　拉格朗日定理与威尔逊定理

定理 1(拉格朗日)　假定 p 是素数,那么同余方程

$$f(x)=a_nx^n+a_{n-1}x^{n-1}+\cdots+a_1x+a_0 \equiv 0 \pmod p,\ 1 \leqslant x \leqslant p \tag{1}$$

的解数 $\leqslant n$,重解也计算在内.这里 $a_n, a_{n-1}, \cdots, a_0$ 都是整数且 $p \nmid a_n$.

证:如果(1)没有解,那么定理已经成立.如果 $x=a$ 是(1)的一个解,那么(1)

式可以写成

$$f(x)=(x-a)f_1(x)+r_1,$$

以 $x=a$ 代入得 $p\mid r_1$，所以

$$f(x)\equiv(x-a)f_1(x)(\bmod p).$$

如果 $x=a$ 又是 $f_1(x)\equiv 0(\bmod p)$ 的解，那么同样可得

$$f_1(x)\equiv(x-a)f_2(x)(\bmod p).$$

这时我们称 a 做 $f(x)\equiv 0(\bmod p)$的重解.继续下去，如果

$$f(x)\equiv(x-a)^h g_1(x)(\bmod p),$$

其中 $g_1(a)\not\equiv 0(\bmod p)$，就称 a 是 $f(x)\equiv 0(\bmod p)$ 的 h 重解.由证明可以看出 $g_1(x)$的次数是 $n-h$.

设(1)另有一解 $x=b$，那么

$$0\equiv f(b)\equiv(b-a)^h g_1(b)(\bmod p),$$

因 $p\nmid(b-a)$，所以由引理 2.2 可知

$$g_1(b)\equiv 0(\bmod p).$$

如果 $x=b$ 是 $g_1(x)\equiv 0(\bmod p)$ 的 k 重解，那么同样有

$$f(x)\equiv(x-a)^h(x-b)^k g_2(x)(\bmod p).$$

这样继续进行下去可得

$$f(x)\equiv(x-a)^h(x-b)^k\cdots(x-c)^l g(x)(\bmod p).$$

其中 $g(x)$的次数是 $n-h-k-\cdots-l$，且 $g(x)\equiv 0(\bmod p)$ 不再有解，所以 $f(x)\equiv 0(\bmod p)$ 的解数是 $h+k+\cdots+l\leqslant n$. 定理证完.

由拉格朗日(J. L. Lagrange)定理立即推出下面的威尔逊(J. Wilson)定理.

定理 2(威尔逊)　如果 p 是素数，那么

$$(p-1)!\equiv -1(\bmod p). \tag{2}$$

证：由定理 8.1 可知同余方程

$$x^{p-1}-1\equiv 0(\bmod p),\ 1\leqslant x\leqslant p$$

有 $p-1$ 个解 $1,2,\cdots,p-1$，所以由定理 1 的证明可知

$$x^{p-1}-1\equiv (x-1)(x-2)\cdots[x-(p-1)](\bmod p).$$

以 $x=0$ 代入即得

$$-1\equiv (-1)^{p-1}(p-1)!\ (\bmod p).$$

当 $p=2$ 时定理显然成立.当 $p>2$ 时，$2\mid(p-1)$，所以 $(-1)^{p-1}=1$，由上式即得(2)式.定理证完.

定理 3 大于 1 的自然数 n 为素数的充要条件是

$$(n-1)!\ \equiv -1(\bmod n). \tag{3}$$

证：由定理 2 可知，如果 $n=p$ 是素数，那么(3)式成立.现在来说明，如果(3)式成立，那么 n 必定是素数.实际上，假定 n 是复合数，即 $n=ab$，此处 $n>a>1$，那么 $a\mid(n-1)!$.由(3)式可知 $a\mid[(n-1)!\ +1]$，即推出 $a\mid 1$.这是不可能的，所以 n 是素数.定理证完.

条件(3)虽然是判别一个自然数 n 是否素数的充要条件，但这一判别条件并没有什么应用价值.例如当 n 是一个 3 位数时，$(n-1)!\ +1$ 就是一个超过 100 位的数，所以计算量是非常大的.

由定理 2 出发，也可以提出这样的问题：是否有素数 p 使

$$(p-1)!\ +1\equiv 0(\bmod p^2) \tag{4}$$

成立？当 $p\leqslant 4\times 10^6$ 时，只有 5，13，563 这三个素数满足(4)式[①].但我们还不知道适合于(4)式的素数是否有无穷多.

当 p 是大于 3 的素数时，$(p-1)!\ +1\geqslant 2(p-1)>p$，而由定理 2 又可知 $p\mid[(p-1)!\ +1]$，因此 $(p-1)!+1$ 是复合数，即有无穷多个自然数 n 使 $n!+1$ 为复合数.但我们并不知道是否有无穷多个自然数 n 使 $n!\ +1$ 为素数.类似地，我们也不知道是否有无穷多个自然数 n 使 $n!\ -1$ 为素数.

---

① P. Ribenboim, The Book of Prime Number Records, Springer Verlag, 1989.

记 p_i 为第 i 个素数.例如 $p_1=2$，$p_2=3$，$p_3=5$，….那么，是否存在无穷多个自然数 n 使 $q_n=p_1p_2\cdots p_n+1$ 为素数呢？或者，存在无穷多个自然数 n 使 q_n 为复合数？这些问题都没有解决.例如 $p_1+1=3$，$p_1p_2+1=7$，$p_1p_2p_3+1=31$，$p_1p_2p_3p_4+1=211$，$p_1p_2p_3p_4p_5+1=2\ 311$ 都是素数，但当 $n=6$，7，8 时，$p_1p_2\cdots p_n+1$ 可以分别被 59，19，347 整除，所以都是复合数.

十　表素数为两个自然数的平方和

引理 1　假定 $p=4k+1$ 是素数，那么

$$p\left|\left[\left(\frac{p-1}{2}\right)!^2+1\right]\right..$$

证：因 $p=4k+1$，所以$\frac{p-1}{2}=2k$ 是偶数，从而

$$(-1)(-2)\cdots\left(-\frac{p-1}{2}\right)=(-1)^{2k}1\cdot 2\cdot\cdots\cdot\frac{p-1}{2}=1\cdot 2\cdot\cdots\cdot\frac{p-1}{2}.$$

因此

$$\begin{aligned}(p-1)(p-2)\cdots\left(p-\frac{p-1}{2}\right)&\equiv(-1)(-2)\cdots\left(-\frac{p-1}{2}\right)\\&\equiv 1\cdot 2\cdot\cdots\cdot\frac{p-1}{2}\pmod p,\end{aligned}$$

即

$$\frac{p+1}{2}\left(\frac{p+1}{2}+1\right)\cdots(p-1)\equiv 1\cdot 2\cdot\cdots\cdot\frac{p-1}{2}\pmod p.$$

$\left(\text{注意 } p-\frac{p-1}{2}=\frac{p+1}{2}\text{ 等}\right)$ 由此推出

$$(p-1)!\ \equiv\left(\frac{p-1}{2}\right)!^2\pmod p.$$

$\left(注意\dfrac{p-1}{2}+1=\dfrac{p+1}{2}\right)$ 从而

$$(p-1)!\ +1\equiv\left(\frac{p-1}{2}\right)!^2+1((\bmod p)).$$

由定理 9.2 可知上式左端 $\equiv 0(\bmod p)$，所以

$$\left(\frac{p-1}{2}\right)!^2+1\equiv 0(\bmod p).$$

引理证完.

引理 2 假定 p 是素数，a 是整数，且 $p\nmid a$，那么存在适合于 $x<\sqrt{p}$ 与 $y<\sqrt{p}$ 的自然数 x，y 使

$$ax+y\equiv 0(\bmod p)\text{ 或 }ax-y\equiv 0(\bmod p).$$

证：用 m 表示 $\leqslant\sqrt{p}$ 的最大自然数，所以 $m+1>\sqrt{p}$，即得 $(m+1)^2>p$. 当 x 与 y 分别经过 $0, 1, \cdots, m$ 时，$ax-y$ 共取 $(m+1)^2$ 个值. 因为 $(m+1)^2>p$，所以用 p 来除这 $(m+1)^2$ 个 $ax-y$，至少有两个的余数是相同的. 假定这两个是 ax_1-y_1 与 ax_2-y_2，其中 $x_1\geqslant x_2$，并且 (x_1, y_1) 与 (x_2, y_2) 是不同的，即 $x_1=x_2$ 与 $y_1=y_2$ 不同时成立. 所以

$$ax_1-y_1\equiv ax_2-y_2(\bmod p),\ x_1\geqslant x_2,$$
$$a(x_1-x_2)-(y_1-y_2)\equiv 0(\bmod p).\tag{1}$$

现在来证明 $x_1\neq x_2$. 如果 $x_1=x_2$，那么由 (1) 式得 $y_1-y_2\equiv 0(\bmod p)$. 但因为 $0\leqslant y_1\leqslant m<p$，$0\leqslant y_2\leqslant m<p$，所以必须 $y_1=y_2$. 这与 ax_1-y_1 及 ax_2-y_2 的定义相矛盾. 同样，如果 $y_1=y_2$，那么

$$a(x_1-x_2)\equiv 0(\bmod p).$$

因 $p\nmid a$，所以由引理 2.2 得 $p\mid(x_1-x_2)$. 同理可知 $x_1=x_2$. 这也与 ax_1-y_1 及 ax_2-y_2 的定义相矛盾. 所以 $x_1>x_2$，$y_1\neq y_2$. 取

$$x_1-x_2=x.$$

那么 $0 < x \leqslant m \leqslant \sqrt{p}$.因$\sqrt{p}$ 不是整数(不然,素数 p 就是整数的平方了,这不可能),所以 $0 < x < \sqrt{p}$. 又取

$$y=\begin{cases} y_1-y_2, & \text{当 } y_1>y_2, \\ y_2-y_1, & \text{当 } y_1<y_2, \end{cases}$$

那么 $0<y<\sqrt{p}$. 因此用上述 x,y 代入(1) 式,即可知

$$ax-y\equiv 0(\bmod p) \text{或} ax+y\equiv 0(\bmod p).$$

引理证完.

定理 1(费马)　每一个形如 $p=4k+1$ 的素数都可以表示成两个自然数的平方和.

证:取 $a=\left(\dfrac{p-1}{2}\right)!^2$.由于 a 的素因数都$\leqslant\dfrac{p-1}{2}$,所以 $p\nmid a$,因此由引理 2 可知存在自然数 $x<\sqrt{p}$ 及 $y<\sqrt{p}$ 使

$$ax+y\equiv 0(\bmod p) \text{或} ax-y\equiv 0(\bmod p).$$

总之

$$a^2x^2-y^2\equiv(ax+y)(ax-y)\equiv 0(\bmod p). \tag{2}$$

由引理 1 可知

$$a^2\equiv -1(\bmod p), \tag{3}$$

所以由(2),(3) 即得

$$0\equiv a^2x^2-y^2\equiv -x^2-y^2(\bmod p),$$

换句话说

$$x^2+y^2=kp,$$

其中 k 是一个自然数.因为 $0<x<\sqrt{p}$,$0<y<\sqrt{p}$,所以 $k=1$. 定理证完.

定理 2　如果不计次序,那么将素数 p 表示为两个自然数的平方和的方法是唯一的.

证:假定 p 有两种表示为自然数的平方和的方法,即

$$p=x^2+y^2=x_1^2+y_1^2.$$

那么

$$p^2=(x^2+y^2)(x_1^2+y_1^2)=(xx_1+yy_1)^2+(xy_1-x_1y)^2.$$
$$=(xx_1-yy_1)^2+(xy_1+x_1y)^2. \tag{4}$$

另一方面

$$(xx_1+yy_1)(xy_1+x_1y)$$
$$=(x^2+y^2)x_1y_1+(x_1^2+y_1^2)xy$$
$$=p(xy+x_1y_1). \tag{5}$$

由(5) 可知

$$p\,|\,(xx_1+yy_1)\text{或}\ p\,|\,(xy_1+x_1y).$$

假定 $p\mid(xx_1+yy_1)$,那么 $xx_1+yy_1=kp$,其中 k 是自然数.代入(4) 式第二个等式得

$$p^2=k^2p^2+(xy_1-x_1y)^2,$$

所以必须 $k=1$, 即

$$p=xx_1+yy_1. \tag{6}$$

且

$$xy_1-x_1y=0. \tag{7}$$

因此由(6),(7) 得

$$px=x^2x_1+xy_1y=x^2x_1+y^2x_1=(x^2+y^2)x_1=px_1.$$

即得

$$x=x_1.$$

代入(7) 式得

$$y=y_1.$$

现在假定 $p\mid(xy_1+x_1y)$.代入(4) 式的第三个等式得

$$p=xy_1+x_1y. \tag{8}$$

与

$$xx_1 - yy_1 = 0. \tag{9}$$

因此由(8),(9) 得

$$px = x^2y_1 + xx_1y = x^2y_1 + y^2y_1 = (x^2 + y^2)y_1 = py_1.$$

即得

$$x = y_1.$$

代入(9)式得

$$y = x_1.$$

总之,p 的两种表示法是一致的.定理证完.

2 只有一种方法表示成两个自然数的平方和,即 $2 = 1^2 + 1^2$.现在要问,形状是 $4k + 3$ 的素数能否也表示为两个自然数的平方和呢?答案是否定的.这是因为

$$z^2 \equiv \begin{cases} 0 \pmod 4, & \text{当 } 2 \mid z, \\ 1 \pmod 4, & \text{当 } 2 \nmid z, \end{cases}$$

所以

$$x^2 + y^2 \equiv \begin{cases} 0 \pmod 4, & \text{当 } 2 \mid x,\ 2 \mid y, \\ 1 \pmod 4, & \text{当 } 2 \mid x,\ 2 \nmid y \text{ 或 } 2 \nmid x,\ 2 \mid y, \\ 2 \pmod 4, & \text{当 } 2 \nmid x,\ 2 \nmid y, \end{cases}$$

但是

$$4k + 3 \equiv 3 \pmod 4,$$

因此

$$x^2 + y^2 \not\equiv 4k + 3 \pmod 4.$$

所以不仅是形如 $4k + 3$ 的素数,而且形如 $4k + 3$ 的自然数都不能表示成两个自然数的平方和.

由定理 2 可知,如果一个自然数 n 有两种方法表示为两个自然数的平方和,那么 n 一定是复合数.例如 $2\,501 = 1^2 + 50^2 = 10^2 + 49^2$,所以 2 501 是复合数.

将素数 p 表示为自然数的平方差的问题比较容易.假定

$$p = x^2 - y^2.$$

那么

$$p=(x+y)(x-y).$$

因为 p 的因数只有 1 与 p，所以必须

$$p=x+y, 1=x-y.$$

从而

$$x=\frac{p+1}{2}, y=\frac{p-1}{2}.$$

因此，当 p 是奇素数时，我们得仅有的把 p 分解成自然数的平方差的表示法

$$p=\left(\frac{p+1}{2}\right)^2-\left(\frac{p-1}{2}\right)^2.$$

十一　二次剩余

假定 m 是一个自然数.如果 $(n, m)=1$，且同余式

$$x^2 \equiv n \pmod{m}$$

有解，我们就称 n 做模 m 的二次剩余.如果上面的同余式没有解，n 就叫做模 m 的二次非剩余.

我们可以将与 m 互素，且不超过 m 的自然数分成二类.一类是模 m 的二次剩余，一类是模 m 的二次非剩余.

例如 1，2，4 是模 7 的二次剩余，而 3，5，6 是模 7 的二次非剩余.又如 1，3，4，9，10，12 是模 13 的二次剩余，而 2，5，6，7，8，11 是模 13 的二次非剩余.

当 $p=2$ 时，$1^2 \equiv 1 \pmod{2}$，所以每一个奇数都是模 2 的二次剩余.今后假定 $p>2$ 为奇素数，我们有下述定理.

定理 1　在 $1, 2, \cdots, p-1$ 中，共有 $\frac{1}{2}(p-1)$ 个模 p 的二次剩余，$\frac{1}{2}(p-1)$ 个模 p 的二次非剩余，且

$$1^2, 2^2, \cdots, \left[\frac{1}{2}(p-1)\right]^2 \tag{1}$$

用 p 除所得的余数,就是模 p 的全体二次剩余.

证: 用 p 除(1)中各数所得的余数,显然都是模 p 的二次剩余.现在要证明的是 : 1, 2, …, $p-1$ 中,模 p 的二次剩余也就是这些.假定 $1 \leqslant n < p$. 如果同余式

$$x^2 \equiv n \pmod p,\ 1 \leqslant x \leqslant p-1 \tag{2}$$

有解,那么由定理 9.1 可知它至多有两个解.由

$$(p-x)^2 \equiv (-x)^2 \equiv x^2 \equiv n \pmod p$$

可知(2)还有一个解 $p-x$.如果 $\frac{1}{2}(p-1) < x \leqslant p-1$, 那么 $1 \leqslant p-x \leqslant \frac{1}{2}(p-1)$. 因此如果(2)有解,它总会有一个解适合于

$$1 \leqslant x \leqslant \frac{1}{2}(p-1). \tag{3}$$

换句话说,如果 n 是模 p 的二次剩余,那么 n 必定模 p 同余于(1)中的一个数.因此剩下来要证明的就是 n 中是模 p 的二次剩余恰有 $\frac{1}{2}(p-1)$ 个,这只要证(1)中的任何两个数模 p 都互不同余.假定 a^2, b^2 是(1)中的任何二数,且 $a>b$.如果

$$a^2 \equiv b^2 \pmod p,$$

即得

$$p \mid (a+b)(a-b).$$

由引理 2.2 可知 $p \mid (a+b)$ 或 $p \mid (a-b)$,但 $1 \leqslant a+b < p$, $1 \leqslant a-b < p$, 这是不可能的.因此(1)中任何二数都模 p 互不同余.定理证完.

定理 2(欧拉) 有关系式

$$n^{\frac{p-1}{2}} \equiv \begin{cases} 1 \pmod p, & \text{当 } n \text{ 是模 } p \text{ 的二次剩余}, \\ -1 \pmod p, & \text{当 } n \text{ 是模 } p \text{ 的二次非剩余}. \end{cases}$$

证: 假定 n 是模 p 的二次剩余,那么同余式

$$x^2 \equiv n \pmod p$$

有解 x，即 $p \mid (x^2-n)$. 所以由

$$
\begin{aligned}
x^{p-1}-n^{\frac{p-1}{2}} &= \left[(x^2)^{\frac{p-1}{2}}-n^{\frac{p-1}{2}}\right] \\
&= (x^2-n)\left[(x^2)^{\frac{p-1}{2}-1}+(x^2)^{\frac{p-1}{2}-2}n+\cdots+x^2n^{\frac{p-1}{2}-2}+n^{\frac{p-1}{2}-1}\right],
\end{aligned}
$$

可知

$$p \mid (x^{p-1}-n^{\frac{p-1}{2}}).$$

由定理 8.1 可知 $p \mid (x^{p-1}-1)$，因此

$$p \mid (x^{p-1}-1-x^{p-1}+n^{\frac{p-1}{2}}),$$

即

$$n^{\frac{p-1}{2}} \equiv 1 \pmod p. \tag{4}$$

由定理 9.1 可知同余式(4)的解数不超过 $\dfrac{p-1}{2}$.再由定理 1 和上面证明的事实可知它正好有 $\dfrac{p-1}{2}$ 个解，即模 p 的 $\dfrac{p-1}{2}$ 个二次剩余.所以若 n 是模 p 的二次非剩余，必然不适合(4)，即 $p \nmid (n^{\frac{p-1}{2}}-1)$. 但是由引理 8.1 可知

$$p \mid (n^{p-1}-1)=(n^{\frac{p-1}{2}}-1)(n^{\frac{p-1}{2}}+1),$$

所以由引理 2.2 可知 $p \mid (n^{\frac{p-1}{2}}+1)$，即

$$n^{\frac{p-1}{2}} \equiv -1 \pmod p.$$

定理证完.

对于复合数 m，定理 1 是不对的.例如 $m=8$，模 8 的二次剩余只有 1，其余 3，5，7 都是模 8 的二次非剩余.又如 $m=15$，模 15 的二次剩余只有 1，4，其余 2，7，8，11，13，14 都是模 15 的二次非剩余.

假定 $k>2$.我们还可以类似地来定义模 m 的 k 次剩余与模 m 的 k 次非剩余如下：如果 $(n,m)=1$，且同余式

$$x^k \equiv n \pmod m$$

有解，我们就叫 n 做模 m 的 k 次剩余.如果上面的同余式没有解，我们就叫 n 做模 m 的 k 次非剩余.

十二　素数的出现概率为零

在前面几节中，我们所讲的一些素数的性质，都是初等的算术性质.但与素数有关的重要而深刻的结果，却都是通过分析工具而得到的.素数论中真正引人注目的问题往往也是用分析语言提出来的.所以在下面，我们将假定读者已经熟悉有理数、实数与 x 的自然对数 $\ln x$ 的含义，并且学过极限与普通微积分，也熟悉一些分析的常用记号.在用到这方面的普通知识时，我们就不作解释了.在这一部分我们仅仅把问题与结果作一个大概的介绍，证明就不写了.有兴趣的读者可以查阅有关的专著.

命$[x]$表示实数 x 的整数部分，即不大于 x 的最大整数.例如 $[1.5]=1$，$[0.1]=0$，$[-3.2]=-4$ 等.显然有

$$[x]\leqslant x<[x]+1.$$

设 N 是一个正整数，那么不超过 N 而又是整数 d 的倍数的正整数个数显然等于 $\left[\frac{N}{d}\right]$.以 $\pi(N)$ 表示不超过 N 的素数的个数.例如 $\pi(10)=4$，$\pi(20)=8$，$\pi(30)=10$ 等.又假定

$$2=p_1<p_2<\cdots<p_r\leqslant\sqrt{N}$$

是不超过$\sqrt{N}$的全体素数.

引理 1　$\pi(N)$有如下的表达式

$$\pi(N)=N+r-1-\sum_{i=1}^{r}\left[\frac{N}{p_i}\right]+\sum_{1\leqslant i<j\leqslant r}\left[\frac{N}{p_ip_j}\right]$$
$$-\sum_{1\leqslant i<j<k\leqslant r}\left[\frac{N}{p_ip_jp_k}\right]+\cdots+(-1)^r\left[\frac{N}{p_1p_2\cdots p_r}\right].$$

证：当 $1\leqslant l\leqslant k$ 时，我们用 $\binom{k}{l}=\frac{k(k-1)\cdots(k-l+1)}{l!}$ 表示 k 个东西中任意选取 l 个东西的选法数目.

由引理 4.1 可知，如果自然数 $n \leqslant N$，而又是复合数，那么 n 必定被某 p_i 整除，此处 $1 \leqslant i \leqslant r$.不超过 N，而又是 p_i 的倍数的整数个数是 $\left[\frac{N}{p_i}\right]$，这些整数除了 p_i 本身是素数外，当然都是复合数，所以在计算 $\pi(N)$ 时，需先从 N 中减去这些复合数的个数，即减去

$$\sum_{i=1}^{r}\left(\left[\frac{N}{p_i}\right]-1\right)=\sum_{i=1}^{r}\left[\frac{N}{p_i}\right]-r.$$

但若一个整数，同时是 p_i 与 p_j $(i \neq j)$ 的倍数时，共被减去了二次，所以我们又必须添上一次，因此需加上

$$\sum_{1\leqslant i<j\leqslant r}\left[\frac{N}{p_i p_j}\right]$$

个数，又如果一个数是 $p_i p_j p_k$ $(i<j<k)$ 的倍数时，那么它被划去 $\binom{3}{1}=3$ 次，而又被添上了 $\binom{3}{2}=3$ 次，等于没减，所以必须再行减去，即共减去

$$\sum_{1\leqslant i<j<k\leqslant r}\left[\frac{N}{p_i p_j p_k}\right].$$

依次类推.如果 n 恰有 k 个 $\leqslant\sqrt{N}$ 的不同的素因子，那么共减去 $\binom{k}{1}+\binom{k}{3}+\cdots$ 次，共加上 $\binom{k}{2}+\binom{k}{4}+\cdots$ 次.而根据二项式定理，

$$\begin{aligned}&-\binom{k}{1}+\binom{k}{2}-\binom{k}{3}+\binom{k}{4}-\cdots+(-1)^k\binom{k}{k}\\&=(1-1)^k-1=-1,\end{aligned}$$

所以只被减去 1 次.另外由于 1 不是素数，所以还需从 N 中减去 1.因此引理成立.

引理 1 的证明用了所谓“逐步淘汰原则”，这是一个很有用的方法.读者如有兴趣，可参阅华罗庚著《数论导引》第一章.

设 $\varphi(n)$表示不超过 n，而又与 n 互素的自然数个数，$\varphi(n)$就是所谓的欧拉函数.例如 $\varphi(1)=1,\varphi(2)=1,\varphi(3)=2$ 等.一般说来，我们有

引理 2　$\varphi(n)=n\prod_{p\mid n}\left(1-\frac{1}{p}\right)$，

其中 $\prod_{p\mid n}\left(1-\frac{1}{p}\right)$ 表示 p 取 n 的所有不同素因数时，相应的 $1-\frac{1}{p}$ 的连乘积.

证：设 n 的标准分解式是

$$n=p_1^{a_1}\cdots p_r^{a_r}.$$

那么不与 n 互素就表示与 n 至少有一个公因数 p_i，此处 $1\leqslant i\leqslant r$，而不超过 n 又能被 p_i 整除的自然数个数为$\frac{n}{p_i}(1\leqslant i\leqslant r)$.在计算 $\varphi(n)$ 时，需从 n 中减去，即需减去 $\sum_{i=1}^{r}\frac{n}{p_i}$.但若 n 同时被 p_i 与 $p_j(i\neq j)$ 整除，那么这种数被减去了二次，所以需添上一次，即需添上 $\sum_{1\leqslant i<j\leqslant r}\frac{n}{p_ip_j}$. 依次类推，得

$$\begin{aligned}\varphi(n)&=n-\sum_{i=1}^{r}\frac{n}{p_i}+\sum_{1\leqslant i<j\leqslant r}\frac{n}{p_ip_j}-\cdots+(-1)^r\frac{n}{p_1p_2\cdots p_r}\\&=n\left(1-\frac{1}{p_1}\right)\cdots\left(1-\frac{1}{p_r}\right)=n\prod_{p\mid n}\left(1-\frac{1}{p}\right).\end{aligned}$$

引理证完.

由定理 3.1 已知素数的个数有无穷多，即 $\pi(N)\to\infty$(当 $N\to\infty$).但不超过 N 的素数个数 $\pi(N)$ 与 N 的比$\frac{\pi(N)}{N}$ 的分布情形又如何呢？如果 $\lim_{N\to\infty}\frac{\pi(N)}{N}$ 存在，我们就称它做素数的“出现概率”.我们将证明：

定理 1　素数的出现概率为 0，即

$$\lim_{N\to\infty}\frac{\pi(N)}{N}=0.$$

由于不超过 N 的复合数个数是 $N-\pi(N)-1$，所以由定理 1 立即推出复合数

的出现概率是 1，即

$$\lim_{N\to\infty}\frac{N-\pi(N)-1}{N}=1.$$

用数论的术语来说就是"几乎所有"的数都不是素数，而是复合数.

在证明定理 1 之前，我们再证明两条引理.

引理 3 级数 $\sum_{n=1}^{\infty}\frac{1}{n}$ 发散.

证：

$$\begin{aligned}\sum_{n=1}^{2^t}\frac{1}{n}&=1+\frac{1}{2}+\left(\frac{1}{3}+\frac{1}{4}\right)+\left(\frac{1}{5}+\cdots+\frac{1}{8}\right)\\&\quad+\cdots+\left(\frac{1}{2^{t-1}+1}+\cdots+\frac{1}{2^t}\right)\\&>1+\frac{1}{2}\left(\frac{1}{4}+\frac{1}{4}\right)+\left(\frac{1}{8}+\cdots+\frac{1}{8}\right)\\&\quad+\cdots+\left(\frac{1}{2^t}+\cdots+\frac{1}{2^t}\right)\\&=1+\frac{1}{2}+\frac{1}{2}+\cdots+\frac{1}{2}\\&=1+\frac{t}{2}\to\infty(当\ t\to\infty).\end{aligned}$$

引理证完.

引理 4 无穷乘积 $\prod_p\left(1-\frac{1}{p}\right)=0$，此处 p 通过所有的素数.

证：如果引理不成立.由于 $1>1-\frac{1}{p}>0$，所以

$$\prod_p\left(1-\frac{1}{p}\right)=a>0.$$

从而

$$\frac{1}{a}=\prod_{p}\left(1-\frac{1}{p}\right)^{-1}.$$

记 $N=2^t$，这里 $t=2\left(\left[\frac{1}{a}\right]+1\right)$. 所以由引理 3 的证明即得

$$\begin{aligned}\frac{1}{a}&=\prod_{p}\left(1-\frac{1}{p}\right)^{-1}>\prod_{p\leqslant N}\left(1-\frac{1}{p}\right)^{-1}\\&=\prod_{p\leqslant N}\left(\sum_{i=0}^{\infty}\frac{1}{p^i}\right)>\sum_{n=1}^{N}\frac{1}{n}>1+\frac{t}{2}\\&=\left[\frac{1}{a}\right]+2>\frac{1}{a}+1,\end{aligned}$$

即 $\frac{1}{a}>\frac{1}{a}+1$. 这是不可能的，因此引理成立.

定理 1 的证明：与引理 1 的证明相仿可知，不超过 N 的自然数中不能被前 s 个素数整除的整数个数 $\pi(N,s)$ 等于

$$\pi(N,\ s)=N-\sum_{i=1}^{s}\left[\frac{N}{p_i}\right]+\sum_{1\leqslant i<j\leqslant s}\left[\frac{N}{p_ip_j}\right]-\cdots+(-1)^s\left[\frac{N}{p_1p_2\cdots p_s}\right]$$

（注意其中 p_s 不一定表示 $\leqslant\sqrt{N}$ 的最大素数）. 由于大于 p_s，而又不超过 N 的素数不能被前 s 个素数整除，所以

$$\pi(N)\leqslant s+\pi(N,\ s).$$

由 于 $x-1<[x]<x+1$，所以

$$\pi(N)<s+N\left(1-\sum_{i=1}^{s}\frac{1}{p_i}+\sum_{1\leqslant i<j\leqslant s}\frac{1}{p_ip_j}+\cdots+(-1)^s\frac{1}{p_1p_2\cdots p_s}\right)+$$

$$\left(\sum_{i=1}^{s}1+\sum_{1\leqslant i<j\leqslant s}1+\cdots+\sum_{1\leqslant i_1<\cdots<i_{s-1}\leqslant s}1+1\right).$$

由于

$$\sum_{i=1}^{s}1=s,\ \sum_{1\leqslant i<j\leqslant s}1=\binom{s}{2},\ \cdots,\ \sum_{1\leqslant i_1<\cdots<i_{s-1}\leqslant s}1=\binom{s}{s-1},$$

所以

$$\sum_{i=1}^{s}1+\sum_{1\leqslant i<j\leqslant s}1+\cdots+\sum_{1\leqslant i_1<\cdots<i_{s-1}\leqslant s}1+1<1+\binom{s}{1}+\binom{s}{2}+\cdots+\binom{s}{s-1}+1=2^s.$$

因此

$$\pi(N)<N\prod_{i=1}^{s}\left(1-\frac{1}{p_i}\right)+2^s+s<N\prod_{i=1}^{s}\left(1-\frac{1}{p_i}\right)+2^{s+1}.$$

取 $s+1=\left[\frac{\ln N}{2\ln 2}\right]$，代入上式即得

$$0<\frac{\pi(N)}{N}<\prod_{i=1}^{\left[\frac{\ln N}{2\ln 2}\right]-1}\left(1-\frac{1}{p_i}\right)+\frac{2^{\frac{\ln N}{2\ln 2}}}{N}=\prod_{i=1}^{\left[\frac{\ln N}{2\ln 2}\right]-1}\left(1-\frac{1}{p_i}\right)+\frac{1}{\sqrt{N}}.$$

当 $N\to\infty$ 时，由引理 4 即得

$$\lim_{N\to\infty}\frac{\pi(N)}{N}=0.$$

定理证完.

注意：由引理 4 即可推知 $\pi(N)\to\infty$(当 $N\to\infty$). 事实上，如果 $\pi(N)$有限，那么 $\prod_{p}\left(1-\frac{1}{p}\right)$ 只有有限项相乘，所以不能是零.但这一证明远较本文第三部分的方法得到的东西为多.由它可以得到 $\pi(N)$的一个粗略估计.这里介绍的方法是属于欧拉的.

十三　素数定理

在作进一步讨论之前，我们先引进几个近代素数论中常用的记号

$$\ll,\ O,\ o,\ \sim.$$

它们的含义解释如下：设 x 是一个连续趋于无穷的变量，又设 $\varphi(x)$是 x 的正值函

数，$f(x)$是任意函数.如果有一个与 x 无关的正常数 A 使

$$|f(x)| \leqslant A\varphi(x)$$

成立，我们就记为

$$f(x) \ll \varphi(x)\text{，或 } f(x) = O(\varphi(x)).$$

这里常数 A 称为与“$\ll$”或“O”有关的常数.如果 $f(x) - g(x) \ll \varphi(x)$，我们常常记为

$$f = g + O(\varphi)$$

更为方便一些.又如果

$$\lim_{x\to\infty} \frac{f(x)}{\varphi(x)} = 0 \text{ 或 } 1,$$

我们就分别记为

$$f(x) = o(\varphi(x)) \text{ 或 } f(x) \sim \varphi(x).$$

例如 $\sin x \ll 1, x + \frac{1}{x} \ll x \ll x + \frac{1}{x}, x + \frac{1}{x} = o(x^2), x + \sin x \sim x$ 或 $x + \sin x = x + O(1)$等.

由于

$$e^x = 1 + x + \cdots + \frac{x^n}{n!} + \frac{x^{n+1}}{(n+1)!} + \cdots,$$

因此

$$e^x x^{-n} > \frac{x}{(n+1)!},$$

此处 n 为任意正整数，即 e^x 趋于无穷较 x 之任何整数次方幂为快，或谓 e^x 之无穷大阶大于 x^n 之阶.用上面的记号可以记为

$$x^n = o(e^x).$$

或 a 为任何正数，则仍有

$$x^a = O(x^{[a]+1}) = o(e^x).$$

以 $\ln y$ 代入上式之 x，则

$$(\ln y)^{a}=o(y),$$

即得

$$\ln x=o(x^{\delta}),$$

此处 δ 为任意正数.换言之，$\ln x$ 之无穷大阶较 x 之任何正数方幂为小，同理$\ln\ln x$ 的无穷大阶比 $\ln x$ 的任何正数方幂为小.又记

$$\operatorname{li} x=\lim_{\eta\to 0}\left(\int_{o}^{1-\eta}+\int_{1-\eta}^{x}\right)\frac{\mathrm{d}t}{\ln t}.$$

那么

$$\lim_{x\to\infty}\frac{\operatorname{li} x}{\dfrac{x}{\ln x}}=\lim_{x\to\infty}\frac{(\operatorname{li} x)'}{\left(\dfrac{x}{\ln x}\right)'}=\frac{\dfrac{1}{\ln x}}{\dfrac{1}{\ln x}-\dfrac{1}{(\ln x)^{2}}}=1,$$

即

$$\operatorname{li} x\sim\frac{x}{\ln x}.$$

当然在这些定义中，我们可以假定 x 是通过某一数列趋于无穷的，例如通过自然数列趋于无穷等.我们还可以将“趋于无穷”换成“趋于限 l”，这里 l 是一个有限数.例如当 $x\to 0$ 时有 $x+x^{2}=O(x)$，$\sin x\sim x$，$x=o(1)$ 等.但在以后，我们只用到趋于无穷的情况.

素数论中许多著名的猜想，都是从经验概括出来的，然后再经过严格的数学推导，设法加以证明.例如关于 $\pi(x)$，我们有下面的表：

x	$\pi(x)$	$\dfrac{x}{\ln x}$	$\operatorname{li}x$	$\dfrac{\pi(x)}{\operatorname{li} x}$	$\dfrac{\pi(x)}{x}$
1 000	168	145	178	0.94	0.168 0
10 000	1 229	1 086	1 246	0.98	0.122 9
50 000	5 133	4 621	5 167	0.993	0.102 6
100 000	9 592	8 686	9 630	0.996	0.095 9

(续表)

x	$\pi(x)$	$\dfrac{x}{\ln x}$	$\mathrm{li}x$	$\dfrac{\pi(x)}{\mathrm{li}\,x}$	$\dfrac{\pi(x)}{x}$
500 000	41 538	38 103	41 606	0.998 3	0.083 0
1 000 000	78 498	72 382	78 628	0.998 3	0.078 5
2 000 000	148 933	137 848	149 055	0.999 1	0.074 5
5 000 000	348 513	324 149	348 638	0.999 6	0.069 7
10 000 000	664 579	620 417	664 918	0.999 4	0.066 5
20 000 000	1 270 607	1 189 676	1 270 905	0.999 7	0.063 5
90 000 000	5 216 954	4 913 897	5 217 810	0.999 83	0.058 0
100 000 000	5 761 455	5 428 613	5 762 209	0.999 86	0.057 6
1 000 000 000	50 847 478	48 254 630	50 849 235	0.999 96	0.050 8

从$\pi(x)$的最初几个函数值看来，$\pi(x)$似乎很不规则，但是随着数据的增加，从表中可以看到，对于$\pi(x)$可能有①$\pi(x)\to\infty$(当$x\to\infty$)，即素数有无穷多，②$\dfrac{\pi(x)}{x}\to 0$(当$x\to\infty$)，即“几乎所有”的自然数都是复合数.这两点我们在本文第三部分与第十二部分中已经证明过了.更进一步，$\pi(x)$还可能有一个渐近表达式.勒让德(A. M. Legendre)在1830年猜想，当$x\to\infty$时，

$$\pi(x)\sim\frac{x}{\ln x-B},$$

其中$B=1.083\ 66$.高斯又独立地建议了一个类似的，但并不与它相等的公式.以一千个相继自然数为单位，高斯的方法在于计算每个单位中的素数个数，他建议用函数$\dfrac{1}{\ln x}$来表示在充分大的整数x附近的素数分布的平均密度(“单位区间中素数的百分率”).因此高斯猜想

$$\pi(x)\sim\mathrm{li}\,x.$$

如果我们仅仅只考虑主阶，由于

$$\lim_{x\to\infty}\frac{\dfrac{x}{\ln x-1.083\,66}}{\dfrac{x}{\ln x}}=1\text{ 及 }\lim_{x\to\infty}\frac{\operatorname{li} x}{\dfrac{x}{\ln x}}=1,$$

因此我们可以将这两个猜想写为

$$\pi(x)\sim\frac{x}{\ln x},$$

这就是通常所称的“素数定理”.这是素数分布理论的中心定理.从此,决定素数定理是否正确的问题,吸引了很多优秀数学家的注意.

首先对这个问题作出重要贡献的是车比雪夫(Ц. Л. Чебышев).他在1848年与1850年证明了:

定理1(车比雪夫) 有关系式

$$a\leqslant\varliminf_{x\to\infty}\frac{\pi(x)}{\dfrac{x}{\ln x}}\leqslant 1\leqslant\varlimsup_{x\to\infty}\frac{\pi(x)}{\dfrac{x}{\ln x}}\leqslant\frac{6}{5}a,$$

这里 $a=0.921\,29$.

由定理1显然推出 $\frac{\pi(x)}{x}\to 0$(当 $x\to\infty$).由定理1可以看出,如果当 $x\to\infty$ 时,$\frac{\pi(x)}{\frac{x}{\ln x}}$ 的极限存在,那么极限必定是1,而且对于一切 $x\geqslant 2$,$\frac{\pi(x)}{\frac{x}{\ln x}}$ 一定位于两个正常数之间.尽管定理1中的常数 a 不断地被以后的数学家加以改进,但并不能导致问题的最终解决,即完全证明素数定理.

关于素数定理,赛尔凡斯特(J. J. Sylvester)曾用下面的话表明他对这个问题的展望:“但是要确定这种可能性的存在,我们或许要等待在世界上产生这样一个人,他的智慧与洞察力像车比雪夫一样,证明自己是超人一等的.”

但就在赛尔凡斯特说这些话时出生的阿达玛(J. Hadamard),依赖于前人特别是黎曼(B. Riemann)的工作,用复变函数论的方法,在1896年证明了素数定理.几乎同时而又独立地证明了这个定理的还有达拉瓦勒布桑(C. J. de la Vallée Poussin).

定理 2(素数定理) $\pi(x)\sim\frac{x}{\ln x}$.

由定理 2 立刻可以推出下面的定理.

定理 3 设 p_n 表示第 n 个素数,那么

$$p_n\sim n\ln n.$$

证: 在定理 2 中取 $x=p_n$ 得

$$n=\pi(p_n)\sim\frac{p_n}{\ln p_n},$$

即

$$p_n\sim n\ln p_n.$$

由于 $\ln\ln p_n=o(\ln p_n)$, 所以

$$\ln p_n\sim\ln n+\ln\ln p_n\sim\ln n,$$

代入上式即得定理 3.

寻求一个"素数定理"的初等证明,即不用复变函数论或类似工具的证明,是素数论中历时很久的难题之一,这一初等证明直到 1949 年,才由赛尔贝尔格(A. Seberg)与爱多士(P. Erdös)独立得到.有兴趣阅读车比雪夫定理与素数定理证明的读者,请看华罗庚著《数论导引》第五章与第九章.

十四　素数定理的误差项

达拉瓦勒布桑在 1899 年证明了:

定理 1(达拉瓦勒布桑)

$$\pi(x)-\mathrm{li}\,x=O(xe^{-a\sqrt{\ln x}}),\tag{1}$$

这里 $a>0$ 是一个常数.

由分部积分可得

$$\mathrm{li}\, x=\frac{x}{\ln x}+\frac{x}{(\ln x)^2}+\cdots+(n-1)!\ \frac{x}{(\ln x)^n}+O\left(\frac{x}{(\ln x)^{n+1}}\right). \tag{2}$$

另一方面

$$\frac{x}{\ln x-B}=\frac{x}{\ln x}+\frac{Bx}{(\ln x)^2}+\cdots+\frac{B^{n-1}}{(\ln x)^n}+O\left(\frac{x}{(\ln x)^{n+1}}\right). \tag{3}$$

由于 $\mathrm{e}^{-a\sqrt{\ln x}}=o\left(\frac{1}{(\ln x)^A}\right)$，此处 $A>0$ 为任意常数，而与“o”有关的常数仅依赖于 a 与 A，所以比较(1)，(2)，(3)即得

$$\pi(x)-\frac{x}{\ln x-B}=\begin{cases} O\left(\frac{x}{(\ln x)^2}\right), & \text{当 } B\neq 1, \\ O\left(\frac{x}{(\ln x)^3}\right), & \text{当 } B=1. \end{cases}$$

这说明在勒让德关于 $\pi(x)$ 的猜测（见本文第十三部分）中，取 $B=1$ 最好，即取 $\frac{x}{\ln x-1}$ 来逼近 $\pi(x)$ 最好.但不管怎样，用高斯提出的用 $\mathrm{li}\, x$ 来逼近 $\pi(x)$ 更为精密得多.

不少数学家改进了公式(1)的误差项.目前最好的结果是阿·维诺格拉朵夫(И. М. Виноградов)与卡罗波夫(Н. М. Коробов)于 1958 年独立证明的.即

定理 2(阿·维诺格拉朵夫-卡罗波夫)

$$\pi(x)-\mathrm{li}\, x=O\left(x\,\mathrm{e}^{-(\ln x)^{\frac{3}{5}-\varepsilon}}\right), \tag{4}$$

其中 ε 是任意正常数，而与“O”有关的常数仅依赖于 ε.

(4)式虽然比(1)式精密，但距离理想的猜想结果还相差很远.理想的猜想结果是

$$\pi(x)-\mathrm{li}\, x=O(\sqrt{x}\ln x). \tag{5}$$

冯·柯赫(H. von Koch)在 1901 年曾在所谓黎曼猜测成立的情况下，证明了(5)

式.由于黎曼猜测是用复变函数论的语言叙述的,在这里我们就不讲了.有兴趣的读者,请看华罗庚著《指数和的估计及其在数论中的应用》第三章.不过,由(5)的成立,也可以推出黎曼猜测的成立.所以(5)式与黎曼猜测是等价的,因此(5)式也可以看成是黎曼猜测的另一种形式.特别应该指出,素数论中许多著名问题的解决,往往可以归结为黎曼猜测的证明.所以断定这一猜测的成立与否,在数论中实在是最为重要的了.

我们现在甚至还远远不能证明比(5)弱得多的结果,即

$$\pi(x)-\operatorname{li} x=O(x^{1-\varepsilon}), \tag{6}$$

这里 ε 是某一正数(例如 $\varepsilon=10^{-10\,000}$,而与“$O$”有关的常数仅依赖于 ε.

关于 $\pi(x)$ 与第 n 个素数 p_n,罗素(J. B. Rosser)与熊飞尔德(L. Schoenfeld)[①]证明了下面的不等式:

定理 3

$$\frac{x}{\ln x-\frac{3}{2}}<\pi(x)<\frac{x}{\ln x-\frac{1}{2}},\text{其中 } x\geqslant 67, \qquad ①$$

$$n\ln n<p_n<n(\ln n+\ln\ln n),\text{其中 } n\geqslant 6. \qquad ②$$

十五　素数定理误差项的不规则性

我们先引进记号“Ω”.设 $\varphi(x)$ 是 x 的正值函数.如果存在与 x 无关的正常数 c,使有任意大的 x 满足

$$|f(x)|>c\varphi(x),$$

我们就用记号

$$f(x)=\Omega(\varphi(x))$$

① J. B. Rosser and L. Schoenfeld, Approximate formulas for some functions of prime numbers, Illinois [J]. Math, 1962(6): 64-94.

来表示.所以“Ω”是“O”的逆记号.如果 $f(x)$是 x 的实函数,即 $f(x)$仅取实值,且有任意大的 x 使 $f(x)>c\varphi(x)$,就记作

$$f(x)=\Omega_{+}(\varphi(x)).$$

又如果有任意大的 x 使 $f(x)<-c\varphi(x)$,就记作

$$f(x)=\Omega_{-}(\varphi(x)).$$

所以对于实函数,“Ω”等价于“或者 Ω_{+},或者 Ω_{-}”.我们还用记号“$\Omega_{\pm}$”表示“Ω_{+}与 Ω_{-}都成立”.

由本文第十三部分的表中可见,似乎应该有

$$\pi(x)<\operatorname{li} x. \tag{1}$$

例如 $\pi(10^9)<\operatorname{li} 10^9$.但是李特伍德(J. E. Littlewood)在 1914 年证明了:

定理 1(李特伍德) 当 $x\to\infty$时,

$$\pi(x)-\operatorname{li} x=\Omega_{\pm}\left(\frac{x^{\frac{1}{2}}}{\ln x}\ln\ln\ln x\right).$$

从这个定理看出,可以找到任意大的 x 使(1)式成立,也可以找到任意大的 x 使(1)式不成立,即使

$$\pi(x)>\operatorname{li} x \tag{2}$$

成立.但定理 1 纯粹是一个“存在定理”.到底在多大的范围内,就能找到使(2)成立的 x 呢? 定理 1 并不能回答.直到 1933 年,斯克斯(S. Skewes)才首先证明了有自然数 x 适合于

$$x<10^{10^{10^{10^{3}}}},$$

并使(2)成立.莱茉将斯克斯的结果改进为:在 1.53×10^{1165} 与 1.65×10^{1165} 之间至少有 10^{500} 个整数使(2)式成立.他并证明了,在不超过 10^{20} 的整数中,找不到使(2)成立的整数①.

① D. H. Lehmer, On the difference $\pi(x)$-li x, *Acta Arith*; 1966: 397-410.

十六　相邻两素数之差

设 p_n 表示第 n 个素数，现在我们来研究相邻两素数 p_{n+1} 与 p_n 的差

$$d_n = p_{n+1} - p_n$$

的分布问题.

有所谓贝特朗(J. Bertrand)假设，即对于任何自然数 $m > 3$，在 m 与 $2m-2$ 之间一定有一个素数.这一著名假设是车比雪夫在1850年解决的.取 $m = p_n (n \geqslant 3)$，则由贝特朗假设可知 $p_{n+1} < 2m-2$，所以

$$d_n < 2m - 2 - m = m - 2 = p_n - 2.$$

因此这一结果远较定理3.2精密.但另一方面，此定理的精确性并不算好，还有更精密的结果.

关于 d_n 的重要问题与结果，有下面这些.

1. 最重要的是设法找函数 $f_1(n)$ 与 $f_2(n)$ 使

$$d_n \leqslant f_1(n)$$

与

$$d_n \geqslant f_2(n)$$

对于所有充分大的 n 成立，其中要求 $f_2(n)$ 是最大的函数.

由目前具有最精密误差项的素数定理(定理14.2)只能推出

$$f_1(n) = p_n \mathrm{e}^{-(\ln p_n)^{\frac{3}{5}-\varepsilon}}. \tag{1}$$

需假定黎曼猜测成立，即由公式(15. 5)(本文第十五部分公式(15))才能得到

$$f_1(n) = c p_n^{\frac{1}{2}} \ln p_n. \tag{2}$$

首先是霍海赛尔(G. Hoheisel)证明了：

$$f_1(n) = c p_n^{\frac{32\,999}{33\,000}}. \tag{3}$$

当然(3)比(1)强多了.不少数学家改进了霍海赛尔的结果.目前最好的结果是莫绍

切(C. J. Mozzochi)证明的.他得到了：

定理 1(莫绍切)[①]　$d_n \ll p_n^{\frac{11}{20}-\frac{1}{384}+\varepsilon}$，这里 ε 是任意正常数，而与“$\ll$”有关的常数仅依赖于 ε.

由定理 1 立刻推知，对于任何 $\varepsilon>0$，皆存在仅依赖于 ε 的常数 $n_0(\varepsilon)$，当 $n>n_0$ 时，在 n 与 $n+n^{\frac{11}{20}-\frac{1}{384}+\varepsilon}$ 之间恒存在一个素数.这一结论远比贝特朗假设为优.

关于 $f_2(n)$，我们还一无所知，如果所谓孪生素数猜想正确，就能得到

$$f_2(n)=2$$

(见本文第十九部分).

关于 $f_1(n)$ 的理想猜想结果，从现有的素数表中看，似乎应该是(2). 但数理统计学家克拉梅尔(H. Cramér)借助一个以概率论为基础的富有启发性的方法推测，甚至可能是

$$f_1(n)=c(\ln p_n)^2.$$

2. 另一类问题是设法寻找函数 $f_3(n)$ 与 $f_4(n)$，使对于无穷多个 n 有

$$d_n \leqslant f_3(n),$$

又对于无穷多个 n 有

$$d_n \geqslant f_4(n).$$

我们有下面的结果：

定理 2(梅耶)[②]

$$f_3(n)=0.248\ln p_n.$$

定理 3(兰肯 A. E. Rankin)

$$f_4(n)=\left(\frac{1}{3}-\varepsilon\right)\ln p_n \ln\ln p_n \frac{\ln\ln\ln\ln p_n}{(\ln\ln\ln p_n)^2},$$

其中 ε 是任意正常数.

---

① C. J. Mozzochi, On The difference between consecutive primes [J]. Number theory, 1986(24): 181-187.

② H. Maier, Primes in short interval, Michigan Math [J]. 1985(32): 221-225.

3. 还有一类问题是寻找函数 $f_5(n)$，使对于几乎所有的 n 都有

$$d_n \leqslant f_5(n),$$

即适合于 $n \leqslant x$ 的自然数 n 使上式成立的个数 $\sim x$. 还要寻找 $f_6(n)$，使对于几乎所有的 n 都有

$$d_n \geqslant f_6(n).$$

我们有下面的结果：

定理 4（克拉梅尔） 在黎曼猜测正确的假定下有

$$f_5(n) = (\ln p_n)^3.$$

定理 5（帕拉哈 K. Prachar）

$$f_6(n) = \frac{\ln p_n}{g(p_n)},$$

其中 $g(x)$ 是任何递增且适合于 $g(x) \to \infty$ 与 $\frac{\ln x}{g(x)} \to \infty$（当 $x \to \infty$）的函数.

十七　素数在算术级数中的分布

任何奇数一定 4 除余 1 或 4 除余 3，因此可以将奇数按 4 除余 1 或 4 除余 3 分为两类：

$$1,\ 5,\ 9,\ 13,\ 17,\ 21, \cdots \tag{1}$$

$$3,\ 7,\ 11,\ 15,\ 19,\ 23, \cdots \tag{2}$$

我们在第三部分与第八部分已经证明了在数列（1）与（2）中都含有无穷多个素数（见定理 3.3 与定理 8.2）. 现在要问对于一般的以自然数 l 为首项，以自然数 $k(\geqslant l)$ 为公差的算术级数（或叫做等差级数）

$$l,\ l+k,\ l+2k,\ l+3k, \cdots \tag{3}$$

中，是不是都含有无穷多个素数呢？

如果 $(l, k)=d>1$，那么 $d \mid (l+nk)(n=0, 1, 2, \cdots)$，所以除 l 可能是素数

外，算术级数(3)中的其他数都是复合数，因此如果在数列(3)中有无穷多个素数，就必须 $(l, k)=1$. 但是对于任何适合于 $(l, k)=1$ 的正整数 l, k，算术级数(3)中是不是一定有无穷多个素数呢？这一十分重要而又困难的问题是狄里赫勒(P. G. Lejeune Dirichlet)在 1837 年解决的，答案是肯定的.

设 $\pi(x, k, l)$表示算术级数(3)中$\leqslant x$ 的素数个数.

定理 1(狄里赫勒)　如果 $(l, k)=1$，那么 $\pi(x, k, l) \to \infty$ (当 $x \to \infty$).

定理 1 原来的证明需要一些高深的数学知识，它的“初等证明”也是赛尔贝尔格在 1949 年得到的.有兴趣阅读定理 1 的初等证明的读者，请看华罗庚著《数论导引》第九章.

设 $l_1, \cdots, l_{\varphi(k)}$ 是全体不超过 k，而与 k 互素的自然数，这里 $\varphi(k)$是欧拉函数(见本文第十二部分).现在提一个问题.问

$$\pi(x, k, l_1), \cdots, \pi(x, k, l_{\varphi(k)})$$

是不是都两两渐近地相等？即对于任何 $i \neq j$，关系式

$$\pi(x, k, l_i) \sim \pi(x, k, l_j)$$

是不是都成立？答案也是肯定的.这说明不超过 x 的素数在 $\varphi(k)$个算术级数 $l_i + nk (1 \leqslant i \leqslant \varphi(k), n=0, 1, 2, \cdots)$ 中是“平均”分配的.不仅如此，用与第十四部分相类似的方法还可以进一步证明：

定理 2　$\pi(x, k, l)=\dfrac{1}{\varphi(k)}\operatorname{li} x+O(x \mathrm{e}^{-(\ln x)^{\frac{3}{5}-\varepsilon}})$，$(l, k)=1$，这里 ε 是任意正常数，而与“O”有关的常数依赖于 k 与 ε.

与 $\pi(x)$一样，关于 $\pi(x, k, l)$的理想的猜想结果应该是：

$$\pi(x, k, l)=\frac{1}{\varphi(k)}\operatorname{li} x+O(x^{\frac{1}{2}} \ln x), (l, k)=1, \tag{4}$$

其中与“O”有关的常数与 k, l 无关.因为当 $k=1$ 时，$\pi(x, 1, 1)=\pi(x)$，所以要证明公式(4)比证明(14. 5)更加困难.与第十六部分相类似，我们还可以证明：

定理 3　命 $p_n(k, l)$ 表示当 $(l, k)=1$ 时，数列(3)中的第 n 个素数，那么

$$p_{n+1}(k, l)-p_n(k, l)=O(p_n(k, l)^{\frac{11}{20}-\frac{1}{384}+\varepsilon}),$$

其中 ε 是任何正常数,而与"O"有关的常数仅依赖于 k 与 ε.

定理 2 是对于固定的 k 而得到的.是不是有一个 $\pi(x, k, l)$ 的与 k 无关的渐近表示公式呢?这是很重要的问题,关于这个问题,济格尔(C. L. Siegel)证明了:

定理 4(济格尔) 设 l, k 是适合于 $(l, k)=1$ 及 $3 \leqslant k \leqslant (\ln x)^K$ 的自然数,其中 K 是任意正常数,那么

$$\pi(x, k, l)=\frac{1}{\varphi(k)} \operatorname{li} x+O\left(x \mathrm{e}^{-a \sqrt{\ln x}}\right),$$

这里 $a>0$,而与"O"有关的常数仅依赖于 k.

另一个有趣而重要的问题是如何估计算术级数(3)中的最小素数 $p_1(k, l)$ 的上界.邱拉(S. Chowla)猜测,当 $(l, k)=1$ 时,对于任何 $\varepsilon>0$,都有

$$p_1(k, l)=O\left(k^{1+\varepsilon}\right),$$

其中与"O"有关的常数仅依赖于 ε.

假定公式(4)成立,那么用 $x=k^{2+\varepsilon}$ 代入,容易推出

$$p_1(k, l)=O\left(k^{2+\varepsilon}\right),(l, k)=1,$$

其中与"O"有关的常数仅依赖于 ε.但公式(4)是未经证明的.林尼克(Ю. В. линник)首先迈出了重要的一步,他证明了:

定理 5(林尼克) 当 $(l, k)=1$ 时, $p_1(l, k) \ll k^c$,这里 c 是一个正常数.

我国数学家潘承洞首先证明了 c 是可以具体定出来的.他证明了 $c \leqslant 5\,448$.我国数学家陈景润证明过 $c \leqslant 168$.目前已发表的最佳结果是希斯-仆朗证明的 $c \leqslant 5.5$①.

1965 年,庞比尼(E. Bombieri)证明了下面关于 $\pi(x, k, l)$ 重要的中值公式:

定理 6(庞比尼)② 对于任意常数 $A>0$,都存在常数 $B>0$ 使

$$\sum_{k \leqslant x^{\frac{1}{2}} /(\ln x)^B} \max_{(l, k)=1}\left|\pi(x, k, l)-\frac{\operatorname{li} x}{\varphi(k)}\right|=O\left(\frac{x}{(\ln x)^A}\right), \tag{5}$$

① D. R. Heath-Brown, Zero free regions for Dirichlet L-functions and the least prime in an arithmetic progression, PLMS, 1992(64): 265-338.

② E. Bombieri, On the Large Sieve, *Mathematatika*; 12,1965(2): 201-225.

这里 $\max\limits_{(l,k)=1}\left|\pi(x,k,l)-\frac{\operatorname{li}x}{\varphi(k)}\right|$ 表示适合于 $(l,k)=1$ 的 $\varphi(k)$ 个 $\left|\pi(x,k,l)-\frac{\operatorname{li}x}{\varphi(k)}\right|$ 中最大的一个.

定理 6 稍弱的形式是阿・维诺格拉朵夫(A. N. Виноградов)独立证明的①.我们容易证明,如果(4)式成立,那么定理 6 是显然成立的.因为取 $B=A+1$,将(4)代入(5)的左端即得

$$\sum_{k\leqslant x^{\frac{1}{2}}/(\ln x)^B} O(x^{\frac{1}{2}}\ln x)=O\left(\frac{x}{(\ln x)^{B-1}}\right)=O\left(\frac{x}{(\ln x)^A}\right).$$

公式(4)与所谓的广义黎曼猜测是等价的.但在不少情况下,当需要用到公式(4)时,我们可以用(5)来代替.这正是定理 6 的重要之处.

十八　哥德巴赫问题

哥德巴赫(C. Goldbach)问题是 1742 年他写信给欧拉时提出来的.在信中,他提出了将整数表示为素数之和的猜想.这个猜想可以用略为修改了的语言叙述为:

(A) 每一个≥6 的偶数都是两个奇素数之和.

(B) 每一个≥9 的奇数都是三个奇素数之和.

例如 $20=3+17$,$22=11+11$,$29=3+7+19$,$31=5+7+19$ 等.

显然,命题(B)是命题(A)的推论.事实上,如果命题(A)成立,那么对 N 是任何奇数 $\geqslant 9$(即 $N-3$ 是偶数且≥6),由命题(A)的成立可知有奇素数 q_1 与 q_2 使

$$N-3=q_1+q_2,$$

所以

$$N=3+q_1+q_2.$$

① А. И. Виноградов, Оплотностной гипотезе для L-рядов днрнхле, ИАН СССР, сер. Мат; 1965(29): 903 - 934.

因此命题(B)也成立，这说明命题(A)是最本质的.

从哥德巴赫写信起到今天，已经积累了不少关于该问题的宝贵资料.例如皮平(N. Pipping)核对过，当偶数 $n\leqslant 10^5$ 时，命题(A)是正确的.以后，申氏①与尹定②又分别进一步核对了，当偶数 $n\leqslant 3.3\times 10^7$ 及 $n\leqslant 3\times 10^8$ 时，命题(A)都是对的.但是至今我们还不能确定这两个命题的真假.

1900 年，希尔伯特(D. Hilbert)在第二届国际数学会的著名演讲中，把黎曼猜测、哥德巴赫猜测(A)与孪生素数猜测，作为 19 世纪最重要的未解决问题之一，介绍给 20 世纪的数学家来解决，即所谓希尔伯特第八问题.

在 1912 年召开的第五届国际数学会上，朗道(E. Landau)曾经说过，即使要证明下面较弱的命题(C)，也是现代数学家所力不能及的.

(C) 存在一个正整数 c，使每一个 $\geqslant 2$ 的整数都可以表示为不超过 c 个素数之和.

注意：如果命题(A)成立，那么命题(C)显然也成立，而且 $c=3$.

1921 年，哈代(G. H. Hardy)在哥本哈根召开的数学会上说过，命题(A)的困难程度是可以和任何没有解决的数学问题相比的.

设 $r_2(N)$ 为将偶数 N 表为两个素数之和的表示法个数，又设 $r_3(N)$ 为将奇数 N 表为三个素数之和的表示法个数.例如

$$10=3+7=7+3=5+5,\ 12=5+7=7+5,$$

$$11=3+3+5=3+5+3=5+3+3,$$

所以 $r_2(10)=3$，$r_2(12)=2$，$r_3(11)=3$ 等.

哈代与李特伍德在 1922 年还进一步猜测：

(D) $$r_2(N)=2\prod_{\substack{p\mid N\\ p>2}}\frac{p-1}{p-2}\prod_{p>2}\left(1-\frac{1}{(p-1)^2}\right)\frac{N}{(\ln N)^2}(1+o(1))\text{，当 } 2\mid N.$$

① Shen Mok Kong, On Checking the Goldbach Conjecture, Novdisk, Tidskr, Infor; -Behand; 1964(4).

② 尹定.小于 3 亿的全部偶数均为哥德巴赫数[J].科学通报，1984(18)：1150.

(E) $r_3(N)=\frac{1}{2}\prod_{p|N}\left(1-\frac{1}{(p-1)^2}\right)\prod_{p\nmid N}\left(1+\frac{1}{(p-1)^3}\right)$

$$\frac{N^2}{(\ln N)^3}(1+o(1)),\text{当 } 2\nmid N.$$

命题(A),(B)是哥德巴赫问题原始的算术语言提法,而命题(D),(E)则是哥德巴赫问题的分析语言的提法,命题(D),(E)比命题(A),(B)更加深刻.由它们不仅能推出对于充分大的整数,命题(A),(B)都成立,而且给出了充分大的整数表为素数和的表示法个数的渐近公式.

近70年来,哥德巴赫问题吸引了世界上很多著名数学家来研究它.取得了很好的成绩.研究哥德巴赫问题产生的研究方法不仅对数论有广泛应用,而且也可以用到不少其他数学分支中去.

我国著名数学家华罗庚早在20世纪30年代就开始研究这一问题,并得到了重要成果.中华人民共和国成立后,在他的倡议与领导下,我国青年数学工作者,从20世纪50年代初,就开始研究这一问题,他的学生们不断得到重要成果,获得国内外的高度评价,特别是陈景润的结果尤为突出.

我们将在下面介绍这个问题的一些重要结果.

首先是史尼尔曼(Л. Г. Шнирельнан)在1930年(哥德巴赫提出猜想后的188年)证明了命题(C),即:

定理1(史尼尔曼)　任何$\geqslant 2$的整数都可以表示为不超过c个素数之和,这里c是一个常数.

史尼尔曼不仅证明了命题(C),而且在他的论文中,引入了关于自然数集合很重要的概念——"密率".这一概念后来有了广泛发展与应用.

命s表示最小的正整数,使每一充分大的整数都可以表示成为不超过s个素数之和,我们称s做史尼尔曼常数.史尼尔曼的方法不仅能够得到s的存在性,而且可以得到s的明确上界.由他的方法给出$s\leqslant 800\,000$.不少数学家改进了s的上界估计.例如我国数学家尹文霖就在1956年证明过$s\leqslant 18$.目前关于s的最佳估计是沃恩(R. C. Vaugham)得到的,他证明了:

定理 2(沃恩)[①②]　(1) 每一充分大的奇数是不超过 5 个素数之和.(2) 每一个⩾2 的整数都是不超过 27 个素数之和.

哈代与李特伍德在 20 世纪 20 年代,系统地开创与发展了堆垒数论中的一个崭新的分析方法,这个方法就是著名的"圆法".他们在未经证明的广义黎曼猜测成立的假定下(即假定公式(17.4)成立),证明了命题(E).为了取消他们证明中用到的未经证明的猜测,就需要估计某种类型的"指数和".在 20 世纪 30 年代,阿·维诺格拉朵夫创造了一系列估计指数和的重要方法,从而使他在 1937 年证明了命题(E).当然由此推出命题(B)对于充分大的奇数都成立,即

定理 3(阿·维诺格拉朵夫)　设 N 是奇数,那么

$$r_3(N)=\frac{1}{2}\prod_{p\mid N}\left(1-\frac{1}{(p-1)^2}\right)\prod_{p\nmid N}\left(1+\frac{1}{(p-1)^3}\right)\frac{N^2}{(\ln N)^3}(1+o(1)).$$

由此推出,每一充分大的奇数都是三个奇素数之和.

巴雷德金(K. Г. Бороздкий)算过,当奇数 $n\geqslant e^{e^{16.038}}$ (这个数共 4 008 600 位)时,就能表示成为三个奇素数之和.换句话说,除掉适合于 $n\leqslant e^{e^{16.038}}$ 的有限多个奇数外,命题(B)都成立.但 $e^{e^{16.038}}$ 这个数实在太大了,无法逐一验证对小于它的奇数来说命题(B)是否成立,所以说命题(B)是基本上被证明了.

假定 N 是充分大的偶数,那么 $N-3$ 是充分大的奇数.由定理 3 可知

$$N-3=q_1+q_2+q_3,$$

这里 q_1,q_2,q_3 是奇素数,所以

$$N=3+q_1+q_2+q_3.$$

即充分大的偶数都可以表示为不超过 4 个素数之和.所以由定理 3 可以推出史尼尔曼常数 $s\leqslant 4$. 这是史尼尔曼方法所达不到的(史尼尔曼方法目前只能证明

---

① R. C. Vangham, A note on Schirel'man's approach to Goldbach's Problem, BLMS; 8,3,1976(24): 245 - 250.

② R. C. Vaugham, On the estimation of Schirel'man's Constant [J]. *für reine* and *ang*. *Math*, 1977(290): 94 - 108.

$s \leqslant 6$，请比较定理 2).

1938 年,我国著名数学家华罗庚及一些外国数学家独立地证明了命题(A)对于几乎所有的偶数都成立.即假设 $M(x)$ 表示不超过 x，而又不能表示成为两个素数之和的偶数个数,那么

$$\lim_{x \to \infty} \frac{M(x)}{x} = 0.$$

换句话说,使命题(A)成立的偶数的"出现概率"等于 1.华罗庚证明的结果比其他人的更强一些,他证明了:

定理 4(华罗庚)　设 k 是任何一个固定的自然数,则几乎所有的偶数都可以表成 $p_1 + p_2{}^k$，此处 p_1，p_2 都是素数.

另一个研究哥德巴赫问题的方法是筛法.最原始的筛法就是埃拉多斯染尼氏筛法.布朗(V. Brun)与赛尔贝尔格曾先后对这个方法作出过重要贡献.用筛法来处理命题(A)时,需将命题(A)中的素数换成"殆素数".所谓殆素数就是素因数(包括相同的与相异的)的个数不超过某一固定常数的自然数.例如 $6 = 2 \times 3$，$8 = 2 \times 2 \times 2$，$10 = 2 \times 5$，$12 = 2 \times 2 \times 3$，$21 = 3 \times 7$，所以 6，10，21 是素因数个数不超过 2 的殆素数.6，8，10，12，21 都是素因数个数不超过 3 的殆素数.凡是素数显然都是殆素数.

为叙述简单起见,引入下面两个命题:

(F) 每一个充分大的偶数都是素因数个数分别不超过 a 与 b 的两个殆素数之和.记为(a, b).

(G) 每一个充分大的偶数都可以表示为一个素数与一个素因数个数不超过 c 的殆素数之和.记为$(1, c)$.

在命题(F)中取 $a = 1$，即得命题(G).但是因为处理这两个命题所用的方法有些差异,所以我们还是分开写.处理命题(F)用的是初等方法,但处理命题(G)时,还需要高深分析的工具,即用到复变函数论.哥德巴赫猜想,即命题(A),本质上就是要证明(1，1)成立.

首先是布朗在 1920 年证明了(9，9),即:

定理 5(布朗)　每一充分大的偶数都可以表示为素因数个数都不超过 9 的两个殆素数之和.

关于命题(G),首先是瑞尼(A. Renyi)在 1948 年证明了(1, c),即

定理 6(瑞尼)　存在一个正常数 c,使每一充分大的偶数都可以表示为一个素数与一个素因数个数不超过 c 的殆素数之和.

不少数学家改进了布朗与瑞尼的结果.拉代马哈(H. Rademacher)在 1924 年证明了(7, 7),埃斯特曼(T. Estermann)于 1932 年证明了(6, 6).布赫夕塔布(A. A. Бухштаб)又于 1938 年及 1940 年分别证明了(5, 5)与(4, 4).笔者于 1956 年证明了(3, 4).同年阿·维诺格拉朵夫证明了(3, 3).1957 年,笔者又证明了(2, 3).关于命题(G),1962 年,潘承洞独立证明了(1, 5).1963 年,潘承洞与巴尔巴恩(M. Б. Барбан)又独立证明了(1, 4).1965 年,阿·维诺格拉朵夫、布赫夕塔布与庞比尼都证明了(1, 3).1966 年,我国著名数学家陈景润在对筛法作了新的重要改进之后,终于证明了(1, 2),即:

定理 7(陈景润)①　每一个充分大的偶数都是一个素数与一个素因数个数不超过 2 的殆素数之和.

换句话说,命题(F)与(G)的研究已告结束.因此关于哥德巴赫问题,现在剩下需要研究的就只有命题(A)与(D)了.

埃氏筛法在近 60 年来被改进后,首先是用来处理哥德巴赫问题的.但这种改进后的筛法是有广泛应用的,最直接的应用就是用于素数论.只要将困难问题中的素数换成殆素数,例如将命题(A)换成命题(F),(G),就有可能用筛法来进行处理了.

由于最近关心哥德巴赫问题的人比较多,所以我们这里介绍得稍详细些.有兴趣想进一步了解史尼尔曼密率方法、圆法与筛法处理哥德巴赫问题的读者,请看华罗庚著《指数和的估计及其在数论中的应用》第一章与第五章.

---

① 陈景润.大偶数表为一个素数及一个不超过二个素数的乘积之和[J].科学通报,1966(17):385-386;中国科学:数学,1973(2):111-128.潘承洞,丁夏畦,王元.表大偶为一个素数及一个殆素数之和[J].科学通报,1975(8):358-360.

十九　孪生素数问题

3，5；5，7；11，13；17，19；29，31；…；101，103；…；10 016 957，10 016 959；…；10^9+7，10^9+9；…这些素数对中二者相差都是 2.假定 p 是素数，而 $p+2$ 也是素数，我们就称 $(p, p+2)$ 是一对孪生素数.

很久以前，人们就问孪生素数对是否有无穷多，但是至今还不能回答这个问题.

人们积累了很多宝贵的资料说明，似乎应该有无穷多对孪生素数.这就叫做孪生素数猜想.例如已知小于 10^5 的自然数中，有 1 224 对孪生素数，小于 10^6 时，有 8 164对孪生素数，而小于 3.3×10^7 时，共有 152 892 对孪生素数.现在已知小于 10^{11}时，共有 224 376 048 对孪生素数，而且目前所知道的最大的孪生素数对是：

$$107\,570\,463\times10^{2\,250}\pm1\text{，共 } 2\,259 \text{ 位}^{①}.$$

假如孪生素数对真有无穷多，那么在本文第十六部分提出的一个问题，即寻找函数 $f_2(n)$，使当 n 充分大时有

$$d_n=p_{n+1}-p_n\geqslant f_2(n)$$

就得到了彻底的解决，即

$$f_2(n)=2.$$

设 $Z(x)$表示不超过 x 的自然数中孪生素数的对数.例如 $Z(20)=4$，$Z(10^5)=1\,224$，$Z(3.3\times10^7)=152\,892$ 等.所谓孪生素数猜想即要证明：

$$Z(x)\to\infty(\text{当 } x\to\infty). \tag{1}$$

哈代与李特伍德在 1922 年，进一步猜想关系式

$$Z(x)=2\prod_{p>2}\left(1-\frac{1}{(p-1)^2}\right)\frac{x}{(\ln x)^2}(1+o(1)) \tag{2}$$

应该成立.哈代与李特伍德猜想相当于孪生素数定理.公式(2)中的常数取值

---

①　P. Ribenboim，The Book of Prime Number Records，Springer Verlag，1989.

$$\prod_{p>2}\left(1-\frac{1}{(p-1)^2}\right)=0.660\,1\cdots.$$

不少宝贵的数据似乎支持公式(2)是对的.

孪生素数猜想也是素数论的中心问题之一.设 a,b,c 为整数,我们还可以研究方程

$$ax+by=c \tag{3}$$

存在素数解 x,y 或存在无穷多组素数解的问题.取 $a=1$, $b=1$, $c\geqslant 6$ 为偶数即得哥德巴赫问题(见本文第十八部分,命题(A)).又 取 $a=1$, $b=-1$, $c=2$ 即得孪生素数问题.

目前,从筛法的角度看,哥德巴赫问题与孪生素数问题是“姊妹问题”,往往用同一方法可以得到两个问题相类似的结果.用筛法也得到了关于孪生素数猜想一些很好的结果.例如:

定理 1(布朗) 级数 $\sum_{p^*}\frac{1}{p^*}$ 收敛,此处 p^* 经过所有的孪生素数.

如果级数 $\sum_{p^*}\frac{1}{p^*}$ 发散,那么孪生素数对数有无穷多的猜想就得到证明了.但是很遗憾,由 $\sum_{p^*}\frac{1}{p^*}$ 的收敛,并不能得出孪生素数对数有限或无穷的结论.

定理 2(陈景润) 存在无穷多个素数 p,使 $p+2$ 为素因数个数不超过 2 的殆素数.

5, 7, 11; 11, 13, 17; 17, 19, 23; …; 101, 103, 107; …; 10 014 491, 10 014 493, 10 014 497;…都是一些相差各等于 2 与 4 的素数组.假定 p 是素数,而 $p+2$ 与 $p+6$ 也都是素数,我们就叫 $(p, p+2, p+6)$ 是一个三生素数组.由这些数据,似乎建议三生素数组应该有无穷多,这就是三生素数猜想.这比孪生素数猜想更难.我们也可以有类似哈代与李特伍德猜想(2)的三生素数定理的猜想.

更一般些,假定 $n>1$ 及 $l_1<\cdots<l_{n-1}$ 是 $n-1$ 个自然数.假定 p 是素数,且 $p+l_1$, …, $p+l_{n-1}$ 都是素数,我们就称

$$(p,\ p+l_1,\ \cdots,\ p+l_{n-1}) \tag{4}$$

是一个 n 生素数组.

我们有下面的猜想,如果对于任意素数 q,n 个整数 $0, l_1, \cdots, l_{n-1}$ 模 q 互不同余的个数都小于 q,那么 n 生素数组(4)就有无穷多.这一猜想叫 n 生素数猜想.我们也可以有 n 生素数定理的猜测.取 $n=2$, $l_1=2$ 即得孪生素数猜想,又取 $n=3$, $l_1=2$, $l_2=6$ 即得三生素数猜想,所以 n 生素数猜想是包有孪生素数猜想与三生素数猜想作为特例的.

在平面几何中,我们都知道,一个三角形的任意两边之和必大于第三边,这就是三角不等式.在数学中有不少这类不等式.关于 $\pi(x)$,也有这样的猜想,即对于自然数 $x>1, y>1$ 总有

$$\pi(x)+\pi(y) \geqslant \pi(x+y). \tag{5}$$

朗道曾经证明过当 $x=y$ 充分大时,猜想(5)是对的.近年来,汉斯勒与黎加尔斯[①]借助于电子计算机证明,猜想(5)与 n 生素数猜想是互相矛盾的,即这两个猜想至少有一个不成立,也许猜想(5)不成立的可能性更大一些.

二十　华林-哥德巴赫问题

比哥德巴赫问题更广,有所谓华林(E. Waring)-哥德巴赫问题.设 k 是一个自然数.给出自然数 N,问以素数为变量的方程

$$p_1^k+\cdots+p_s^k=N \tag{1}$$

在什么条件下有解?又在什么条件下有解数的渐近公式?这个问题就叫做华林-哥德巴赫问题.

当 $k=1$, $s=2$, $N \geqslant 6$ 为偶数及当 $k=1$, $s=3$, $N \geqslant 9$ 为奇数,我们就分别得到关于偶数与奇数的哥德巴赫猜测(见本文第十八部分,命题(A),(B),(D),(E)).

我国著名数学家华罗庚系统地研究了这个问题,获得了很突出的成就.他的结

① D. Hensley and I. Richards, On the incompatibility of two conjectures concerning primes, Proc. Symp. Pure Math, 1973(24): 123 - 127.

果汇集在他的专著《堆垒素数论》(科学出版社,1963)之中,我们现在仅举其中的几个结果.

1. 假定

$$s \geqslant \begin{cases} 2^k+1, & \text{当 } 1 \leqslant k \leqslant 10, \\ 2k^2(2\ln k + \ln\ln k + 2.5), & \text{当 } k > 10. \end{cases} \tag{2}$$

设 $p^\theta || k$(即 $p^\theta | k$,而 $P^{\theta+1} \nmid k$)及

$$K = \prod_{(p-1)|k} P^r,$$

其中 p 表示表素数及

$$\gamma = \begin{cases} \theta+2, & \text{当 } p=2, \text{而 } 2 \mid k, \\ \theta+2, & \text{其他情形.} \end{cases}$$

在上述假定下,我们有:

定理 1(华罗庚) 每一充分大的适合于同余式

$$N \equiv s(\bmod K)$$

的正整数 N 都可以表示为 s 个素数的 k 次方幂之和,即方程(1)有解,而且方程(1)的解数有一个渐近公式.(在此就不具体写了)

例 1 取 $k=1$, $s=3$, 那么 $(2-1) \mid 1$, $(p-1) \nmid 1 (p>2)$, 所以 k 中只有一个素因数 2.而且 $\theta=0$, 所以 $K=2$. 从而由定理 1 可知,每一充分大的奇数 N 都是三个素数之和,而且 $N=q_1+q_2+q_3$ 的素数解(q_1, q_2, q_3)的个数有一个渐近表达式.这就是关于哥德巴赫问题的阿·维诺格拉朵夫定理(见定理 18.3).

例 2 取 $k=2$, $s=5$, 那么 K 中只有素因数 2 和 3,所以 $k=2^3\times 3=24$. 从而每一充分大的模 24 同余于 5 的正整数都是 5 个素数的平方和,而且有解数的渐近公式.

例 3 取 $k=3$, $s=9$, 那么 K 中只有素因数 2,所以 $K=2$. 从而每一充分大的奇数都是 9 个素数的立方和,而且有解数的渐近公式.

2. 如果仅仅只要求方程(1)有解,而不要求有解数的渐近公式,那么对 s 的要求还可以大大降低.命 $H(k)$ 表示具有下述性质的最小整数 s,它使每个充分大

的 $\equiv s \pmod K$ 的整数都能表成 s 个素数的 k 次方幂之和.关于 $H(k)$ 的具体表达式,在这里就不写了.但 $H(k)$ 适合于 $H(k) \sim 4k\ln k (k \to \infty)$.

定理 2(华罗庚) 假定 $s \geqslant H(k)$,那么每一适合于 $N \equiv s \pmod K$ 的充分大的整数 N 都可以表示成 s 个素数的 k 次方幂之和.

定理 3(华罗庚) 当 $4 \leqslant k \leqslant 8$ 时有 $H(4) \leqslant 15$, $H(5) \leqslant 25$, $H(6) \leqslant 37$, $H(7) \leqslant 55$ 及 $H(8) \leqslant 75$.

给予正整数组 N_1, …, N_k 之后,我们还可以进一步研究以素数 p_1, …, p_s 为变量的方程组

$$\begin{cases} p_1^k + \cdots + p_s^k = N_k, \\ p_1^{k-1} + \cdots + p_s^{k-1} = N_{k-1}, \\ \cdots\cdots \\ p_1 + \cdots + p_s = N_1. \end{cases} \tag{3}$$

在什么条件下(3)有解?在什么条件下有解数的渐近公式呢?这个问题也获得了与前面一个方程相类似的圆满结果.

还可以考虑更广泛的问题.有兴趣的读者请看华罗庚著《堆垒素数论》.

二十一　多项式与素数

由上面讲的一些材料,多少可以看出,自然数列中素数出现的规律是很复杂的.各种形状的数,往往既可能是素数,又可能是复合数.现在提出这样一个问题,是否存在整系数多项式,使对于每一个整数 x, $f(x)$ 都是素数?答案是否定的.

定理 1　如果

$$f(x) = a_n x^n + a_{n-1} x^{n-1} + \cdots + a_1 x + a_0$$

是一个整系数多项式,其中 $a_n > 0$,那么有无穷多个整数 x,使 $f(x)$ 为复合数.

证:因为

$$f(x) = x^n \left(a_n + \frac{a_{n-1}}{x} + \cdots + \frac{a_1}{x^{n-1}} + \frac{a_0}{x^n} \right), x > 0,$$

所以

$$f(x)=a_n x^n(1+o(1))(\text{当 } x\to\infty).$$

同理可知

$$f'(x)=na_n x^{n-1}(1+o(1))(\text{当 } x\to\infty).$$

因此存在自然数 x_0 充分大，当 $x>x_0$ 时有

$$l=f(x_0)>1 \tag{1}$$

及

$$f(x)>f(x_0). \tag{2}$$

我们将证明，对于任何自然数 k，$f(x_0+kl)$都是复合数.由二项式展开可知

$$\begin{aligned}(x+h)^m-x^m&=\binom{m}{1}x^{m-1}h+\binom{m}{2}x^{m-2}h^2+\cdots+\binom{m}{m-1}xh^{m-1}+h^m\\&=h\left(\binom{m}{1}x^{m-1}+\binom{m}{2}x^{m-2}h+\cdots+\binom{m}{m-1}xh^{m-2}+h^{m-1}\right),\end{aligned}$$

因此

$$h\mid((x+h)^m-x^m), m=1,2,\cdots.$$

由于

$$f(x+h)-f(x)=a_n((x+h)^n-x^n)+\cdots+a_1((x+h)-x),$$

所以

$$h\mid(f(x+h)-f(x)).$$

即得

$$kl\mid(f(x_0+kl)-f(x_0)).$$

于是由(1)可得

$$f(x_0+kl)-l=tkl(t\text{ 是整数}),$$

$$f(x_0+kl)=(tk+1)l.$$

由(1),(2)可知 $f(x_0+kl)>f(x_0)=l>1$,所以 $f(x_0+kl)$ 有真因数 l,因此它是一个复合数.定理证完.

既然不存在一个整系数多项式 $f(x)$,使当 $x=1, 2, \cdots$ 时,$f(x)$ 都取素数.那么是否存在整系数多项式 $F(x)$,使当 $x=1, 2, \cdots$ 时,$F(x)$ 取无穷多个素数呢?

例 1　假定 $F(x)=x$,答案是肯定的,即素数有无穷多(定理 3.1).

例 2　假定 $F(x)=kx+l$,其中 $(k, l)=1$.答案也是肯定的.这就是狄里赫勒定理(定理 17.1).

但是我们还不知道任何一个次数大于 1 的多项式 $F(x)$,使当 $x=1, 2, \cdots$ 时,$F(x)$ 取无穷多个素数.

最简单的多项式是 $F(x)=x^2+1$,当 $x=1, 2, 4, 6, 10$ 时,x^2+1 分别等于 2, 5, 17, 37, 101 都是素数.更多的数据表明,当 $x\leqslant 10^4$ 时,有 842 个 x 使 x^2+1 取素数.当 $x\leqslant 10^5$ 时,有 6 656 个 x 使 x^2+1 取素数.而当 $x\leqslant 1.8\times 10^5$ 时,有 11 223个 x 使 x^2+1 取素数.看来应该有无穷多个自然数 x 使 x^2+1 取素数.但是我们还不能给以证明.

其次,有没有无穷多个自然数 x 使 x^3+2 取素数呢?我们也不能回答.但已知 $3=1^3+2$, $29=3^3+2$, $127=5^3+2$, $24\,391=29^3+2$ 都是素数.

依万尼希(H. Iwaniec)[①]与王元分别对 x^2+1 与 x^3+2 得到下面结果:

定理 2　1) 存在无穷多个自然数 x,使 x^2+1 为素因数个数不超过 2 的殆素数. 2) 存在无穷多个正整数 x,使 x^3+2 为素因数个数不超过 4 的殆素数.

更一般些,还有:

定理 3(布赫夕塔布,黎切尔特)[②③]　假定 $F(x)$ 是一个首项系数是正的既约整系数多项式(所谓既约,即 $F(x)$ 不能分解成两个次数≥1 的整系数多项式的乘积).记同余式

$$F(x)\equiv 0(\mathrm{mod}\ p), 1\leqslant x\leqslant p$$

---

① H. Iwaniec, Almost-Primes represented by quadratic polynomials, Invent. Math, 1978(47): 171-188.

② А. А. Бухштаб, Комбирнаторное Усиление Метода Эратосфенова Решета, УМНСССР, 1967(22): 199-226.

③ H. E. Richert, Selberg's sieve with weights, *Mathematika*, 1969(16): 1-22.

的解数是$\rho(p)$.假定对于任何素数p都有$\rho(p)<p$.如果$F(x)$的次数是k,那么存在无穷多个自然数x,使$F(x)$为素因数个数不超过$k+1$的殆素数.

有进一步的猜想,即对于任何适合于定理3条件的多项式$F(x)$,都存在无穷多个自然数x,使$F(x)$取素数.

更一般些,还有辛哲尔(A. Schinzel)猜测:假定有n个整系数多项式$F_1(x)$, …, $F_n(x)$,它们的首项系数都是正的,而且都是既约的,假定同余式

$$F_1(x)\cdots F_n(x)\equiv 0(\bmod p),1\leqslant x\leqslant p$$

的解数为$\rho(p)$.如果对于任意素数p都有$\rho(p)<p$,那么存在无穷多个自然数x使$F_1(x)$, …, $F_n(x)$同时都取素数,并且有类似的"素数定理"的猜测.

例1 取$F_1(x)=x$,$F_2(x)=x+2$,就得到孪生素数猜测.

例2 取$F_1(x)=x$,$F_2(x)=x+2$,$F_3(x)=x+6$,就得到三生素数猜测.

例3 取$F_1(x)=x$, $F_2(x)=x+l_1$, …, $F_n(x)=x+l_{n-1}$,此处$l_1<\cdots<l_{n-l}$为自然数.假定对于任何素数p,诸整数0, l_1, …, l_{n-1}模p互不同余的个数皆小于p,即得n生素数猜测(见本文第十九部分).

已知多项式

$$x^2-x+17,$$

当$x=1,\cdots,16$时,都取素数.又已知多项式

$$x^2-x+41,$$

当$x=1$, …, 40时,都取素数.现在提一个问题:任意给予一个自然数N,能不能找到素数p,使当$x=1$, …, N时,多项式

$$x^2-x+p$$

都取素数?

这个问题比孪生素数猜测与三生素数猜测更难.假定上面的问题得到了正面的答案.取$q_1\geqslant 3$为素数,那么存在素数q_2使当$x=1$, …, q_1时,

$$x^2-x+q_2$$

都取素数.显然$q_2>q_1$(否则若$q_2\leqslant q_1$,则当$x=q_2$时,即得复合数q_2^2).又对于素数

q_2,存在素数 q_3 使当 $x=1, \cdots, q_2$ 时,

$$x^2-x+q_3$$

都取素数.依次类推.存在素数数列 $q_1<q_2<\cdots$, 使当 $x=1, \cdots, q_{i-1}$ 时,

$$x^2-x+q_i$$

都取素数.特别取 $x=1, 2$, 即得无穷多对孪生素数 $(q_i, q_i+2)(i=2, 3, \cdots)$. 又取 $x=1, 2, 3$, 即得无穷多组三生素数 $(q_i, q_i+2, q_i+6)(i=2, 3, \cdots)$. 从而孪生素数猜测与三生素数猜测将都有了肯定的答复.

从这里也可以看出,数论中能够建议的猜想,常常比能解决的要多得多.

二十二　表整数为素数与整数平方之和的问题

哈代与李特伍德在 1922 年曾猜测,每一个充分大的不是完全平方的自然数都可以表示为一个素数与一个自然数的平方之和.这一猜测至今仍没有解决.

假定 p 是奇素数,那么$\frac{p-1}{2}$与$\frac{p+1}{2}$都是自然数,所以

$$\left(\frac{p+1}{2}\right)^2=\left(\frac{p-1}{2}\right)^2+p.$$

另一方面,如果 $n=3k+2$, 其中 k 是自然数,现在来证明不存在自然数 x 与素数 q 使

$$n^2=x^2+q.$$

假如上式成立,那么

$$q=n^2-x^2=(n+x)(n-x).$$

因为 q 是素数,所以 $n+x=q, n-x=1$, 从而

$$q=2n-1=6k+4-1=3(2k+1).$$

这是不可能的.

因此我们证明了存在无穷多个自然数的完全平方，它们都可以表示成为一个素数与一个自然数的平方之和.另一方面，也存在无穷多个自然数的完全平方，它们都不能表示成一个素数与一个自然数的平方之和.

哈代与李特伍德在1922年还猜测，每一充分大的整数都可以表示为一个素数与两个整数的平方之和.这个猜测是林尼克在1960年解决的.

定理1(林尼克)[①] 每一充分大的整数 n 都可以表示成一个素数与两个整数的平方之和.

在定理1中，我们也可以得到将整数 n 表示成一个素数与两个整数的平方之和的表示个数的渐近公式.用类似的方法还可以证明：

定理2 对于任意整数 a，皆存在无穷多个素数 p 表示成为

$$p=x^2+y^2+a,$$

其中 x 与 y 都是整数.

注意：多项式 x^2+y^2+a 是两个变数 x，y 的多项式.

二十三　模p的剩余类分布问题

假定 $k>1$ 为整数及 p 表示素数.在本文第十二部分中，我们已经定义了模 p 的 k 次剩余与 k 次非剩余.

我们用 $n_k(p)$ 表示模 p 的最小正 k 次非剩余.例如 $n_2(7)=3$，$n_2(11)=2$ 等.最有名的问题是估计 $n_2(p)$ 的上界.目前关于 $n_2(p)$ 的最佳估计是布尔吉斯于1957年证明的.

定理1(布尔吉斯)[②] $n_2(p)=O\left(p^{\frac{1}{4\sqrt{e}}+\varepsilon}\right)$，其中 ε 是任意给定的正数，而与"O"有关的常数仅依赖于 ε.

① Ю. В. Линник, Дисперсионный мегод в бинарных аддитивных Задачах, изд. Лин. ун-та, 1961.

② D. A. Burgess. The distribution of quadratic residues and non-residues, *Mathematika*, 1957(4): 106-112.

关于 $n_k(p)$，王元以后也证明了类似的结果：

定理 2　假定 ε 为任意正数，则当 p 充分大时有：

1) $n_k(p) \leqslant p^{\frac{1}{4e^{\frac{k-1}{k}}}}\ (k \geqslant 2)$，

2) $n_k(p) \leqslant p^{\frac{1}{12}}\ (k \geqslant 21)$，

3) $n_k(p) \leqslant p^{\frac{\ln\ln k+\varepsilon}{4\ln k}}\ (k \geqslant e^{33})$.

但这些结果与理想的猜想结果还相距很远.一些数据表明似乎应该有：

$$n_2(p) = O((\ln p)^2), \tag{1}$$

或者甚至可能有：

$$n_2(p) = O((\ln p)^{1+\varepsilon}), \tag{2}$$

此处与“O”有关的常数仅依赖于 ε.但是可以证明

$$n_2(p) = \Omega(\ln p). \tag{3}$$

在广义黎曼猜测真实的假定下(即假定(17.4)成立)，可以证明(1)式成立.

关于 $n_k(p)\ (k > 2)$ 的猜测结果也是与 $n_2(p)$完全一样的.

另一个有名的问题是关于模 p 的最小原根问题.假定 g 是一个自然数，且 $p \nmid g$，那么由定理 8.1 可知：

$$g^{p-1} \equiv 1 \pmod p.$$

如果当 $1 \leqslant l < p-1$ 时都有

$$g^l \not\equiv 1 \pmod p,$$

我们就称 g 是模 p 的原根.可以证明模 p 的原根是存在的(见华罗庚著《数论导引》第三章).我们用 $g(p)$来表示模 p 的最小正原根.例如 $g(11)=2$，$g(41)=6$，$g(409)=21$，$g(467)=2$ 等.关于原根最著名的问题之一是估计 $g(p)$的上界.目前最好的结果是用布尔吉斯方法，由布尔吉斯与王元独立地证明的，即：

定理 3　$g(p) = O(p^{\frac{1}{4}+\varepsilon})$，其中 ε 为任意正数，而与“O”有关的常数仅与 ε 有关.

同样，这个结果与关于 $g(p)$ 的猜测结果

$$g(p)=O((\ln p)^2) \text{ 或 } g(p)=O((\ln p)^{1+\epsilon}) \tag{4}$$

相比，是差得很远的.

在广义黎曼猜测真实的假定下，王元证明了：

$$g(p)=O(m^6(\ln p)^2), \tag{5}$$

此处 m 表示 $p-1$ 的互异的素因数个数.

关于原根另一个重要问题是阿丁(E. Artin)在 1927 年提出的猜测，即对于任意不等于 1，$p-1$ 及完全平方的正整数 a，必定存在无穷多个素数 p，以 a 为原根，特别是存在无穷多个素数 p，以 2 为原根.

关于这个问题，还没有解决.1967 年，霍勒[①]在某种黎曼猜测成立的假定之下，证明了阿丁猜测，并得到了以 a 为原根的适合于 $p\leqslant x$ 的素数个数的渐近表达式.

二十四　模 p 的二次型同余式的最小解

假定 $q_{ij}(1\leqslant i,j\leqslant n)$ 为整数及 $q_{ij}=q_{ji}$，记 $\underline{\underline{x}}=(x_1,\cdots,x_s)$ 为有 s 个整数分量的矢量.定义二次型

$$Q(\underline{\underline{x}})=Q(x_1,\cdots,x_s)=\sum_{i,j=1}^{s}q_{ij}x_ix_j,$$

又命

$$|\underline{\underline{x}}|=\max_{1\leqslant i\leqslant 4}|x_i|.$$

数论中有下面的猜想，假定 m 为整数 $\geqslant 2$ 及 $s\geqslant 4$，则同余式

$$Q(\underline{\underline{x}})\equiv 0 \pmod m \tag{1}$$

的最小解满足

$$0<|\underline{\underline{x}}|\ll\sqrt{m}.$$

① C. Hooley, On Artin's Conjecture, *J. reine angew.* Math, 1967(225): 209 - 220.

所谓最小解即方程(1)的使$|\underline{\underline{x}}|$达到最小的解$\underline{\underline{x}}$，但$\underline{\underline{x}}\neq\underline{\underline{0}}=(0,\cdots,0)$.

我们首先说明只要当$s=4$时证明这一猜想即可，事实上，若当$s=4$时猜想成立，即

$$Q(x_1,x_2,x_3,x_4)\equiv 0(\bmod m)$$

有解适合

$$0<\max_{1\leqslant i\leqslant 4}|x_i|\ll\sqrt{m},$$

则取

$$\underline{\underline{x}}=(x_1,x_2,x_3,x_4,0,\cdots,0),$$

即得

$$Q(\underline{\underline{x}})\equiv 0(\bmod m)$$

有解适合

$$0<|\underline{\underline{x}}|=\max_{1\leqslant i\leqslant s}|x_i|\ll\sqrt{m}.$$

明所欲证.

其次，我们来说明猜想中的$\sqrt{m}$是臻于至善的.事实上，取

$$Q(\underline{\underline{x}})=x_1^2+x_2^2+x_3^2+x_4^2,$$

则对于任何$\underline{\underline{x}}\neq\underline{\underline{0}}$及$Q(\underline{\underline{x}})\equiv 0(\bmod m)$，必定有

$$x_1^2+x_2^2+x_3^2+x_4^2\geqslant m,$$

所以

$$|\underline{\underline{x}}|=\max_{1\leqslant i\leqslant 4}|x_i|\geqslant\frac{\sqrt{m}}{2}.$$

明所欲证.

最后我们来说明$s=4$已不能再减少了，即只要举例说明三个变数的二次型，猜想不成立.事实上，取$m=p$为一个奇素数，假定a为一个模p的二次非剩余，$b=[p^{\frac{1}{3}}]$及

$$Q(\underline{\underline{x}})=Q(x_1,x_2,x_3)=(x_2-bx_1)^2-a(x_3-bx_2)^2,$$

由

$$Q(\underline{\underline{x}})\equiv 0(\bmod p) \tag{2}$$

可知

$$\begin{cases}x_3-bx_2\equiv 0(\bmod p),\\ x_2-bx_1\equiv 0(\bmod p).\end{cases}$$

若 $x_2\neq bx_1$,则 $|x_2-bx_1|\geqslant p$,于是 $\max(|x_2|,|bx_1|)\geqslant\frac{p}{2}$,从而 $|\underline{\underline{x}}|\geqslant pb^{-1}\gg p^{\frac{2}{3}}$.若 $x_3\neq bx_2$,亦得同样结论,最后 $x_2=bx_1$,$x_3=bx_2$,$\underline{\underline{x}}\neq\underline{\underline{0}}$,于是

$$|x_3|=b^2|x_1|\gg b^2\gg p^{\frac{2}{3}}.$$

因此同余式(2)的任何非零解皆满足

$$|\underline{\underline{x}}|\gg p^{\frac{2}{3}}.$$

首先是希斯-仆朗对于 $m=p$ 基本上证明了这一猜想,他证明了当 $m=p$ 及 $s\geqslant 4$ 时,同余式(1)有解适合

$$0<|\underline{\underline{x}}|\ll\sqrt{p}\ln p.$$

柯克朗(T. Cochrane)对于 $m=p$,完全解决了这一猜想,他证明了

定理 1(柯克朗)[①] 当 $m=p$ 及 $s\geqslant 4$,同余式(1)有解 $\underline{\underline{x}}$ 适合

$$0<|\underline{\underline{x}}|\ll\sqrt{p}.$$

以后,希斯-仆朗与柯克朗又分别将他们自己的结果推广至 $m=pq$ 的情况,此处 p,q 为互相不同的素数.

后　记

《谈谈素数》这本小册子是十年浩劫结束时,应上海教育出版社赵斌编辑之邀,

① T. Cochrane, Small zeros of quadratic forms modulo p, Ⅲ [J]. Number Theory, 1991(37): 92－99.

立即动手写的.大概是十年来少有科技图书出版,所以初版 5 万册很快销售一空.

这么多年来,不断有读者给我来信.我很高兴他们从本书中了解到"素数论"的知识,但也产生了一些副作用,尽管我们一再声明研究经典数论问题,必须首先有坚实的数学基础,否则会劳而无功,但少数人不听劝说,确实浪费了宝贵时间,使我很不安,所以我在此再次强调这一观点.

几年前,"九章出版社"总经理孙文先先生邀我再版这本小册子,苦无时间,直到最近潘承彪教授将华罗庚教授的《数论导引》的"附录"作了重新修订,使我可以将有关部分搜入本书之中,省了不少时间,在此特表感谢.这次修订,除将原书有关问题的最新结果补入本书外,还增加了第 24 节,讲述了模 p 的二次型同余式的最小解问题,这次修订之后,书名为《素数》,交由广东科技出版社出版.

(本文曾以图书形式出版,书名为《谈谈素数》,于 1978 年由上海教育出版社出版;1996 年作修改后,改名《素数》,由广东科技出版社出版,同时,中国台湾地区九章出版社出繁体字本)

孪生素数猜想

一

自然数可以分成三类:1) 1;2) 素数 p,即仅含 1 与 p 为因子的大于 1 的自然数,如 2,3,5,7,…;3) 复合数 n,它含有两个大于 1 的素因子,如 4,6,8,9,….

首先是 Euclid 证明了素数有无穷多,接下来的一个自然的问题是孪生素数问题. 在素数集合中,我们观察到有些素数对,如

$$3,5;5,7;11,13;17,19;\cdots$$

它们都是素数,而其差为 2. 一般说来,当

$$p,p+2$$

都是素数,我们就称它们为一对孪生素数.

$$\text{孪生素数对有无穷多.} \tag{1}$$

这是数学中迄今尚未解决的著名难题之一. 实际上,这个猜想表明,素数不是孤独的,它永远会以 2 为距离成对地出现!

猜想是什么时候被提出来的呢? 若以文献记载为准,则可以追溯到法国数学家 de Polignac (1849). 有人将它 (或隐含地)归属于 Euclid 或 Eratosthenes,以纪念 Euclid 证明素数有无穷多及 Eratosthenes 用筛法构造素数表.

二

1900 年,Hilbert 在第二届国际数学家大会上,向 20 世纪数学家提出了 23 个

待解决的数学问题，其中第八问题，包括黎曼（Riemann）猜想 RH[①] 及两个变量 x，y 的线性代数方程

$$ax+by=c \tag{2}$$

在素数集合中的求解问题，其中 a，b，c 为满足某必要条件的整数.

1）当 $a=1$，$b=-1$，$c=2$，方程（2）有无穷多对素数解，即对应于孪生素数猜想.

2）当 $a=b=1$，偶数 $c\geqslant 4$ 时恒有解，即 Goldbach 猜想.

1912 年，Landau 在国际数学家大会的报告中提出了四个重大的数论问题供研究，孪生素数猜想与 Goldbach 猜想是其中的两个.

1920 年前后，Hardy，Ramanujan，Littlewood 创立了堆垒数论的新方法——圆法. Hardy 与 Littlewood 利用圆法对孪生素数猜想与 Goldbach 猜想重新表述如下：

命 $\pi_2(x)$ 表示不超过 x 的孪生素数对数，$r_2(n)$ 表示将偶数 n 表示为两个素数之和的表示法个数，则有

$$\pi_2(x)\sim 2\prod_{p>2}\left(1-\frac{1}{(p-1)^2}\right)\frac{x}{\log^2 x} \tag{3}$$

与

$$r_2(n)\sim 2\prod_{\substack{p\mid n\\ p>2}}\frac{p-1}{p-2}\prod_{p>2}\left(1-\frac{1}{(p-1)^2}\right)\frac{n}{\log^2 n}, \tag{4}$$

其中 p 表示素数，及

$$\prod_{p>2}\left(1-\frac{1}{(p-1)^2}\right)=0.660\,1\cdots. \tag{5}$$

显然（4）和（5）分别比孪生素数猜想与 Goldbach 猜想更深刻. 至今尚不能证明（4）和（5），困难在于无法估计圆法中的“劣弧”上的积分的上界，即使假定了广义

① 关于 RH、GRH、Siegel 零点、允许 k 数组可以在解析数论书中找到. 例如，《王元谈求学之路》，大连理工大学出版社，2010.

黎曼假设 GRH (见第 146 页的脚注)亦然.

由于 (4)的右端与偶数 n 有关,即使 (4)成立,也只能导致 Goldbach 猜想对充分大的偶数成立,而(3)不跟某数相关,因此有人认为 (3)比 (4)的提法更合理.

三

不少人用数值计算来检查孪生素数猜想. 已知小于 10^5 的自然数中有 1 224 对孪生素数,即 $\pi_2(10^5)=1\,224$. 还有以下结果:

$$\pi_2(10^6)=8\,164,\ \pi_2(3.3\times10^7)=152\,892,\ \pi_2(10^{11})=224\,376\,048.$$

还知道一些大的孪生素数对,例如,

$$107\,570\,463\times10^{2\,250}\pm1\,.$$

目前所知道的最大孪生素数对是 2011 年发现的

$$3\,756\,801\,695\,685\times10^{666\,669}\pm1.$$

四

关于孪生素数猜想的重大成果首先是由筛法得到的. 筛法起源于公元前 250 年的所谓 Eratosthenes 筛法,在一定范围内的素数表就是以这个方法为基础造出来的.

1919 年,Brun 本质上改进了 Eratosthenes 筛法,提出了他的新筛法并成功地应用到数论中许多极困难与重要的问题,孪生素数猜想与 Goldbach 猜想就是其中最主要的两个,而且关于这两个猜想的结果常常是相伴产生的,所以从筛法的眼光看,这两个问题是“姊妹问题”.

Brun 证明的定理为:

存在无穷多的整数 n,使 n 与 $n+2$ 都是不超过 9 个素数之积,简记为 (9,9).

(6)

我们可以类似地定义 (a,b)，孪生素数猜想就是要证明 (1,1).

关于 Goldbach 猜想的相应结果为“每个充分大的偶数都是两个素因子个数不超过 9 的整数之和”. 我们以后就不再表述 Goldbach 猜想的相应结果了.

Euler 曾证明过

$$\sum_{p} \frac{1}{p} = \infty .$$

这里 p 表示素数，从而推知素数有无穷多.

Brun 用他的方法证明了

$$\sum_{p^*} \frac{1}{p^*} < \infty . \tag{7}$$

此处 p^* 为所有的孪生素数.

若级数 $\sum_{p^*} \frac{1}{p^*}$ 发散，则孪生素数猜想就成立了. 遗憾的是，由 $\sum_{p^*} \frac{1}{p^*}$ 的收敛，并不能得出孪生素数对数是有限还是无穷的结论！

不少数学家改进了 Brun 方法与他的结果，现在将这些成果列于下：

(7,7)，Rademacher (1924)，

(6,6)，Estermann (1932)，

(5,7)，(4,9)，(3,15)，(2,366)，Ricci (1937)， (8)

(5,5)，Buchstab (1938)，

(4,4)，Buchstab (1940).

1941 年，Kuhn 发表了他的加权筛法，从而可以得到

$$(a,b)，其中 a+b \leqslant 6. \tag{9}$$

1947 年，Selberg 给出了 Eratosthenes 筛法另一个重大改进. 他于 1950 年宣称用他的方法可以得出 (2,3)，但未给出细节，基于他的方法，出现了下面的结果：

(3,4)，王元 (1956)，

(3,3)，A. Vinogradov (1957)， (10)

(2,3)，王元 (1957,1958).

Selberg 关于 (2,3)的证明细节是 1991 年发表的.

五

对于 (a,b)中有一个等于 1 的情况,匈牙利数学家 Rényi 首先于 1947 年证明了

$$(1,c), \tag{11}$$

此处 c 是一个大的未明确给定的常数.

过去,$(1,c)$型的结果都是建立在 GRH 之上的.

命 $\theta>0$. 若对于任何 $A>0,\theta>\varepsilon>0$,我们有

$$\sum_{q\leqslant X^{\theta-\varepsilon}} \max_{\substack{a \\ (a,q)=1}} \left| \sum_{\substack{p\equiv a(\bmod q) \\ p\leqslant x}} \log p - \frac{X}{\varphi(q)} \right| \ll_{\varepsilon,A} \frac{X}{\log^{A} X}, \tag{12}$$

其中 q,a 表示正整数,p 表示素数,$\varphi(q)$表示 Euler 函数,即模 q 的既约剩余类个数,则称 θ 是一个允许标 (admissible level).

Rényi $(1,c)$的证明实际上依赖于他证明了存在某个小 θ 使 (12)成立. 潘承洞首先证明了 $\theta=\frac{1}{3}$,并由此推出 (1,5). 以后潘承洞又与 Barban 独立地证明了 $\theta=\frac{3}{8}$并得出

$$(1,4),\text{潘承洞 (1962,1963)},\text{Barban (1963)}. \tag{13}$$

Bombieri 与 A. Vinogradov 独立地证明了 $\theta=\frac{1}{2}$是一个允许标,从而得出:

$$(1,3),\text{Bombieri (1965)},\text{A. Vinogradov (1965)}. \tag{14}$$

最后,应用 Selberg 筛法,某种形式的 Kuhn 加权筛法,允许标 $\theta=\frac{1}{2}$及他自己

的转换原理 (switching principle),陈景润成功地证明了

$$(1,2),\text{陈景润 }(1966,1973). \tag{15}$$

这是迄今为止,基于筛法所能达到的最佳结果.

六

相邻素数差的估计是解析数论的中心问题之一,命

$$d_n = p_{n+1} - p_n,$$

此处 p_n 表示第 n 个素数,我们需估计 d_n 的上、下界.

d_n 的上界估计,即相邻素数间的最大间隙估计. 目前最好的估计为

$$d_n \ll p_n^{\frac{21}{40}},\text{Baker, Harman, Pintz }(2001). \tag{16}$$

注意在黎曼假设 RH 之下,可以证明

$$d_n \ll \sqrt{x}\log x,\text{Cramer }(1920), \tag{17}$$

此处 d_n 表示不超过 x 的最大相邻素数差.

现在我们来陈述关于 d_n 的下界估计问题,即寻找最小可能的间隙 d_n,使之对于无穷多个整数 n 成立.

若孪生素数猜想成立,则 d_n 的下界问题就完满地解决了,答案就是 2.

由素数定理

$$\pi(x) \sim \frac{x}{\log x},$$

此处 $\pi(x)$ 为不超过 x 的素数个数,可知 d_n 的平均值为

$$\log p_n.$$

因此我们可以考虑量

$$\Delta = \liminf_{n\to\infty} \frac{d_n}{\log p_n}$$

的上界估计. 第一个非寻常的估计是 1926 年, Hardy 与 Littlewood 在 GRH 之下证明的, 即

$$\Delta \leqslant \frac{2}{3}, \text{Handy, Littlewood (1926), GRH.} \tag{18}$$

不假定未经证明的猜想, Erdös 首先证明了

$$\Delta \leqslant 1-c, \text{Erdös (1940)}, \tag{19}$$

其中 c 是一个可计算的小常数.

基于允许标 $\theta=\frac{1}{2}$ (见(12)), 则有

$$\theta=\frac{2+\sqrt{3}}{8}=0.466\,5\cdots, \text{ Bombieri, Davenport (1966).} \tag{20}$$

最佳纪录为

$$\Delta \leqslant e^{-r} \times 0.442\,5\cdots=0.248\,4\cdots, \text{ Maier (1988)},$$

其中 r 为 Euler 常数.

七

关于孪生素数猜想, 我们来介绍 Heath-Brown 的一个重要的条件结果 (1983). 他证明了, 由 Siegal 零点(见第 146 页的脚注)的存在性可以推出孪生素数猜想. 更一般些, 对于每个偶数 k, 均存在无穷多对素数, 其差为 k.

很自然地, 绝大多数数学家都不相信有 Siegel 零点. 例如, 由 GRH 成立就能推出 Siegel 零点不存在. 因此, 一般认为经过 Heath-Brown 的结果来证明孪生素数猜想是没有什么希望的.

现在我们来陈述关于孪生素数猜想较弱的版本:

$$\text{小间隔猜想:} \Delta=0 \tag{21}$$

与

$$\text{有界间隔猜想}:\liminf_{n\to\infty}(p_{n+1}-p_n)<\infty. \tag{22}$$

显然,(22)比(21)强得多. 实际上,上一节的工作之理想即在于证明(21).

2005 年,Goldston,Pintz 与 Yildirim 出色地证明了小间隔猜想,即(21):

$$\Delta=0,\text{Goldston, Pintz, Yildirim (2005)}. \tag{23}$$

关于(23)的一个简化且自含的证明由 Goldston-Motohashi-Pintz-Yildirim (2006)得到.

关于有界间隔猜想,Goldston-Pintz-Yildirim (2005)有条件地加以证明了. 详言之,他们证明了

> 若(12)存在允许标 $\theta>\frac{1}{2}$,则对 $k\geqslant C(\theta)$,任意允许 k 数组(admissible k-tuple)(见第 146 页的脚注)必包含无穷多次含有两个素数,此处 $C(\theta)$为仅依赖于 θ 的常数. Goldston-Pintz-Yildirim (2005).
>
> (24)

特别他们证明了

$$\text{若存在允许标 }\theta>0.971,\text{则 }k\geqslant 6. \tag{25}$$

6 数组$(n,n+4,n+6,n+10,n+12,n+16)$是允许 6 数组,所以由 Elliott - Halberstam 猜想,即 $\theta=1$ 推出

$$\liminf_{n\to\infty}(p_{n+1}-p_n)\leqslant 16. \tag{26}$$

我们知道由 GRH 只能推出 $\theta=\frac{1}{2}$,所 $\theta>\frac{1}{2}$ 就意味着在很多算术序列中,素数的分布是异常有规则的,所以要证明有允许标 $\theta>\frac{1}{2}$ 是极困难的!

2013 年,张益唐出人意料地取得了划时代的成就,他成功地证明了有界间隔猜想,详言之,他证明了

$$\lim_{n\to\infty}\inf(p_{n+1}-p_n)\leqslant 7\times 10^7\text{，张益唐(2013).} \tag{27}$$

这说明有一个常数 $d(\leqslant 7\times 10^7)$，存在无穷多对素数，其差为 d. 这该是多么美妙啊！

八

关于 Goldbach 猜想也有重要进展. 最近，法国数学家 Helfgott 证明了

$$\text{每个奇数 } n\geqslant 7 \text{ 都是三个素数之和.} \tag{28}$$

早在 1937 年，I. Vinogradov 就证明了，对于充分大的奇数 n，即 $n\geqslant C$，结论(28)成立. I. Vinogradov 的方法允许有效地定出常数 C. 关于 C 的确定，有 Borozdkin、陈景润和王天泽等人的工作，但跟理想结果 $C=7$ 还相去甚远. 1997 年在 GRH 之下，Deshouillers，Effinger，te Riele 与 Zinoviev 证明了 $C=7$.

（本文主要参考了 J. Pintz 的文章 Landau's problems on primes，*Journal de Théorie des Nombres de Bordeaux*，2009：357－404）

解析数论在中国*

解析数论在中国的研究开始于 20 世纪 30 年代，创始者是我国著名数学家华罗庚教授.他对许多著名问题都作过重要贡献，例如，完整三角和的估计、华林问题、塔利问题、华林—哥德巴赫问题及高斯圆内格点问题等.他在解析数论方面的大部分工作搜集在他的专著《堆垒素数论》《指数和的估计及其在数论中的应用》与《数论导引》中，所以本文不再叙述这些工作.华教授在 1953 年～1957 年间，曾在中国科学院数学研究所领导了一个解析数论讨论班.在讨论班中认真学习了解析数论的基本思想与方法，例如，史尼尔曼(Schnirelman)密率论，仆朗(Brun)与塞尔伯格(Selberg)筛法，哈代(Hardy)与李特伍德(Littlewood)圆法，阿·维诺格拉朵夫(I. M. Vinogradov)、华罗庚与冯· 德· 科坡德(Van der Corput)关于三角和的估计方法，及列尼克(Linnik)的分析方法等.除此而外，对于数论其他分支的重要进展也给予密切的注意.讨论班中也可以报告参加者们的工作.华教授领导讨论班的特点是治学严谨，要求严格.所以，虽然只有短短几年，却出了很好的人才与成果.闵嗣鹤、越民义、陈景润、许孔时、严士健、吴方、魏道政、潘承洞、尹文霖与王元等都是讨论班的参加者.在经历了林彪、“四人帮”的严重破坏后，回顾往昔，感到恢复和发扬优良的学风，在数学界已是迫在眉睫的事.对青年数学家来说，更是如此.现将中华人民共和国成立后解析数论在我国的发展概述如下.

---

* 1979 年 5～6 月，笔者曾应邀在巴黎“德让、毕索、包托研究班”与波恩第 20 届数学工作会议上，以《筛法与哥德巴赫猜想》为题，报告了本文的有关部分.

一　筛法及其有关的问题

筛法肇源于“厄拉多塞筛法”.厄氏注意到，$n^{\frac{1}{2}}$ 与 n 之间的素数，可通过从 2，3，…，n 中去掉那些含有不超过 $n^{\frac{1}{2}}$ 的素数因子的诸数而得到.命 $\pi(x)$ 为不超过 x 的素数个数，$\prod = \prod\limits_{p \leqslant n^{\frac{1}{2}}} p$，此处 p 表示素数，则

$$1+\pi(n)-\pi(n^{\frac{1}{2}})=\sum_{a\leqslant n}\sum_{d\mid(a,\prod)}\mu(d)=\sum_{d\mid\prod}\mu(d)\left[\frac{n}{d}\right],$$

此处 $\mu(n)$ 表示麦比乌斯函数，$[x]$ 表示 x 的整数部分.如果用 $\frac{n}{d}+\theta$ 来代替 $\left[\frac{n}{d}\right]$，那么上式将导致误差项 $O(2^{\pi(\sqrt{n})})$. 所以，厄氏筛法几乎是无用的.

仆朗在 1919 年对筛法作了巨大改进，并成功地用于许多困难而重要的数论问题.1947 年，塞尔伯格对厄氏筛法作了另一重要改进，比仆朗筛法简单，而结果却更精致.这些方法已成为数论中强有力的工具.

筛法联系着数论中两个重要猜想：

(a) 每个大于 2 的偶数 n 都是两个素数之和；

(b) 有无穷多对孪生素数 $p,p+2$.

其中，(a)称为哥德巴赫猜想，(b)称为孪生素数猜想.

命 $A=\{a_v\}(v=1,\cdots,n)$ 为一个整数集合，P 为 r 个素数 $p_1<\cdots<p_r$ 的集合.命 $S(A,P)$为 A 中不能被任何 $p_i(1\leqslant i\leqslant r)$ 整除的整数个数.例如，取 $a_v=v(n-v)(v=1,\cdots,n)$.又假定 P 为适合于 $p\leqslant n^{\frac{1}{l+1}}$ 的全体素数，此处 l 为一个正整数.假定当 n 充分大时，可以证明 $S(A,P)$有一个正的下界估计，则下面的命题成立：

(a′) 每一大偶数 n 都是两个素因子个数各不超过 l 的整数之和.

我们将这一命题记为(l,l).类似地，可以定义 $(l,m)(l\neq m)$.

仆朗首先证明了(9,9).一些数学家改进了仆朗的方法与结果：(7,7)——拉德

马海尔(Rademacher,1924);(6,6)——埃斯特曼(Estermann,1932);(5,7),(4,9),(3,15),(2,366)——黎奇(Ricci,1937);(5,5),(4,4)——布赫夕塔布(Buchstab,1938～1940);(a,b),此处 $a+b\leqslant 6$——孔恩(Kuhn,1953～1954).

仆朗与塞尔伯格方法的要点在于用不等式来代替

$$\sum_{d\mid n}\mu(d)=\begin{cases}1, & \text{当 } n=1,\\ 0, & \text{其他情形.}\end{cases}$$

例如,给予任意一组实数 $\{\lambda_d\}$,其中 $\lambda_1=1$,则

$$S(A,P)=\sum_{v\leqslant n}\sum_{d\mid(a_v,P)}\mu(d)\leqslant\sum_{v\leqslant n}(\sum_{d\mid(a_v,P)}\lambda_d)^2.$$

选择适当的 λ_d 使上式右端达到极小,即导致塞尔伯格上界方法.特别在综合仆朗、塞尔伯格、布赫夕塔布与孔恩的方法的基础上,王元证明了(3,4),(3,3),(a,b),此处 $a+b\leqslant 5$,(2,3)(1956～1957).其中,(3,3)也被阿·维诺格拉朵夫(A.I. Vinogradov)独立地加以证明.

如果我们取 $a_p=n-p$,此处 $p\leqslant n$ 为素数,则当 n 充分大时,$S(A,P)$有一个正的下界估计,即意味着下面的命题成立:

(a″) 每一个大偶数都是一个素数及一个不超过 l 个素数的乘积之和.

1932 年,首先是埃斯特曼在假定 GRH(广义黎曼猜想)的情况下证明了(1,6).不用未经证明的上述猜想,瑞尼(Renyi)于 1948 年证明了$(1,c)$,此处 c 是一个正常数.在瑞尼的证明中,一个关于 $\pi(x,k,l)$ 的中值公式被证明了用来代替所谓的 GRH,即

$$\sum_{x\leqslant x^{\delta}}\operatorname*{Max}_{(l,k)=1}\left|\pi(x,k,l)-\frac{\mathrm{li}x}{\varphi(k)}\right|=O\left(\frac{x}{\log^{A}x}\right),\tag{1}$$

此处 $\pi(x,k,l)=\sum\limits_{\substack{p\leqslant x\\ p\equiv l(\bmod k)}}1$,$\mathrm{li}x=\int_2^x\frac{\mathrm{d}t}{\log t}$,$(l,k)$ 表示 l,k 的最大公约,$\varphi(k)$表示欧拉函数,A 为任意正常数,δ 为某一正数.式(1)的证明基于列尼克的大筛法.还需注意,在瑞尼原来的论文中,$\pi(x,k,l)$ 需换成一个加权数和.如果(1)对于 $\delta=$

$\frac{1}{2}-\varepsilon$ 成立，此处 ε 表示任意正数，那么(1)可用来代替埃斯特曼(1,6)证明中的 GRH.

王元在 GRH 之下将 6 改进为 3，即证明了(1,3).

1961 年，巴尔巴恩(Barban)证明(1)对于 $\delta=\frac{1}{6}$ 成立.潘承洞于 1962 年独立地证明(1)对于 $\delta=\frac{1}{3}$ 成立，并结合王元证明(1,3)(假定 GRH)的方法，导出了(1,5).潘承洞与巴尔巴恩还独立证明(1)对于 $\delta=\frac{3}{8}$ 成立，并导出(1,4)(王元同时指出由潘承洞的 $\delta=\frac{1}{3}$ 也可导出(1,4)).最后，庞比尼(Bombieri)与阿·维诺格拉朵夫于 1965 年独立证明(1)对于 $\delta=\frac{1}{2}-\varepsilon$ 成立，从而证明了(1,3).准确地说，朋比利公式为

$$\sum_{k\leqslant x^{\frac{1}{2}}/\log^{B}x}\ \operatorname*{Max}_{(l,k)=1}\left|\pi(x,k,l)-\frac{\operatorname{li}x}{\varphi(k)}\right|=O\left(\frac{x}{\log^{A}x}\right),$$

此处 A 为任意正常数，$B=B(A)$.尽管庞比尼公式比阿·维诺格拉朵夫公式只是稍强一点，但在数论中却有很大应用.庞比尼获得 1974 年国际数学大会费兹(Fields)奖，主要也是源于这一工作.

1966 年，陈景润对(1,3)的证明作了重要改进，从而出色地证明了(1,2)，在国际上被称为陈氏定理.这个定理有许多简化证明，其中之一是潘承洞、丁夏畦与王元获得的.国外有学者将陈氏定理看作筛法发展的顶峰，因为一般推测，用筛法是极难证明(1,1)的.

关于孪生素数猜想，用陈景润的方法可以证明存在无穷多个素数 p，使 $p+2$ 为不超过 2 个素数的乘积.

筛法还可以用来处理有关殆素数的一些其他问题，所谓殆素数者，即素因子个数不超过某一常数的整数.例如，在 1957 年，王元证明了下述结果：(i) 命 $F(x)$ 为

s 次整值多项式且没有固定素因子，则存在无穷多个整数 n 使 $F(n)$ 为不超过 $s+c\log s$ 个素数的乘积，其中 c 是一个常数.(ii) 当 x 充分大时，区间 $x<n\leqslant x+x^{\frac{10}{17}}$ 中恒有一个数，其素因子个数不超过 2.

这两个结果分别是前人结果的改进，也被以后的数学家加以改进.例如，布赫夕塔布与黎彻特(Richert)独立证明了(i)中的 $s+c\log s$ 可以改进为 $s+1$.关于(ii)，最佳的结果是陈景润证明的，他证明 $x^{\frac{10}{17}}$ 可以用 $x^{\frac{1}{2}-0.023}$ 来代替.

二　指数和的估计及其有关的问题

假定 Ω 是 s 维欧氏空间中的一个有限集，$f(x_1,\cdots,x_s)$ 是一个实函数，则估计形如

$$\sum_{(x_1,\cdots,x_s)\in\Omega}\mathrm{e}^{2\pi i f(x_1,\cdots,x_s)}$$

的指数和，在解析数论中是十分重要的.除这个问题本身饶有兴趣外，解析数论中许多重要问题的处理都与指数和的估计有关，例如，华林问题、哥德巴赫问题、高斯圆内格点问题等.

1. 完整三角和.假定 q 是一个整数，$f(x)=a_kx^k+\cdots+a_1x$ 是一个整系数多项式，且 $(a_k,\cdots,a_1,q)=1$.完整三角和 $S(q,f(x))=\sum_{x=1}^{q}\mathrm{e}^{\frac{2\pi i f(x)}{q}}$ 的估计在解析数论中是非常重要的.当 $s=2$ 时，$S(q,x^2)$ 称为高斯和，并由高斯证明了 $|S(q,x^2)|=O(q^{\frac{1}{2}})$.这一历史难题是华罗庚在 1940 年出色地解决的，他证明了

$$|S(q,f(x))|\leqslant c(k)q^{1-\frac{1}{k}}\ ,\tag{2}$$

此处 q 的阶是臻于至善的.不少数学家致力于 $c(k)$ 的改进，最佳结果 $c(k)\leqslant e^{7k}$ 是陈景润在 1977 年证明的.

2. 高斯圆内格点问题.命 $A(x)$ 表示圆 $u^2+v^2\leqslant x$ 内格点 (u,v) 的个数.高斯在 1863 年证明了

$$A(x)=\pi x+O(x^{\frac{1}{2}}),\tag{3}$$

此处$O(x^{\frac{1}{2}})$称为误差项.寻找更佳的误差项使(3)成立,通常即称作高斯圆内格点问题.1916 年,哈代证明误差项不能比$O(x^{\frac{1}{4}-\delta})$更好(粗略地说).夕尔宾斯基(Sierpinski)与冯·德·科坡德分别于 1906 年与 1923 年证明误差项可以取作$O(x^{\frac{1}{3}+\delta})$与$O(x^{\frac{37}{112}+\delta})$.冯·德·科坡德的证明基于某种三角和的估计,通常称为冯·德·科坡德方法.他的结果被不少数学家改进了.至 1942 年,最佳估计$O(x^{\frac{13}{40}+\delta})$是华罗庚得到的.进一步的改进$O(x^{\frac{12}{37}+\delta})$是陈景润在 1963 年证明的.以后则只有幅度很小的改进了.

3. 狄利克雷除数问题.命$d(n)$表示n的因子个数,则和数$D(x)=\sum_{1\leqslant n\leqslant x} d(n)$即等于区域

$$uv\leqslant x, u\geqslant 1, v\geqslant 1$$

中的整点(u, v)的个数.狄利克雷于 1849 年证明了

$$D(x)=x(\log x+2\gamma-1)+O(\sqrt{x}), \tag{4}$$

此处γ为欧拉常数.寻找更佳的误差项使(4)成立,通常即称作狄利克雷除数问题.这个问题与圆内格点问题颇类似.迟宗陶与黎彻特分别在 1950 年与 1953 年证明了误差项可取作$O(x^{\frac{15}{46}+\delta})$.进一步的结果是尹文霖在 1963 年证明的$O(x^{\frac{12}{37}+\delta})$.以后还有些小改进.

4. 球问题.作为圆问题的推广,还可以研究这样的问题:寻求使公式

$$\sum_{u^2+v^2+w^2\leqslant x} 1=\frac{4}{3}\pi x^{\frac{3}{2}}+O(x^{\theta}) \tag{5}$$

成立的最佳误差项,即最小的θ.这个问题叫做球问题.目前最好的结果仍是依·维诺格拉朵夫与陈景润在 1963 年独立证明的,即$O(x^{\frac{2}{3}+\delta})$.类似于球问题,还可以研究三维空间的除数问题,即估计区域

$$uvw\leqslant x, u\geqslant 1, v\geqslant 1, w\geqslant 1$$

中的格点(u, v, w)的个数.越民义、吴方、尹文霖与陈景润曾先后获得了较精致的结果.

5. 华林问题.所谓华林问题,即研究不定方程

$$n = x_1^k + \cdots + x_s^k \tag{6}$$

对于给定整数 $k>0$ 的可解性问题.1909 年,希尔伯特首先证明了对于任意正整数 k,皆存在常数 $s=s(k)$,使方程(6)对于任意正整数 n 皆有非负整数解 $x_i(1\leqslant i\leqslant s)$.研究华林问题的新方法——哈代与李特伍德圆法可描述如下:命 $\mathscr{T}(\alpha)=\sum_{x=1}^{P}\mathrm{e}^{2\pi i\alpha x^k}(P=[n^{\frac{1}{k}}])$,则显然方程(6)的解数等于

$$r_s(n)=\int_0^1 \mathscr{T}(\alpha)^s \mathrm{e}^{-2\pi i n\alpha}\,\mathrm{d}\alpha.$$

积分区域可分为两部分:优弧与劣弧.粗略地说,优弧含有[0,1]中包有分母较小的分数 $\frac{h}{q}$ 的那些小区间 $m_{h,q}$.而[0,1]中的其余部分则称为劣弧.$r_s(n)$的主项由优弧部分的积分得出,但主要的困难却在于对劣弧的估计,它往往归结为被称作韦尔(Weyl)和的指数和的估计.哈代与李特伍德证明了,当 $s\leqslant 2k+1$ 时,

$$\sum_{m_{h,q}}\int_{m_{h,q}} \mathscr{T}(\alpha)^s \mathrm{e}^{-2\pi i n\alpha}\,\mathrm{d}\alpha \sim \mathfrak{S}(n)\frac{\Gamma\left(1+\frac{s}{k}\right)}{\Gamma\left(\frac{1}{k}\right)^s} n^{\frac{s}{k}-1}.$$

1957 年,华罗庚将 $2k+1$ 改进为 $k+1$.这一结果是臻于至善的.假定 $g(k)$是使所有正整数皆可表示成 s 个非负整数的 k 次幂和的 s 的确下界.陈景润在 1965 年证明了 $g(5)=37$.

6. 塔利问题.命 $r_t(P)$为不定方程组

$$x_1+\cdots+x_t=y_1+\cdots+y_t,$$
$$\cdots\cdots$$
$$x_1^k+\cdots+x_t^k=y_1^k+\cdots+y_t^k$$

的整数解数,此处 $1\leqslant x_i, y_i\leqslant P$.华罗庚于 1952~1953 年证明了当 $k\geqslant 11$ 与 $t>[k^2(3\log k+\log\log k+4)]$时,

$$\lim_{p\to\infty} P^{\frac{k(k+1)}{2}} r_t(P)=\mathfrak{S},$$

此处$\mathfrak{S}$是一个常数.这一结果的证明是以关于韦尔和估计的依·维诺格拉朵夫方法及华罗庚关于完整三角和的估计方法为基础的.当 k 较小时,华罗庚与陈景润都曾获得较精致的估计.

7. 模 p 的最小原根.利用韦依(Weil)关于有限域上代数数域的类似 RH(黎曼猜想)的重要贡献,伯吉斯(Burgess)在 1957 年改进了包利雅(Polya)关于特征和的估计定理及模 p 最小正二次非剩余 $r(p)$ 的估计.利用他的方法,王元(1959)与伯吉斯(1962)独立地证明了 $g(p)=O(p^{\frac{1}{4}+\delta})$,此处 $g(p)$ 表示模 p 的最小正原根.这个结果改进了依·维诺格拉朵夫(1930)、华罗庚(1942)与爱多士(Erdös,1945)等的结果.王元还证明在 GRH 的假定下有 $g(p)=O(m^6\log^2 p)$,此处 m 表示 $p-1$ 的素因子个数.这个结果是安基尼(Ankeny)结果的改进.

三 解析数论的其他结果

1. 命 $(k,l)=1$,$P(k,l)$ 为算术级数 $kn+l(n=1,2,\cdots)$ 中的最小素数.列尼克首先证明了 $P(k,l)=O(k^c)$,此处 c 是一个常数.潘承洞首先证明 $c=5\ 448$ 即足.陈景润、尤梯拉(Jutila)与革拉姆(Graham)曾分别改进了潘承洞的结果.目前最佳的估计 $c=16$ 是陈景润得到的.

2. 命 $\mathcal{N}(T,\gamma)$为黎曼 ζ 函数 $\zeta(s)$在矩形 $\frac{1}{2}+v\leqslant\sigma\leqslant 1,|t|\leqslant T$ 中的零点个数,此处 $0\leqslant v\leqslant\frac{1}{2},T>0$. 在 DH(密度猜想)即 $\mathcal{N}(T,v)=O(T^{1-2v}\log(T+2))$ 的假定下,王元于 1977 年证明了对于任意 $n\geqslant 3$,皆存在素数 p,p' 使 $R(n)O((\log n)^{\frac{148}{13}+\delta})$,此处 $R(n)=|n-p-p'|$.一个类似的定理 $R(n)=O(\log^7 n)$ 首先是列尼克证明的,但在他的证明中有些错误,其结论需修正为 $R(n)=O(\exp(c(\log n)^{\frac{10}{11}}\log\log n))$.潘承洞用塞尔伯格方法也证明了类似的结果 $R(n)=O(\log^c n)$.

3. 命 $M(x)$为不超过 x 的偶数中,不能表为两个素数之和的偶数个数.华罗庚

等首先证明 $M(x)=O(\frac{x}{\log^A x})$，此处 A 为任意常数.蒙哥马利(Montgomery)与沃恩(Vaughan)进一步证明了存在 $\delta>0$ 使 $M(x)=O(x^{1-\delta})$.最近，陈景润与潘承洞合作证明了 $\delta>0.01$.

4. 命 $r(n)$ 为将偶数表为两个素数之和 $n=p+p'$ 的表示个数.陈景润于 1978 年证明了

$$r(n)\leqslant 7.8\prod_{\substack{p\mid n\\ p>2}}\frac{p-1}{p-2}\prod_{p>2}\left(1-\frac{1}{(P-1)^2}\right)\frac{n}{\log^2 n}(1+o(1)).$$

这一结果改进了过去用朋比利中值公式与塞尔伯格方法相结合而得到的估计，即用 8 来代替上式中的 7.8.将 8 换成 $8-\varepsilon$ 一般被看成是相当困难的问题.潘承彪对陈景润结果的证明作了简化，当然 7.8 需换成大一些的数.

5. 关于史尼尔曼常数、三个素数定理的简化与推广、无平方因子数的估计、华林问题的推广、指数和的估计、黎曼 ζ 函数、殆素数、数论函数的研究等方面，越民义、陈景润、丁夏畦、吴方、潘承洞、尹文霖、邵品琮、任建华、潘承彪、谢盛刚、楼世拓、姚琦、于秀沅、陆洪文、陆鸣皋、冯克勤、于坤端及王元等都做了一些值得介绍的工作，在此就不详谈了.

(本文曾发表于《自然杂志》，1980，3(8)：568－570)

数　论*

数论(theory of numbers)　在数学中,研究数的规律,特别是研究整数性质的数学分支.它与几何学一样,既是最古老的数学分支,又是始终活跃着的数学研究领域.从方法上讲,它可以分成初等数论、解析数论和代数数论.

自然数分成1、素数和复合数,刻画自然数的基本规律早在公元前4世纪就为欧几里得(Euclid)所证明,即每个复合数都可以唯一地表成素数的乘积.这个定理又称为算术基本定理.素数分布是数论最早研究的课题之一,欧几里得证明过素数有无穷多.他还给出了求两个自然数的最大公约数的算法,即所谓欧几里得算法.在公元前250年,厄拉多塞发明了一种筛法,由此可以求出不超过某个自然数N的全部素数.现在的素数表都是根据这一方法略加改变而得出来的.

数论研究不定方程(即要求解为整数的方程)的求解问题.由于公元250年丢番图研究过这种方程,故又称丢番图方程.最简单的不定方程是一次方程$ax+by=1$,此处a、b为整数,且互素,即$(a,b)=1$.借助于欧几里得算法,可以求出它的解.如果整数a、b用正整数m除,有相同的余数,就称a与b关于模m同余,记为$a\equiv b(\bmod m)$.以x为变数的同余方程$ax=c(\bmod m)(x=1,\cdots,m)$等价于求解一次不定方程$ax+my=c$,此处$0<x<m$.同余方程即某些不定方程.中国关于不定方程的研究有悠久的历史,如5世纪的《张邱建算经》中的“百鸡问题”及《孙子算经》中的“物不知其数”都属于一次不定方程问题.关于二次不定方程,公元前1100年商高就给出方程$x^2+y^2=z^2$的一组解$x=3,y=4,z=5$.不定方程式论虽然已有长久的发展,但完满解决的问题并不多.如著名的费马猜想,即当整数$n\geqslant3$时,

---

* 这是《中国大百科全书》数学卷中的一个试写条目.

方程 $x^n+y^n=z^n$ 没有正整数解，就是至今仍未解决的难题.最近，利用代数几何学的成就，法尔廷斯证明了当 n 固定时，这一方程只有有限多个正整数解 x,y,z.[①]

类似地，可以研究将整数表为某种整数之和的问题，这一数论分支称为堆垒数论.例如，研究将整数表为正整数的 k 次方幂之和的种种问题，都属于华林问题范畴.又如，每一不小于 4 的偶数恒可以表为两个素数之和，这就是尚未解决的哥德巴赫猜想.

定义于自然数集上的函数称为数论函数.例如，欧拉函数 $\varphi(n)$ 表示不超过 n 且与 n 互素的整数个数，$\sigma_\lambda(n)$ 为 n 的因数的 λ 次方幂之和，特别 $\sigma_0(n)=d(n)$ 表示 n 的因数个数及 $r(n)$ 表示不定方程 $n=x^2+y^2$ 的解 x、y 的个数，等等.研究数论函数的性质也是数论的一个重要课题.例如，易知

$$\sum_{n=1}^{x} r(n) \text{ 与 } \sum_{n=1}^{x} d(n)$$

可以分别用圆 $\xi^2+\eta^2\leqslant x$ 与区域 $\xi\eta\leqslant x, \xi\geqslant 1, n\geqslant 1$ 的面积来做渐近计算，这种渐近计算的误差估计就是有名的高斯圆问题与狄利克雷除数问题.它们的误差皆不超过 $O(x^{\frac{1}{4}+\varepsilon})$ 的猜想，也是一个未解决的难题.此处 ε 为任意正数.

对于任何实数 a，如何构造有理数 $\frac{h}{k}(k>0)$ 来逼近 a？狄利克雷曾证明过，对于任意实数 a 及 $K>1$，皆存在整数 h,k，使 $0<k\leqslant K$ 及 $\left|a-\frac{h}{k}\right|\leqslant\frac{1}{kK}$.可以用连分数方法来构造 $\frac{h}{k}$.将 a 展开成连分数 $a=[a_0,a_1,\cdots]$，取 $\frac{h}{k}$ 为 a 的渐近分数，即 $\frac{h}{k}=[a_0,a_1,\cdots,a_n]$ 即可.在 5 世纪时，中国的何承天与祖冲之就曾分别建议用 $\frac{22}{7}$（约率）与 $\frac{355}{133}$（密率）来近似计算 π.这两个数都是 π 的渐近分数.有理逼近的研究与丢番图方程的研究是密切相关的，故又称丢番图逼近.研究实数的种种有理逼近问题是数论研究的一个重要课题.

① 1996 年，瓦依斯(A. Wiles)证明了费马猜想.

数的几何学是用几何方法研究某些数论问题的一个数论分支.特别是种种丢番图逼近问题.例如,可以证明平面上以原点为对称中心的凸域,若其面积大于 4,则必含有一个非原点的整点(闵可夫斯基定理).由此可以立即推出上述狄利克雷关于实数的有理逼近定理.

特殊类型的数是数论最早研究的对象之一.例如,形如 $F_n = 2^{2^n} + 1$ 的数称为费马数.当 $n=0,1,2,3,4$ 时,F_n 都表示素数.费马猜测 F_n 都表示素数,但欧拉证明了 $641 \mid F_5$,所以费马的猜想被否定了.形如 $M_p = 2^p - 1$(p 为素数)的素数称为麦尔森素数,是否有无穷多个麦尔森素数,这是没有解决的问题.迄今只知道 28 个麦尔森素数,最大者为 $M_{86\,243}$,也是迄今所知道的最大素数.适合于 $\sigma_1(n) = 2n$ 的整数称为完全数.可以证明,偶完全数与麦尔森素数是一一对应的,故迄今共知道 28 个偶完全数.然而,是否有奇完全数乃是未解决之难题.

整数系数的方程的根称为代数数,其他的复数则称为超越数.超越数也是数论较早研究的课题.例如,用初等方法可以证明 e 与 π 是超越数,运用复变函数论还可以证明 $2^{\sqrt{2}}$、i^i 等都是超越数,但欧拉常数 γ 与 $e+\pi$ 是否为超越数,都是至今尚未解决的难题.

在数论研究中,往往先根据一些感性知识,小心地提出“猜想”,再通过严格的数学推导来论证它,被证明了的“猜想”就要成了“定理”,也有不少猜想被否定了.数论中的猜想都是整数性质的描写,其含义十分浅显明白,但不能误解为数论是数学中的一个孤立分支,数论问题是一个个孤立问题,只要从整数的定义出发就可以“研究”数论了.相反,数论从一开始就以其问题、方法和概念来影响数学其他部分的发展.例如,“理想”这一重要概念,就是研究费马猜想的产物.这一概念已经渗透到代数、几何和泛函分析等领域,可以说是近代一切数学领域所不可少的.由实际中来的问题与方法促进了数学发展的事实是屡见不鲜的,如力学与物理学的发展引起微积分学的产生与发展等.但从纯粹数学来说,它研究的最基本的对象是“数”与“形”.因此,由“几何图形”引出的几何直觉与由“数”引出的数量关系与概念,是由数学发展本身的矛盾产生的,它是数学发展的极为丰富的源泉与背景之一.因此,在数论中,未解决的问题比已经解决的问题要多得多,而且永远如此.

一般说来,用算术推导方法来论证数论命题的分支称为初等数论.而解析数论则是把一个算术问题化为一个分析问题，然后用分析的成果与方法来处理，从而导出算术的结果.如果在推导过程中，不用到单复变函数论中的柯西定理或同样深度的分析工具，仅仅只用到普通的数列求极限等，则称为解析数论的初等方法.

解析数论开始于欧拉的一些研究，其中之一为关于素数有无穷多的证明，假定素数个数有限，则 $\prod_{p}\left(1-\frac{1}{p}\right)^{-1}$ 为有限数，此处 p 过所有素数，但

$$\prod_{n}\left(1-\frac{1}{p}\right)^{-1}=\sum_{n=1}^{\infty}\frac{1}{n}$$

发散，故得矛盾.命 $\pi(x)$ 表示不超过 x 的素数个数，则素数有无穷多可以表示为 $\pi(x)\to\infty$.关于 $\pi(x)$ 的研究是素数论的中心问题.首先是切比谢夫（п. л. чебыцев）用初等方法证明了

$$a\leqslant\varliminf_{x\to\infty}\frac{\pi(x)}{\frac{x}{\ln x}}\leqslant 1\leqslant\varlimsup_{x\to\infty}\frac{\pi(x)}{\frac{x}{\ln x}}\leqslant\frac{6}{5}a,$$

此处 $a=0.921\ 29$.尽管 a 的数值不断地被以后的数学家所改进，但并不能够证明素数定理，即 $\frac{\pi(x)}{\frac{x}{\ln x}}$ 的极限为 1.

首先是黎曼确定了 $\pi(x)$ 与他所引进的复变函数 ζ 函数 $\zeta(s)(s=\sigma+it)$ 之间的联系.当 $\sigma>1$ 时，$\zeta(s)$ 由级数

$$\sum_{n=1}^{\infty}\frac{1}{n^{\delta}}$$

来定义，当 $\sigma\leqslant 1$ 时，可以由解析开拓来定义，除 $s=1$ 为 $\zeta(s)$ 的一次极外，$\zeta(s)$ 在 s 平面上是正则的.黎曼猜想是说，在带状区域 $0\leqslant\sigma\leqslant 1$ 中，$\zeta(s)$ 的零点都位于直线 $\sigma=\frac{1}{2}$ 上面.这一著名猜想是一个纯分析问题，但它与 $\pi(x)$ 有密切的关系，可以证明它等价于 $\pi(x)$ 的极为精密的表达公式：

$$\pi(x)=\mathrm{li}x+O(\sqrt{x}\ln x),$$

此处

$$\mathrm{li}x=\int_2^x\frac{\mathrm{d}t}{\ln t}.$$

黎曼猜想离解决还相差很远.到目前为止,关于 $\pi(x)$ 最精密的估计是维诺格拉道夫与科罗波夫证明得到的:$\pi(x)=\mathrm{li}x+O(x\mathrm{e}^{(\ln x)^{0.6-\varepsilon}})$,此处 ε 为任意正数.这是从 $\zeta(s)$ 的零点分布的结果中推导出来的.

有一系列重要的数论问题,特别是与素数有关的问题的完满解决都关联着黎曼猜想及其类似猜想的解决.例如,相邻素数之差 $p_{n+1}-p_n$ 的估计问题,此处 p_n 表示第 n 个素数.又如,算术级数 $kn+l(n=1,2,\cdots)$ 中最小素数 $P(k,l)$ 的估计问题,此处 $(k,l)=1$.

命 $2|n$ 及 $r_2(n)$ 表示方程 $n=p+p'$ 的解 p、p' 的个数,此处 p、p' 为素数.命 $S(a)=\sum\limits_{p\leqslant n}\mathrm{e}^{2\pi iap}$.

由于

$$\int_0^1\mathrm{e}^{2\pi iax}\mathrm{d}x=\begin{cases}1, & 当\ a=0,\\ 0, & 当\ a\neq 0,\end{cases}$$

所以

$$r_2(n)=\int_0^1 s(a)^2\mathrm{e}^{2\pi ian}\mathrm{d}a.$$

类似,命 $r_{s,k}(n)$ 表示方程 $n=x_1^k+\cdots+x_s^k$ 的解的个数,此处 $x_i(1\leqslant i\leqslant s)$ 均取正整数,又命 $T(a)=\sum\limits_{x=1}^{p}\mathrm{e}^{2\pi iax^k}$,此处 $p=[n^{\frac{1}{k}}]$,则 $r_{s,k}(n)=\int_0^1 T(a)^s\mathrm{e}^{-2\pi ina}\mathrm{d}a$.

将[0,1]分成优弧 M 与劣弧 m.粗略地说,M 为包含较小分母的分数的小区间所组成,[0,1]的其余部分为劣弧 m.由于 $r_2(n)$ 与 $r_{s,k}(n)$ 的积分表达式中在优弧部分的积分可以估计出来,因此它们的研究均归结为劣弧上的积分研究.这就是哈代与李特伍德的圆法.

劣弧上积分的估计归结为在劣弧上指数和 $S(a)$ 与 $T(a)$ 的估计.于是,很多著名数论问题(如上述的哥德巴赫问题与华林问题)都化为纯分析问题,即指数和的估计问题.

这种和的研究起源颇早,最初是高斯研究了形如

$$S(n,q)=\sum_{x=0}^{q-1} e^{2\pi i n x^2/q}$$

的指数和,此处 $(n,q)=1$,并证明了 $|S(n,q)|\leqslant 2q$. 将 x^2 推广到一般的整系数多项式 $f(x)=a_k x^k+\cdots+a_1 x$,其中 $(a_k,\cdots,a_1{}'q)=1$,这一历史难题是华罗庚解决的.

命 $S(q,f(x))=\sum\limits_{x=0}^{q-1} e^{2\pi i f(x)/q}$,华罗庚证明了 $|S(g,f(x))|=O\left(q^{1-\frac{1}{k}}\right)$,其中 $1-\dfrac{1}{k}$ 是最佳可能的.特别当 $q=p$ 为素数时,由韦尔(A. Weil)证明的有限域上类似的黎曼猜想可以推出 $|S(p,f(x))|\leqslant k\sqrt{p}$. 韦尔证明类似的黎曼猜想是基于他对代数几何学的深刻研究.这一结果最近已由斯捷潘诺夫、施密特和波姆比里用分析方法加以证明.用代数几何学的积垒,狄利热更证明了高维代数函数体上的类似黎曼猜想,由此可得到 p 的多重完整三角和的精确估计.当 $f(x)$的系数为实数,这种更广泛的指数和的研究是韦尔开始的,所以又称这种和为韦尔和.维诺格拉道夫创立了新的估计韦尔和的精密方法.他还创立了估计以素数为变数的指数和的方法,关于哥德巴赫猜想,他用圆法证明了每个充分大的奇数都是三个素数之和.关于华林问题,他证明了,当 $s\geqslant s_0\sim 2k\ln k$ 时,每个充分大的整数都是 s 个正整数的 k 次方幂之和.将华林问题与哥德巴赫问题结合起来,可以研究将整数 n 表为 $n=f(p_1)+\cdots+f(p_s)$ 的问题,此处 $f(x)$为给定的 k 次整值多项式,$p_i(1\leqslant i\leqslant s)$ 为素数.华罗庚对这一问题进行了系统的研究.除个别结果外,关于华林问题的结果都可以推广到这个问题.

另一个研究哥德巴赫猜想的方法是厄拉多塞筛法的改进,这一方法的研究是布鲁恩开始的.用这一方法,目前所得到的最佳结果是陈景润证明的,即每个充分大的偶数都是一个素数及一个不超过 2 个素数的乘积之和.

由 $\pi(x)$的研究可以看出,不同深度的方法得出不同深度的结果.还可以举整

数分析问题为例.命 $p(n)$表示将 n 分拆为整数和的方法数.用简单的算术方法可以得出 $p(n)$最粗略的估计，$2^{[\sqrt{n}]} \leqslant p(n) < \pi^{3(\sqrt{n})}(n>1)$.再用初等的分析方法可以证明，$\ln p(n) \sim \pi\sqrt{\frac{2}{3}} n^{\frac{1}{2}}$.更深入用所谓陶伯型定理就可以得出 $p(n)$的渐近表达式.最后，用高深的模函数论结果及解析数论方法还可以求出 $p(n)$之展开式.在这逐步求精的方法中，容易看出各种不同方法之精度.

另一方面，虽然有的问题已经由分析方法加以解决，但寻求一个算术的解决方法或较初等的分析解决方法仍为很重要的事.例如，寻求素数定理的初等分析证明，即不依赖于 $\zeta(s)$零点分布成果的证明，是素数论中历时很久的问题之一.这一证明是由塞耳伯格与欧道什得到的.

又如，蒂德曼用盖尔丰德—巴克尔方法基本上解决了卡塔兰猜想，即方程 $x^m \pm y^n = 1$ 的整数解适合于 $|x^m| < C$，此处 C 是一个绝对常数.但在这之前，柯召曾用初等方法证明，方程 $x^2 = y^n + 1$ 只有整数解 $x = \pm 3, y = 2, n = 3$.

正因为数论问题很具体与特殊，所以在数论中发展起来的各种方法常常是很强有力的.例如，指数和的估计方法与筛法在理论物理学、概率统计和组合论中都有重要的应用.

首项系数为 1 的整系数方程的根称为代数整数，例如，普通整数，$\sqrt{2}$，i，$\frac{1+\sqrt{5}}{2}$等都是代数整数.代数数论研究比普通整数更广泛的集合，即代数整数集合.

在研究代数数论时.首先要引入代数数域的概念，所谓数域，是一个在其中加、减、乘、除自封的复数的集合.例如，有理数的全体 Q 构成一个域.Q 添加一个代数数 a，即得代数数域 $Q(a)$.$Q(a)$中的代数整数的全体 R，关于加、减、乘(除法除外)自封，构成一个环.算术基本定理对于一般代数整数是不成立的.例如，对于任何正整数 n，皆有 $2=2^{\frac{1}{2}} \times 2^{\frac{1}{4}} \times \cdots \times 2^{\frac{1}{2^n}}$.即使限制于某一代数数域，算术基本定理仍可能不成立.例如，对于域 $Q(\sqrt{5})$，有 $6=2\times 3=(1+\sqrt{-5})\times(1-\sqrt{-5})$.在引入"理想数"这一概念之后，就可得唯一因子分解定理.所谓理想数是 R 的子集合 $\mathfrak{b}$，它关于加、减法自封，且 R 的元素乘以 $\mathfrak{b}$ 的元素仍属于 $\mathfrak{b}$.例如，R 的一个元素 X 生成的集合 XR 即为一个理想数，这种理想数称为主理想数.可以定义理想数之间的乘法及素理想数，并且可以证明算术基本定理对于理想数是成立的.

在代数数域 $Q(a)$ 中存在一组代数整数 $Q_1,\cdots,Q_n$，使 R 中任何元素 U 皆可以唯一表成 $U=C_1Q_1+\cdots+C_nQ_n$，此处 $C_i(1\leqslant i\leqslant n)$ 为普通整数.$Q_1,\cdots,Q_n$ 称为 $Q(a)$ 的整底.

若 U 与 $\frac{1}{U}$ 都属于 R，则称 U 为 $Q(a)$ 的单位，除 1 的单位根外，R 中常常还有其他单位.命 a 的定义方程有 r_1 个实根，r_2 对复根，又置 $r=r_1+r_2-1$，狄利克雷证明了在 R 中存在 r 个单位 $\eta_1,\cdots,\eta_r$，使 R 中任何单位 ε 都可以唯一地表成 $\varepsilon=\zeta\eta_1^{a_1}\cdots\eta_r^{a_r}$，此处 ζ 为单位根，而 $a_j(1\leqslant j\leqslant r)$ 均为普通整数.$\eta_1,\cdots,\eta_r$ 称为 $Q(a)$ 的基本单位组.

还可以定义分数理想，即理想中含有非代数整数之元素.这些理想构成一个群.它关于主理想构成的子群的商群叫做类群.闵可夫斯基证明了类群是有限群.类群的元素个数称为代数数域的类数.类数为 1 的代数数域中，代数整数有唯一因子分解定理.一般代数数域的类数是很难具体算出来的.对于虚二次域 $Q(\sqrt{m})$，斯塔克与巴克尔证明了只有当 $m=1,2,3,7,11,19,43,67$ 与 163 时，$Q(\sqrt{m})$ 的类数为 1.高斯曾猜测有无穷多个实二次域有类数 1，这是尚未解决的难题.

研究两个代数数域 F 与 L，此处 L 为 F 的代数扩张.有一种代数数域 L 特别重要，即 L 关于 F 的维数等于 F 的类数，而且 F 的任何理想在 L 中都是主理想，则 L 称为 F 的类域.类域理论的研究是代数数论的一个重要课题.

代数数论的重要不仅在于它是弄清普通整数的某些规律所不可少的，而且在于它的成就几乎可以用到每一个数学领域中去.

近 30 年来，电子计算机的产生与发展给科学技术带来了无比巨大而深刻的变革，这使数论有了非常广阔的直接应用途径.众所周知，无论什么问题必须离散化之后才能在计算机上进行数值计算，所以离散数学日益重要，而离散数学的基础之一就是数论.又如，近 20 年发展起来的高维数值积分的数论网格法的研究中，数论成果被广泛运用到.一致分布理论，指数和估计，经典代数数论都被用到，甚至丢番图逼近论中深刻的施密特关于代数数的联立有理逼近定理也被用到.在编码和数字信号处理问题中，数论也有很重要的应用.随着科学的发展，数论除其在纯粹数学中的基础性质外，已日益展现出直接应用的途径.

数论在中国古代有着特别光彩而悠久的历史.数论的研究也是中国近代数学最早开拓的数学研究领域之一.杨武之、华罗庚、柯召、闵嗣鹤等人是这一领域在中国的创始人.特别是华罗庚在解析数论方面的卓越成就，在国际上有广泛而深远的影响，在他领导下，培养出一批优秀的数论学家，国际上称他们构成解析数论的“中国学派”.

（本文曾发表于《百科知识》，1984(8)：52－55）

数论在数学中的地位

1,2,3…这些简单的整数,从日常生活到尖端科学技术都离不开它们.其他的数,如零、负整数、有理数与实数等,则都是以正整数为基础定义出来的.所以,研究正整数的规律是非常基本与重要的.在数学中,研究数的规律,特别是研究整数性质的数学,叫做"数论".数论与几何学一样,既是最古老的数学分支,又是始终活跃着的研究领域.从方法上来讲,数论可以分成初等数论、解析数论与代数数论.

在数论研究中,往往先根据一些感性知识,小心地提出"猜想",然后再通过严格的数学推导来论证它.被证明了的猜想,就变成了"定理".但也有不少猜想被否定了.正因为不少猜想都是整数规律的描述,所以其含义非常明白浅显.似乎给人一种印象,即数论是数学中的一个孤立分支,数论问题又是一个个孤立的问题.又似乎只要从整数的定义出发,就可以"研究"数论了.否!数论是数学中不可分割的一部分,数论研究从一开始,就以它的问题、方法和概念影响着数学的其他部分的发展.另一方面,也屡见数学中其他部分的方法与结果帮助了数论解决其中的具体问题,并建立起整套的理论与方法.例如,大家所熟知的"哥德巴赫猜想",即每个大于2的偶数都是两个素数之和,简记为"(1+1)".180年来,其证明毫无进展.直到20世纪20年代,英国数学家哈代与李特伍德才提出一个研究哥德巴赫问题的方法,即所谓"圆法".这个方法是以数学分析、富利埃分析与复变函数论为其基本数学工具的.在20年代,由挪威数学家布朗发展起来的"筛法",虽然其原始思想可以追溯到公元前的埃拉多染尼氏筛法,但在其改良的筛法及证明(9+9)(即每个充分大的偶数可以表为两个素因子个数不超过9的正整数之和)的过程中,是以数学分析为其数学工具的,并用到素数分布论的一些研究成果.反过来,"圆法"又带动了作为精密分析方法的指数和估计的深刻研究与广泛应用.筛法的应用更是非常广阔的,它在概率统计及组合论等数学分支中都有重要的应用.大家所熟知的另一个经典问题“费马猜想”,即当$n>2$为整数时,任何正整数的n次幂都不能表为两个正整数的n次幂之和.这一问题的巨大进展是数学家库默尔给出来的.他在处理这个问题时,提出了“理想数”的概念与研究.这一概念已经渗透到分析、代数、几何与泛函分析等领域,可以说是近代一切数学领域所不可少的.我国数学家华罗庚说得好:“理想数之创造乃研究费马问题之产物,对数学之发展而言,此一概念之获得实远重要于解决一个难题.”所以,虽然哥德巴赫猜想与费马猜想至今都没有解决[①],但在研究这些问题时所获得的方法与概念,对数学的推动作用却是巨大的.总之,解决一些孤立的问题,绝不是研究数论的唯一目的.一方面,应该尽量将数学发展的新成就用来研究数论,使之达到一个新阶段,获得过去方法得不到的新结果.例如,17世纪以来将数学分析与复变函数论用于数论而建立起来的新数论分支解析数论,用分析方法得到的一系列结果是以往算术方法所望尘莫及的.另一方面,应该尽量将数论的成果与方法广泛地用于其他数学分支中去,例如,指数和的估计与筛法等.

从具体到抽象是数学发展的普遍规律.例如,整数1,2,…就可以看作一个人、两张桌子等的抽象.抽象的目的在于寻求内容概括更为广泛的规律.但另一方面,具体的例子往往又是抽象概念的源泉,其所用的方法又往往是高深数学里所用方法的依据.由实际中来的问题与方法促进了数学发展的事实,在数学史上是屡见不鲜的,如力学与物理学的发展引起微积分学的产生与发展等.但从纯粹数学来说,它研究的最基本的对象是“数”与“形”.因此,由“几何图形”引出的几何直觉与由“数”引出的具体关系与概念,往往是数学中极为丰富的源泉、背景与实例.例如,近代数学中的概念“群”“环”“域”“理想”等,数论正是研究着它们的一些最常见而又重要的特例.它们的一些深刻性质在数论中被揭示.这里的结果与方法,常常构成了建立一般理论最良好与不可少的背景.可以说,对数论没有一定的了解,而去了解这些抽象理论,就似乎这些抽象“定义”都是无本之木与无源之水,更谈不上做什么深刻研究了.

---

① 1996年,瓦依斯(A. Wiles)证明了费马猜想.

数学家高斯说过:“数学是科学中的皇后,数论是数学中的皇后.”从数学在科学技术中与数论在数学中的广泛联系与它的基础性质这个意义上来说,高斯的话对数学与数论的地位作出了准确的形象性的定义.

以上的观点是从数论作为纯粹数学的角度而提出来的.近 30 年来,电子数字计算机的产生与发展,给科学技术带来无比巨大而深刻的变革,这更使数论有了非常广阔的直接应用.众所周知,无论什么问题必须离散化之后才能在机器上进行数值计算,所以离散数学日益显得重要.而离散数学的基础之一就是数论,其中很多方法也常常来源于数论.又如,近 20 年来发展起来的高维空间定积分的近似计算数论方法的研究,数论中的连分数论,同余式论,一致分布论,指数和估计与经典代数数论都被广泛地使用着.甚至丢番图逼近论中最深刻的研究,即代数数的联立有理逼近定理,也得到了应用.所以,随着科学的发展,数论的性质与地位也在变化着.除其在纯粹数学中的基础性质外,已日益展现出直接应用的途径.这是近 30 年的事.

数论在我国有着特别光荣与悠久的历史.商高定理是早期的不定方程研究,孙子定理是线性同余式论的基础,祖冲之关于 π 的疏率与密率,则是丢番图逼近论的萌芽.近代数论的研究,也是我国近代数学最早开拓的研究领域之一.华罗庚是中国解析数论研究的创始人.中华人民共和国刚成立,他即从美国回到祖国,主持数学研究所工作并亲自兼管数论组.在他的领导下,培养出一批优秀的数论学家.他与他的学生的贡献是世界公认的,外国称他们构成解析数论的“中国学派”.这些年来,我国的数论工作在报刊上多次受到表扬,这是人民对数论工作者的鞭策与鼓励.但也使不少人产生了误解,以为不必了解前人的成就,甚至不必学习初等数论与数学分析,就可以“研究”数论.为此我在 1978 年 8 月 18 日《光明日报》上发表的《关于哥德巴赫猜想》文章中曾写道:“哥德巴赫猜想也像其他经典问题一样,它的一切成就,都是在前人成就的基础上,通过迂回的道路而得到的.数学是一门很严格的学问.现在有些同志,连数论的基础书都没有认真看过,就企图去证明 $(1+1)$,这不仅得不到结果,浪费了宝贵的时间,反而把一些错误的推导与概念,误认为正确的东西印在脑子里,它对学习与提高都起着有害的作用.我们要从中吸取有益的教训.”现在有必要再重申一遍,成千上万篇错误的稿件堆积如山,造成了巨大的时间与精力的浪费.我们要冷静清醒,按科学规律办事.

总的来说,数论仍然是纯粹数学的一个分支,是属于数学的基础理论.适于有一个少而精的队伍,有领导、有计划、有组织地进行工作.必须指出,在我国应该有更多的人从事于研究更有直接应用价值的领域与课题,例如,应用数学的研究.这个道理大家都是很明白的.

(本文曾发表于《百科知识》,1981(5):46-47)

仆人与皇后（谈谈数论的应用）

数论有什么用处呢？谁也不怀疑，许多数学分支之所以存在，应该归功于“现实世界”提出的问题，例如，物理学、工程技术等提出的问题.熟知的例子有微积分，还有天体力学中需要的微分方程理论，以及流体力学中必不可少的偏微分方程，等等.但是，数论怎么样呢？有一点是确凿无疑的，就是费马（P. de Fermat），欧拉（L. Euler），拉格朗日（J. L. Lagrange），勒让达（A. M. Legendre），高斯（G. F. Gauss）等都是出自数论内在的趣味及其特有的美而研究人类知识的这一领域的，他们确实毫不在乎他们那些优美的定理是否会有什么“有用的”应用.

高斯把数论置于科学之巅，他把数论描绘成“一座仓库，贮藏着用之不尽的，能引起人们兴趣的真理”.希尔伯特（D. Hilbert）则把数论看成“一幢出奇地美丽而又和谐的大厦”“它有简单的基本定律，它有直截了当的概念，它有纯正的真理”.闵可夫斯基（H. Minkowski）比喻数论“以柔美的旋律来演奏强有力数论音乐”（以上见 C. Reid，Hibert，Springer-Verlag，1970）.总之，数论是“纯正洁白”的.高斯有如下名言：

“数学是科学的皇后，数论乃数学之皇后”.

随着数学的深入发展，强有力的数学工具渗透到数论的研究中去.由于数论问题的简单明了，往往会导致研究深化.由此产生的概念、结果与方法对其他数学领域的影响也日见明显.1900 年，希尔伯特在第二届国际数学大会的著名报告中，以“三体问题”与“费马问题”作为例子来说明一个好的问题对于推动数学发展的作用.三体问题是天文学提出的最基本的自然现象问题.费马问题为何能跟三体问题相提并论？所谓费马问题是说，不定方程

$$x^n + y^n = z^n$$

当 $n \geqslant 3$ 时没有非寻常解. $x=0, y=z$ 或 $y=0, x=z$ 称为寻常解.这样一个非常特殊,似乎不重要的问题,却对数学产生了难以估量的影响.受这个问题的启发,库默尔(E. E. Kummer)引进了理想数,并发现分圆域的素理想数因子分解定理.这个定理又被戴德金(D. W. R. Dedekind)与克罗内科(L. Kronecker)推广到任意代数数域,其意义已远远超出数论的范围,而深入到代数与函数论的领域.

还可以举哥德巴赫(C. Goldbach)猜想为例.所谓哥德巴赫猜想是说,不定方程

$$2n = p + q$$

有素数解 p, q,此处 $n \geqslant 2$ 为任意给定整数.由于研究这一孤立问题,带动了解析数论一些强有力的方法的产生与发展.例如,哈代(G. H. Hardy),李特伍德(J. E. Littlewood)与拉马努扬(S. Ramanujan)的圆法;维诺格拉朵夫(I. M. Vinogradov)的素变数三角和估计方法;仆朗(V. Brun),赛尔贝格(A. Selberg)与陈景润的筛法;列尼克(Yu. V. Linnik),瑞尼(A. Renyi),潘承洞与庞比尼(E. Bombieri)的大筛法与素数分布论.这些方法不仅是解析数论的强有力工具,而且对其他数学领域亦有应用与影响.

因此,数论不是数学的一个孤立分支,这一观点已成为共识.华罗庚在他的《数论导引》(科学出版社,1957)的序言中首先强调了这一论点:

“其一,希望能通过本书具体地说明一下数论和数学中其他部分的关系.”“但是在今天的数论入门书中往往不能看出这一关联性,并且有一些‘自给自足’的数论入门书会给读者以不正确的印象:就是数论是数学中的一个孤立的分支.”“作者试图在本书中就初等数论的范围尽可能地说明这一点.例如,素数定理与富利叶(J. B. J. Fourier)积分的关系.因为受本书性质的限制,我们不能把素数定理和整函数的关系在本书中叙出.本书将说明整数之分拆问题、四平方和问题与模函数论的关系;二次型论、模变换与罗巴切夫斯基(N. I. Lobacevski)几何的关系等.”

其次,数论是研究整数规律的数学分支,它的概念与结果构成抽象数学的概念与方法的背景之一,而且也是促进数学发展的内部源泉之一.数论的这个功能也几乎是共识的.在华罗庚的《数论导引》的序言中也有阐述:

“其二,从具体到抽象,是数学发展的一条重要大道,因此具体的例子往往是抽

象概念的源泉,而所用的方法也往往是高深数学里所用的方法的依据.”“从数学本身来说,它研究的最基本的对象是‘数’与‘形’.因此,‘几何图形’所引出的几何直觉,和由‘数’而引出的具体关系和概念往往是数学中极丰富的源泉.”

在“文化大革命”结束前,国内发展数学的哲学思想是只承认数学发展的外部动力,而不承认其内部动力.这必然导致数学发展上的实用主义倾向,甚至发展到学术上的虚无主义,否定历史上一切数学成果.相当长时间内,数学的正常发展受到严重阻碍.

数论除了上述两个功能外,它有更直接的“应用”吗?

20 世纪 50 年代以来,电脑蓬勃发展与应用.电脑渗透到各个科学领域,大大开阔了人们的眼界.人们重新检查过去积累的科技成果、方法直至观念.数学除用于传统的学科,如物理学、力学、天文学与工程技术之外,在科学计算、生物科学、地学科学、计量经济学、管理科学,乃至社会科学中都有应用.这些科学都需要从定性研究向定量研究深入发展,所以离散数学显得日益重要,它已与连续数学有同等的重要性.在愈来愈多的场合下,人们需要用到数论的概念、结果与方法.事物总是由量变到质变的,数论的应用也由零散的应用达到系统的应用,由应用数论的一般成果到应用最深刻的数论成果,甚至形成专门的数论应用分支.

50 年代末兴起的近似分析中的数论方法,是以近似计算多重定积分为研究主题的,积分近似计算是一个古老的研究课题,它与微积分学同时产生.牛顿(I. Newton)本人就是一位数值积分专家,著名的牛顿—柯斯(R. Cotes)公式包有梯形公式(Trapezoid rule)与辛卜生公式(T. Simpson's rule)作为特例.车比雪夫(P. L. Chebycev)、埃尔米特(C. Hermite)与高斯都曾对数值积分问题作出过杰出贡献.但他们的贡献都是属于一维数值积分的范畴.若将这些公式推广到高维空间,则误差将随着维数而迅速增加,所以这些方法在高维空间都是无效的.直到 50 年代末,多维数值积分的论文还是寥若晨星.原因并不是当时的纯粹数学积累不够,不足以研究多维数值积分问题,关键在于计算工具落后,即使研究出新方法,亦无法进行实际使用,仍然是纸上谈兵,引不起人们的兴趣与注意.由冯·诺依曼(J. von Neumann)与乌拉姆(S. Ulam)在 40 年代首创的所谓数值积分的蒙特卡罗(Monte Carlo)方法的要点是将一个分析问题,如数值积分,化为一个有同样解答的概率问题，如某随机函数的数学期望的计算，然后用统计模拟的方法来处理后一问题.这就需要产生服从均匀分布的独立样本，或称随机数.但随机数如何产生？实际上，所有产生随机数的方法仍然是“确定性”的，即按一定的数学程序来产生.数值积分中的数论方法就是给出一组在空间中均匀分布的点列，用它来代替所谓随机数来构造多维求积公式.这组点列称为伪(quasi)随机数，而数论方法也称为伪蒙特卡罗方法.这一方法是成功的，求积公式的误差主阶与维数无关.首先是卡罗波夫(N. M. Korobov)在1957年给出了一个公式，他的方法基于完整三角和的估计.50年代末与60年代初，卡罗波夫，华罗庚，那夫卡(E. Hlawka)与哈尔顿(J. H. Halton)等先后发表了他们的方法，这些方法涉及指数和估计、一致分布论、丢番图逼近论与经典代数数论的应用，甚至用到数论中最深刻的成果之一：吐埃—西革尔—罗斯—斯密特(A. Thue，C. L. Siegel，K. F. Roth，W. M. Schmidt)定理.现在人们正在尝试用数论方法来处理插入公式、积分方程与偏微分方程的近似计算；尝试用于试验设计安排、最优化计算与统计模拟问题等，它已经逐步形成一个在理论上与实际应用上颇有成效的新数学领域.

密码问题已不再像过去那样，仅仅用于军事与外交等少数领域.随着科学技术的不断发展，在更广大的领域，如财务、金融与银行业务往来等方面都要用到密码.因此，密码的设计不能像过去那样采取事先约定的密约方式，而需要发码与破译的手续不太复杂，最好是“公开”的，但若对方不掌握“破约”，则无法进行破译.用这种思想设计的密码理论称为“公约密码学”(Public key cryptography)，这是70年代末才开始的一门学问，至今才十来年历史.

公约密码设计依靠一个“活板门函数”(Trapdoor function).什么是活板门函数呢？它是这样一个函数，在一个方向很容易计算，但在反方向，则极难计算.例如，用电脑很快可以将两个1 000位的数乘起来.相反地，如果已知一个2 000位的数是两个约1 000位的素数之积，欲求出这两个素数来，除某些简单情形外，即使用最先进的电脑与程序，在今天仍然是遥遥不可及的事.用这一思想构造出一种公约密码，称之为RSA(L. M. Adleman，R. L. Rivest，A. Shamir).命 $n=pq$，其中 p，q 为素数，则

$$\varphi(n)=(p-1)(q-1)$$

称为欧拉函数.欧拉定理是说：任给正整数 a，满足 $(a,n)=1$，即最大公约为 1，则

$$a^{\phi(n)}\equiv 1(\mathrm{mod}\ n),$$

意为 $a^{\phi(n)}-1$ 是 n 的倍数.当 n 的分解式知道后，求 $\phi(n)$很容易；反之，若不知 n 的分解式，则“求不出”$\phi(n)$.如果公开 n 及一个满足 $(\varphi(n),s)=1$ 的整数 s，我们可以将一个信息用数字 M 来表示.例如，将英文字母 $a,\cdots,z$ 分别用 $0,\cdots,25$ 来表示，则 $\mathrm{YES}=24\times 26^2+4\times 26+18=16\ 346$，在这里 16 346 表示 YES.当 n 为两个大素数之积，则 $(n,M)=1$ 恒成立.将 $M^s\equiv C(\mathrm{mod}\ n)$ 发给对方，若对方知道 $\phi(n)$，则可求得 t，使

$$st\equiv 1(\mathrm{mod}\ \phi(n)).$$

于是，求 C 的 t 次方幂，即得

$$C^t\equiv M^{st}\equiv M(\mathrm{mod}\ n),$$

这就得到了欲求的信息 M.因此，关键是对方需得知 $\phi(n)$之值，这就需要知道 n 的因子分解.但就目前的数论积累与电脑技术，当 n 稍大时还远远做不到.

另外一个活板门函数是“离散对数”，也可以用它来设计公约密码.上面这些方法的破译都归结为如何快速有效地将正整数分解成素因子之积，这个数论最古老、最基本的课题又热起来了，在这一课题的最新研究中，甚至用到椭圆曲线(Elliptic curves)的高深理论.

数论应用在近三十年来的发展，已改变了传统对数论的看法，也改变了 50 年代对数论功能的认识.1990 年，革莱姆(R. Grabam)在科罗拉多(波尔多)大学的一次公开演讲中宣称：

“现在，数论是最有用的数学分支.”

这一断言说明，数论是科学与数学最忠实而有用的仆人.数论由皇后变成仆人或变成既是仆人又是皇后，标志着科学技术发展的一个里程碑！我们应该为之热情欢呼！

(本文曾发表于《二十一世纪》(中国香港)，1991(12)：83 - 90)

均匀设计

——一种试验设计方法

在科学实验与工农业生产中，经常要做实验.如何安排实验，使实验次数尽量少，而又能达到好的试验效果呢？这是经常会碰到的问题.解决这个问题有一门专门的学问，叫做“试验设计”.试验设计得好，会事半功倍，反之就要事倍功半了.

例如，假定某化学产品的质量依赖于三个因素，即温度(A)，反应时间(B)与苏打浓度(C).这三个因素各取值如下：

温度(A)	80℃，85℃，90℃，
时间(B)	90 m，120 m，150 m，
苏打浓度(C)	5%，6%，7%.

我们将各因素的不同值分别记为 $A_1, A_2, A_3, \cdots, C_2, C_3$，其中 A_1, A_2, A_3 称为因素 A 的水平，其他依次类推.

试验设计的目的在于研究各因素间的影响及找出最佳的水平组合.一个好的试验设计既要能尽量减少试验次数，又要能获得最多的信息量，我们先介绍一下传统的方法：

1. 考虑各因素水平间的所有组合，以上面的例子来说，水平间的所有组合数为 $3\times3\times3=27$.所有这 27 个试验都做之后，当然可以找到最佳组合.但若试验太昂贵或试验周期太长，则会由于所需试验次数太多而无法进行.若在这个例子中每个因素的水平个数为 10，则试验次数就是 $10^3=1\ 000$，太多了.

2. 单因素试验.只对一个因素进行实验,而将其他因素都固定.采用这个方法必须假定各因素间没有交互作用.20 世纪 60 年代开始,华罗庚在我国倡导与普及的“优选法”,即国外的斐波那契法或黄金分割法,就是单因素的最佳调试法.在实际问题中,各有关因素均相互独立的情况是极少的,所以在使用优选法时需首先抓住“主要矛盾”,即根据经验突出一个最主要的因素进行试验,而将其他因素都固定住.因此,优选法还不是一个很精确的近似方法.

3. 正交设计.这是统计学中历史悠久且普遍使用的多因素试验设计方法,其理论基础是正交拉丁方理论与群论.如果有 s 个因素,每个因素的水平数为 q,那么正交设计的试验次数的数量级为 q^2,记为 $O(q^2)$.这当然比因素的所有水平组合 q^s 低多了.正交设计的另一优点为可以按照表格来安排试验,使用很方便.我们用 $L_n(q^t)$来表示一张正交表,其中 L 表示正交设计,n 表示试验次数,q 表示每个因素的水平个数,t 表示独立因素的最大个数.以我们的例子来说,我们可以用正交表 $L_9(3^4)$来安排实验,共做 9 次试验即可.我们用表 1 的前 3 列,它们分别表示因素 A,B,C,各列中的 1,2,3 分别表示各因素的各水平,于是得表 2.

表 1　$L_9(3^4)$

试验号 \ 因素	1	2	3	4
1	1	1	1	1
2	1	2	2	2
3	1	3	3	3
4	2	1	2	3
5	2	2	3	1
6	2	3	1	2
7	3	1	3	2
8	3	2	1	3
9	3	3	2	1

表 2　正交设计

试验号＼水平	A	B	C
1	80℃	90 m	5%
2	80℃	120 m	6%
3	80℃	150 m	7%
4	85℃	90 m	6%
5	85℃	120 m	7%
6	85℃	150 m	5%
7	90℃	90 m	7%
8	90℃	120 m	5%
9	90℃	150 m	6%

我们就可以按照表 2 来做 9 次实验了.由表 1(或表 2)立即看出：每个因素的每个水平均重复 3 次,这称为均衡性;任何两个因素的所有水平组合出现的次数均相同,这称为正规性.正交设计的优点为：

(1) 有一套表格,便于多因素试验的设计与数据分析.

(2) 由于有正交性,易于分析出每个因素的主效应,特别当每个因素均有二水平时,还可以分析出因素间的交互效应.

(3) 若将试验区域映为超单位立方体,将试验点对应于等距有理格子点,则正交设计的试验点在试验区域中散布均匀且整齐可比.但对于某些工业试验与昂贵的科学实验来说,正交设计的试验次数仍嫌太多,而难于安排,这就需要我们寻求新的试验设计方法.均匀设计就是这样一种方法,其试验次数比正交设计的试验次数有明显的减少.

均匀设计属于近三十年来发展起来的伪蒙特卡罗方法的范畴.将经典的确定的单变量问题的计算方法推广后用于多变量问题的计算时,计算量往往跟变量个数有关.即使电脑再进步很多,这种方法仍无法实际应用.乌拉姆(S. Vlam)与冯·诺依曼(J. von Neumann)在 40 年代提出蒙特卡罗方法,即统计模拟方法,这个方法的大意是将一个分析问题化为一个有同样解答的概率问题,然后用统计模拟的方法来处理后面这个问题.这样使一些困难的分析问题反而得到了解决,例如,多重定积分的近似计算.蒙特卡罗方法的关键是找一组随机数作为统计模拟之用,所以这一方法的精度在于随机数的均匀性与独立性.

20世纪50年代末,有些数学家试图用确定性方法寻找空间中均匀散布的点集来代替蒙特卡罗方法中的随机数.已经找到的点集都是用数论方法找到的.按照外尔(H. Weyl)定义的测度来度量,它们的均匀性很好,但独立性差些.用这些点集来代替蒙特卡罗方法中的随机数,往往会得到更精确的结果.这一方法称为伪蒙特卡罗方法或数论方法.数学家首先将这一方法成功地用于多重积分近似计算.

数论方法得到的点集称为伪随机数.从统计学的观点看,伪随机数就是一个均匀分布的样本.我们注意到,虽然正交设计的试验点在试验区域内散布得相当均匀,但还不是非常均匀.我们可以用数论方法找到一些散布得更均匀的点集.利用这些点集来安排实验,试验结果应该既有代表性,又能减少试验次数.可以证明,在具有同样均匀性的前提下,正交设计与均匀设计所需的试验次数的量级分别是

$$O(q^2) \text{ 与} (q\log q),$$

显然后者比前者大为减小了.对于固定的 q,我们也可以具体算出均匀设计比正交设计所需的试验次数减少了很多,在此就不详述了.

均匀设计也像正交设计一样,有一系列表格,对于实际使用者来说,跟使用正交设计一样,只要查表就可以了.我们用 $U_n(q^t)$ 表示均匀设计表,其中 U 表示均匀设计,n 表示试验次数,q 表示每个因素的水平个数及 t 表示最大的独立因素个数.

例(来自药学工业)　在阿魏酸的合成工艺中,考察

A(原料配比):1.0, 1.4, 1.8, 2.2, 2.6, 3.0, 3.4

B(吡啶量):　10, 13, 16, 19, 22, 25, 28

C(反应时间):0.5, 1.0, 1.5, 2.0, 2.5, 3.0, 3.5

这是一个3因素,各有7个水平的试验,我们可以采用均匀设计表 $U_7(7^3)$ 来做.表3中各列中的数字分别表示该因素的水平数.于是,由表3即得试验方案.

表 3　$U_7(7^3)$

因素 试验号	A	B	C
1	1	2	3
2	2	4	6
3	3	6	2
4	4	1	5
5	5	3	1
6	6	5	4
7	7	7	7

若考虑因素的所有水平组合，则共需做 $7^3=343$ 次实验.若用正交设计，则需做 $7^2=49$ 次实验.如表 4，均匀设计只要做 7 次实验即可.

表 4　均匀设计

因素 试验号	A	B	C
1	1.0	13	1.5
2	1.4	19	3.0
3	1.8	25	1.0
4	2.2	10	2.5
5	2.6	16	0.5
6	3.0	22	2.0
7	3.4	28	3.5

关于数据处理问题.若用正交设计，除非每个因素只有两个水平，一般很难用方差分析方法分析出交互作用.若用回归分析来处理数据，则可以表格化进行.对于均匀设计，用回归分析处理数据的计算量比正交设计大些.但若有一台微机及相应的软件，则数据分析仍然是易于进行的.

均匀设计也可以处理各因素有不同的水平数的实验安排问题，我们也有均匀设计表，可以按照表格来安排实验.

均匀设计还可以处理某些带约束条件的试验设计问题，例如混料试验设计问

题，即假定有 t 个因素 $A_i(1\leqslant i\leqslant t)$，每个因素有 q 个水平

$$(A_i)\quad a_{ij}(1\leqslant j\leqslant q),$$

要求每个实验

$$(a_{1j_1},\cdots,a_{tj_t})$$

满足

$$a_{1j_n}+\cdots+a_{tj_t}=1.$$

这相当于在单纯形

$$T=\{(x_1,x_2,\cdots,x_t);x_i\geqslant 0(1\leqslant i\leqslant t),x_1+\cdots+x_t=1\}$$

上找一个均匀散布的集合.我们也有混料均匀设计表格可供使用.

均匀设计产生于20世纪70年代末.由于某军工实验要求有一个试验次数少的试验方案，而正交设计所需的试验次数太多，这就导致了方开泰与我的合作.我们用数论方法来研究这个问题，我们借鉴了“近似分析中的数论方法”这一领域中的成果.该领域在国际上是50年代末开始研究的.我国在华罗庚的领导下，也在50年代末就开始了这方面的研究，所以起步较早，对这一领域的情况熟悉.因此，若无基础理论研究的积累与素养，做出均匀设计这样的工作是不可能的.另一方面，熟悉实际工作的数学家方开泰能提出问题当然是产生均匀设计的前提.这也提供了这样一个例子，即问题来源于实际，由于有基础理论的积累与研究而导致了问题的解决.我们认为，作为长远起作用的基础理论研究，即使从应用与开发的角度上讲，也是不容忽视的.

均匀设计只是数论方法的一个应用，数论方法还有广泛应用的园地.例如，多重插值公式的建立，某些积分方程与微分方程的近似求解，求函数的整体极值，求某些多元分布的近似代表点，及用于统计推断的一些问题，如多元正态性检验及多元球性检验.

近十五年来，均匀设计已在我国的军工试验、纺织工业、制药工业、化学工业等方面有了不少应用，取得了一些经济效益与社会效益，在国外亦受到重视.当然，任何一个应用数学方法也不是万能的，不会没有缺点的，均匀设计也是一样，还需要

在实际应用中加以鉴定与完善.

本文曾在1994年2月中国科学技术协会全委会上报告过.作者衷心感谢科协领导给他报告这项工作的机会.

(参考资料:

[1] 华罗庚,王元.数论在近似分析中的应用[M].北京:科学出版社,1978;英文版,Springer-Verlag and Science Press, 1981.

[2] 方开泰,王元.Number-theoretic Methods in Statistics [M].Chapman and Hall,1993;中文版,北京:科学出版社,1996)

(本文曾发表于《科技导报》,1994(5):20-22)

均匀设计与均匀设计表

在科学实验与工农业生产中，经常要做实验.如何安排实验，使实验次数尽量少，而又能达到好的试验效果呢？这是经常会碰到的问题.解决这个问题有一门专门的学问，叫做“试验设计”.试验设计得好，会事半功倍，反之就要事倍功半了.20世纪60年代中，华罗庚教授在我国倡导与普及的“优选法”，即国外的斐波那契方法，与我国的数理统计学者在工业部门中普及的“正交设计”法都是试验设计法.这些方法经普及后，已为广大技术人员与科学工作者掌握，取得了一系列成就，产生了巨大的社会效益与经济效益.随着科学技术工作的深入发展，上述两种方法就显得不够了.“优选法”是单变量的最优调试法，即假定我们处理的实际问题中只有一个因素起作用，这种情况几乎是没有的.所以在使用时，只能抓“主要矛盾”，即突出一个因素，而将其他因素固定，这样来安排实验.因此，“优选法”还不是一个很精确的近似方法.“正交设计”的基础是拉丁方理论与群论，可以用来安排多因素的试验，而且试验次数比各因素的各水平的所有组合数来说，是大大地减少了.但对于某些工业试验与昂贵的科学实验来说，试验仍嫌太多，而无法安排.

1978年，七机部由于导弹设计的要求，提出了一个五因素的试验，希望每个因素的水平数要多于10，而试验总数又不超过50.显然，优选法与正交设计都不能用.方开泰教授在几年前，曾为近似计算一个多重积分问题找过我，我向他介绍了多重数值积分的数论方法并取得了好结果，这就使他想到是否可能用数论方法于试验设计的问题.于是我们经过几个月的共同研究，提出了一个新的试验设计，即所谓“均匀设计”，将这一方法用于导弹设计问题，取得了成效.我们的文章在1980年初发表后，十五年来，均匀设计已在我国有较广泛的普及与使用，取得了一系列可喜的成绩.

均匀设计属于近三十年来发展起来的"伪蒙特卡罗方法"的范畴.将经典的确定的单变量问题的计算方法推广后用于多变量问题的计算时,计算量往往跟变量个数有关.即使电脑再进步很多,这种方法仍无法实际应用.乌拉姆(S. Vlam)与冯·诺依曼(J. von Neumann)在40年代提出蒙特卡罗方法,即统计模拟方法,这个方法的大意是将一个分析问题化为一个有同样解答的概率问题,然后用统计模拟的方法来处理后面这个问题.这样使一些困难的分析问题反而得到了解决,例如,多重定积分的近似计算.蒙特卡罗方法的关键是找一组随机数作为统计模拟之用,所以这一方法的精度在于随机数的均匀性与独立性.

20世纪50年代末,有些数学家试图用确定性方法寻找空间中均匀散布的点集来代替蒙特卡罗方法中的随机数.已经找到的点集都是用数论方法找到的.按照外尔(H. Weyl)定义的测度来度量,它们的均匀性很好,但独立性差些.用这些点集来代替蒙特卡罗方法中的随机数,往往会得到更精确的结果,这一方法称为伪蒙特卡罗方法或数论方法.数学家首先将这一方法成功地用于多重积分近似计算.从统计学的观点看,伪随机数就是一个均匀分布的样本.数值积分需要大样本,均匀设计则要找一些小样本.由于这个样本比正交设计所对应的样本要均匀,因此用它来安排实验会得到好的效果.当然,在寻求小样本时,寻求大样本的方法是起了借鉴作用的.

均匀设计只是数论方法的一个应用.数论方法还有广泛应用的园地.例如,多重插值公式的建立,某些积分方程与微分方程的近似求解,求函数的整体极值,求某些多元分布的近似代表点,及用于统计推断的一些问题,如多元正态性检验及多元球性检验.

早在20世纪50年代末,外国刚开始研究伪蒙特卡罗方法时,华罗庚教授就倡议并领导了这一方法在我国的研究.他的开拓性成果总结在我们的专著《数论在近似分析中的应用》(科学出版社,1978,英文版:Springer-Verlag and Science Press,1981)中,这些工作是方开泰教授与我合作的工作重要的背景与参考材料之一.

我与方开泰教授合作了近二十年.由于他既是一个数学家,又有长期在中国各工业部门普及应用数理统计的宝贵经验,因此他有很好的应用数学背景与洞察力.他能及时地提出有价值的研究问题及解决问题的可能途径.我们的合作既是愉快的，又是富于成效的.我们的成果总结在我们的专著“Number-theoretic Methods in Statistics”(Chapman and Hall，1993，中文版由科学出版社于1996年出版)之中.

方开泰教授的这本书着重于应用与普及，但也包括了他的最新成果.书后的均匀设计表就是最近他用准确的偏差估计方法算出来的，比过去的结果有较大的改进.我相信他的书的出版，对于在我国进一步普及与应用均匀设计将是很重要的，我愿借此机会预祝本书成功.

（本文曾发表于《均匀设计与均匀设计表》，北京：科学出版社，1994：序言）

第四部分

数学研思

数学的两种源泉——一个是从外部世界来的，一个是从内部世界来的，它们都很重要，而且它们都没有枯竭，我们偏废任何一方都是不正确的.

数学的现在与未来

今天我讲的题目是“数学的现在与未来”，我想讲以下几个问题：数学是什么，数学在现代科学技术中的地位，数学问题的来源，衡量数学成果的价值标准，最后一个问题是21世纪的数学. 现在我们就按这个次序来谈一谈我个人对这些问题的看法.

一、数学及其在现代科学技术中的地位

首先，我来谈谈数学科学到底是什么，它在现代科学技术中的地位怎样. 关于这个问题，我们应该引用一下钱学森对现代科学的分类. 他把科学分为三大类：自然科学、社会科学和数学科学. 在后来的研究当中他又增加了系统科学、思维科学、人体科学等，但最基本的还是我们前面提到的三大类.

什么是自然科学？简单讲，自然科学就是从物质运动这个着眼点去研究整个客观世界的科学，也就是说，自然科学总是要研究一个自然现象即物质运动的规律. 社会科学是什么？社会科学就是从人类社会的发展这个着眼点去研究整个客观世界的科学. 那么，数学科学又是什么呢？它是否可以包括在自然科学里面？它与社会科学又是什么关系？可以这么说：我们的哪一门科学技术都离不开数学科学的一门或几门学科. 数学科学研究整个客观世界的着眼点，我们可以用恩格斯的一句话来说，到现在为止我觉得这是对数学科学最精确的一个定义，他说：“纯数学的对象是客观世界的空间形式和数量关系. ”空间形式是一个很抽象的讲法，数量关系也很广义. 所以，根据恩格斯的定义，数学科学不是研究一个特定的自然现象，也不是研究特定的人的活动规律. 它既然是研究空间形式和数量关系，而这两个东

西又是蕴含在所有的科学技术乃至人类的活动当中的，数学科学便成为独立于自然科学和社会科学的一门科学. 现在我们谈谈基础科学的含义. 传统的基础科学就是中国科学院过去旧的提法，它分为六大类，即数学、物理、化学、天文、地学、生物. 但是，现在按照钱学森的看法就不是这样，他认为基础科学只有两门：一门是物理，研究物质运动的基本规律；一门是数学，指导我们逻辑推理的一个学科，而且是一个演算学科. 其他的学科即化学、天文、地学、生物，钱学森认为都是这两门学科派生出来的. 按照他的原话：化学其实就是研究分子变化的物理；古典的天文学是看星星怎样运动，而现代天文学要研究星星内部到底是怎样变化的，要研究宇宙的进化，而这只能靠物理的方法来研究，所以，它也是物理的一种应用；现在的地学要研究板块的理论以及搞清地球内部的结构，也要靠物理；生物学到了分子学的水平实际上也做到物理上去了. 所以说，数学和物理是以上讲的几门基础科学的基础，亦即现在所说的基础科学只有两种：数学和物理.

二、 数学问题的来源

既然数学不是自然科学也不是社会科学，那么数学问题就不能从自然现象中产生，也不能从社会科学的人类活动中产生. 数学到底是怎样产生的？根据恩格斯的说法，数学是研究空间形式和数量关系，最早的空间形式和数量关系来源于经验且由外部现象提出来，数学家把它整理为一个数量关系再加以研究. 最早的数学就是整数，像 1，2，3，…这样的自然数就更早了. 整数要在自然数的基础上加上 0，－1，－2，－3，…. 数学起源于“数”，它的加、减、乘、除四则运算都是在人类文明早期经过慢慢的经验积累才得到的，最早的数学都还是来源于外部，最早的几何学也是来源于外部.

比如，我举几个简单的例子：我们可以用直尺和圆规二等分一个角，那么能否用它们来三等分一个角？这是古典几何里面最著名的一个问题. 还有，二倍立方体是什么意思？假如我们要做一个体积等于 2 的立方体，它的边长是多少？大家都知道它的边长是 2 的三次方根. 2 的三次方根能不能用直尺和圆规作图？还有，给你一个圆，你能否作一个与圆的面积一样大的方的图形？圆的面积是 πR^2 ，方的

面积是 d^2 (d 是边长),能否用圆规和直尺把它画出来? 这些是最简单的,我想中学生都知道这些东西. 深奥一点的有微积分、曲线论和曲面论等,它们都来自物理、天文和力学的一些数量关系的问题.

古希腊时的三大几何作图问题现在都解决了,也就是说用现在的方法可以证明刚才的三个问题,但用圆规和直尺,也就是用中学的平面几何手段不能解决. 这三个问题中最难的是第三个化圆为方的问题,化圆为方实际上可以归结为 π 这个数的问题,可以证明 π 是一个超越数. 所谓的超越数,就是指不满足任何整数为系数的代数方程. 前面的三等分角和二位立方体,它化为一个数的开三次根号;前面的二倍立方体问题就是 $x^3-2=0$ 的解可否由圆规直尺画出来,这些问题都已经在 19 世纪解决了. 中国古代也早就知道了数学的四则运算,所谓的筹算现在已经失传. 以上所说的都是外部世界给数学提出来的最早的问题.

但作为一门学问、一门科学,随着自己的发展必然具有自身的独立性. 通常它不是明显受到外部世界的影响,它是借助于推理和推导把概念一般化. 例如,素数理论、伽罗华理论就不是从外部世界提出来的. 前面三个问题虽然是从外部世界提出来的,但它解决不了随着自己的发展而出现的问题,有了伽罗华理论,这个问题就解决了. 整数的四则运算也是从外部世界提出来的,对于"素数"而言,它除了本身和 1 之外,其他的数都除不尽它. 比如,1,3,5,7 是素数,而 6 就不是素数,因为它可以变成 2×3. 素数有很深的理论,从欧几里得到现在研究了几千年也才研究了一点,它是数学本身产生的一个理论,是从数学内部矛盾中产生出来的问题. 华罗庚很早就指出:"数"与"形"是数学发展的一个源泉,几何图形所引出的几何直觉和由数引出的具体关系和概念往往是数学中极丰富的源泉,这是数学本身给数学源泉提出的一个重要方面.

怎样选择数学问题是一个很重要的问题. 数学问题既然很多是空间形式和数量关系,那这无穷尽的数学问题是否可以随便提? 认为可以随便提是不对的,以为变成了数学就没有任何限制,更不对. 自然科学是研究某一个特定的自然现象,它提的问题不会很广泛. 那么,数学的问题该怎么提? 如果提得对,我们就有一个正确的方向;反之,我们搞的问题就没有意思. 从古至今,人们都知道提问题的重要性. 数学主要是由问题来推动它的发展的,这个观念是在 1900 年提出来的,是在

1900年国际数学第二次大会上由20世纪初最伟大的数学家之一希尔伯特提出来的．他是一个德国人，在数学会上作了一个关于数学问题的报告．我想希尔伯特的报告在数学会的历史上是最重要的一个报告，没有第二个报告能有它那么大的影响力．他在报告中举了两个问题作为例子来说明数学问题的重要性，这两个问题一个来自外部世界，一个来自内部世界．外部世界的问题他没有多解释，但大家一听就清楚，就是“三体”问题，“三体”即太阳、地球、月亮．这三个体中的任何两个体都满足于牛顿的万有引力定律，即太阳与月亮、太阳与地球以及地球与月亮之间都满足于牛顿的万有引力定律．根据万有引力定律可以把这三个物体的运动方程列出来，但是这个运动方程的整体解能否解出来？能否把它的运动规律整个弄清楚？到现在这个问题也没有解决．所以，这个从外部世界来的问题对数学来讲也是非常重要的．

从内部世界来的问题就是所谓的费马大定理，即$x^n+y^n=z^n$，它的意思就是：当n大于或等于3时，没有非平凡解．平凡解就是$x=0$，$y=z$或者是$y=0$，$x=z$．这个问题看上去很简单，但为什么还要研究这个问题？到现在为止我们很多人还不明白费马大定理的重要性．研究费马大定理只是把它作为一个研究对象，我们的目的是要通过解决这个问题来发展数学．19世纪德国有个数学家库默尔研究费马大定理也没有解决这个问题，但他引进了理想数的概念，理想数不是数．整数可以分解成素数乘起来，而且这个分解是唯一的．但如果把整数的概念推广为代数整数，那么这个唯一因子分解就不对了，而且可以无穷次地分下去，这个数学最基本的概念随着数学推广以后就不对了，那么数学这门科学就建立不起来．于是库默尔引入了理想数，理想数可以分解，而且可以唯一地分解．还可以把整数的重要性质搬过来，他得出来的理论就是从研究费马大定理来的，它的作用远远超过了研究、解决费马大定理本身，所以它可以深入到代数、函数论等很多数学领域．这样可以看出，数学内部产生出来的问题是非常重要的．很多人认为费马大定理证明是20世纪最伟大的成就之一，我想他们这么认为也不为过．法廷斯和华尔斯都对这个证明有重要的贡献．华尔斯证明了$x^n+y^n=z^n$的解答是有限的．法廷斯就全部证明了，他们的证明不像平时普通的方法来处理$x^n+y^n=z^n$，他们的工作是20世纪重大理论成果的一个综合，至少是在椭圆曲线论、伽罗华表示论等这么多重大理论的基础上做出来的. 我到现在还不知道法廷斯是如何证明的，只知道他证明的框架，很多的证明细节我看不懂，还有很多东西我并没有掌握. 费马大定理只是这些理论的一个推论，他可以证明这些理论就是非常伟大的. 所以，法廷斯得到了许多重大的奖. 我前面讲的两个例子就是希尔伯特讲的，数学内部可以提供这么多重要的源泉.

下面讲一讲希尔伯特这个报告中提到的 23 个问题，这 23 个问题正好说明他的眼光很好. 这 23 个问题是介绍给 20 世纪的科学家来研究的，因为它是 1900 年，即 20 世纪第一年作的报告. 这 23 个问题都来自数学自身的矛盾，经过了一个世纪，他的问题有的解决了，有的只解决了部分，有的问题还要留待 21 世纪乃至更长的时间来解决. 希尔伯特的问题有了进展，在国际上都会给做出进展的人以很高的评价，只要有一些进展就会受到整个数学界的注意. 现在简单介绍一下希尔伯特的问题. 他的第一个问题就是关于无穷集合的问题. 我们知道的无穷集合很多，比如，整数就是一个无穷集合，实数也是一个无穷集合. 整数可以与有理数一一对应，但它不能与实数一一对应，实数比整数多得多，所以不能构造一个从实数到整数的一一对应. 希尔伯特的第一个问题就是你能不能找到一个无穷集合，它的元素的个数比有理数多，但比实数少，它不能与有理数一一对应，也不能与实数一一对应. 科恩因为解决了这个问题而得到了菲尔兹奖. 这个无穷集合的存在与否与现在的公理都不矛盾，这个问题就是 20 世纪一个了不起的重大成就.

再讲一个简单的问题，比如第七个问题. 我们前面讲了 π 是一个超越数，就是说 π 不适合任何一个代数方程. 现在希尔伯特提出来：α^{β} 也不适合任何一个代数方程，其中 α 本身适合一个代数方程，同样 β 也适合，但 β 不是一个有理数，$\alpha \neq 0, 1$，即 α^{β} 是一个超越数，比如，$2^{\sqrt{2}}$ 就是一个超越数. 希尔伯特生前认为这个问题的难度大得不得了，比费马大定理都难，但在他过世后不久，这个问题就解决了，是由俄国人盖尔锋德和一个德国人独立解决的. 这个问题的发展者也得到了菲尔兹奖. 许多人由于对希尔伯特的问题有贡献而得到了数学界最高奖之一沃尔夫奖.

中国是否与希尔伯特问题有关系？有一些. 希尔伯特的第八个问题就与中国人有很大关系. 这个问题包括两部分：一部分是哥德巴赫猜想，到现在还没有解决，就是两个变数非齐次线性不定方程. 在素数中求解问题，是以哥德巴赫猜想和孪生素数有无穷多为背景的，即 $2n=p+p'$（每个大于等于4的偶数都是两个素数之和），$p-p'=2$（存在无数多对素数（p,p'），使得 $p-p'=2$），$2n$ 是一个常数. p,p' 是两个变数，它们前面的系数都为1，问这个方程在素数里面是否有解. $p-p'=2$ 中，我们知道素数有无穷多，但不知孪生素数是否有无穷多，p 与 p' 相差等于2. 比如，3与5相差等于2；5与7相差等于2，这是一对双胞胎. 这对双胞胎到底是有限的还是无穷的？这两个问题都有三四百年的历史了，到现在也没有解决，但关于这两个问题的研究，中国数学家的工作至今一直处于世界领先地位. 哥德巴赫猜想是1742年提出来的，但比他早100年的笛卡尔也提到了这样一个问题. 不管它的历史有多久，它在20世纪才有突破性的进展. 哥德巴赫猜想推动了数学的发展，数学中有名的圆法、筛法、指数和的估计方法的产生与发展都跟它密切相关. 很高兴我国的数学家陈景润、潘承洞院士对这两个问题作出了重要的贡献. 陈景润的结果是"1+2"，即每个充分大的偶数都是一个素数与一个不超过两个素数因子乘积之和，即 $p_1+p_2p_3$ 就可以把充分大的偶数表现出来，假如把 p_2p_3 变成 p_2，这个问题就解决了，陈景润的结果只跟最后的结果差一步. 在国际上介绍菲尔兹奖的书里面都讲了陈景润的结果，说这是天才的结果. 希尔伯特的23个问题中也谈到了这个，这是我们中国人值得骄傲的事情. 关于哥德巴赫猜想也发了几次菲尔兹奖，它的副产品很伟大.

除了上面谈到的23个问题以外，在20世纪还有许多重要的数学问题被提出并得到解决. 例如，比布巴赫猜想——函数论中的一个重要的猜想，20世纪就被一个叫德布朗基斯的美国人研究出来了，但当时没有人相信他解决了这个问题. 后来他到俄国去，彼得格勒一个叫米勒的科学家肯定了他是对的，以至于他的结果在美国解决，但在俄国才得到肯定. 这个猜想是：一个单位圆里面的单叶解析函数，如果把它展开为幂级数，那么其系数的绝对值小于 n. 过去总是要比 n 大一点或者只有当 n 等于2，3，4等时，才能解决. 再比如，傅里叶级数是从实际当中提出来的，但数学本身也提出了许多伟大的问题. 例如，鲁金是俄国的一位数学家，他是实变函数论的专家，他提出了傅里叶级数当中的一个问题，就是说如果这个函数 L^2 可积的话，它的傅里叶级数就是几乎处处收敛的. 这个问题在20世纪被瑞典的数学家卡尔斯解决了.

所以，数学本身矛盾的发展除了要解决一些疑难问题之外，还要对本身的概念作进一步的延拓与推广，比如，前面讲的理想数就是数的推广，甚至建立一些新的概念. 20 世纪拓扑学的发展是非常重要、非常之快的，而且也是数学领域里的一个重大事件，代数拓扑的发展和进步改变了数学的面貌. 还有广义函数的概念. 普通函数就是一个数就有一个对应的数值. 广义函数如果用普通函数的定义去理解就不好理解. 例如，一个单位圆里面有一个收敛的幂级数，当这个变数趋于边界时它就没有意义，我们就可以把这个边界算成一个函数，这就是广义函数. 这些新概念都是 20 世纪提出来的，也是数学内部矛盾发展产生出来的. 系统化数学概念的提出，是数学内部矛盾解决难题的另外一个方面，所以它的广度与深度都要比 19 世纪广泛得多.

之所以讲这么多数学的内部矛盾，是因为我国的数学发展在改革开放前走了很多弯路，当时有些“左”的思想对数学有些干扰. 这些极“左”的思想表现在：不承认数学内部会给数学提出问题，只承认数学的外部问题，即所谓的理论联系实际. 理论联系实际当然是好的，但你要否认数学内部会给数学提出问题，本质上就是妨碍了数学的发展. 所以，我国的数学在改革开放前受了很大损失.

但外部世界也在不停地给数学提出问题. 我们知道，古典 1，2，3 的数数提出了整数，几何当中的最早问题都是从外部世界提出来的，17 世纪就有了微积分、傅里叶级数、曲面论、曲线论等问题，它们都是外部世界提出来的. 有人曾问：20 世纪乃至 21 世纪，甚至以后，外部世界能否给数学提出问题？我可以说，肯定能提出而且提出的问题会越来越多，越来越深刻. 比如，在 20 世纪二三十年代，由于工业、经济的发展以及军事的需要，产生了数理统计；第二次世界大战受到军事和经济的影响，产生了运筹学. 我们知道，钱学森刚回国时就大力提倡运筹学，就是因为他在美国时知道第二次世界大战产生了运筹学，这门学问跟经济和军事有密切联系. 再比如，组合学和图论在古代是一种数学游戏，或者说与日常生活有关系. 例如，大家知道的 36 个军官问题和 15 个女人问题，这些都是生活中的一些很有趣味的问题. 但 20 世纪计算机科学发展以后，就对这两门学科产生了刺激，使得它们现在变得非常重要. 比如，现在有所谓的公钥密码，过去的密码是秘密的，现在的公钥密码就可以部分公开，可你却破不了，这里就用到了数论的问题. 比如，我们知道两个数乘起来很简单,要是给你一个数,你能替我分解因子吗?计算机再快,如果这个数很大也是分不出来的. 假如你分不出来,你就不能破密码,这就是有名的密码学里的RCA. 再比如,对数很简单,假如离散对数,你也做不了,因为你不知道我给你的这些数它的离散对数的方次是多少. 这些都是数论的应用. 很多数学家都认为数论是一个最没用的东西,甚至很多做数论的数学家都说我这个东西好就好在它没用. 但现在数论变得非常重要,因为密码学基本是建立在数论上的,这是数论的一个很大的应用. 有一次我在美国听了一次学术报告,报告人是美国科学院院士朗格·伦,他的第一句话就是:我们过去认为数论最没用,现在可以说它是最有用的一门数学. 所以说,外部世界不停地给数学提供问题,问题促成了很多新的学科形成,而且很多古老的数学因此焕发了青春,得到了活力. 所以,这方面不可轻视.

三、衡量数学成果的价值标准

现在我讲讲衡量数学成果的价值标准是什么. 根据钱学森的意思,数学是一门独立科学,既然是一门独立科学,它就有自己的一个价值标准,就不能把它是否对其他科学有用当作唯一的价值标准. 像这种认为数学对自然科学有用就是好科学,对自然科学没用就不是好科学的说法是不对的. 从古至今,过去认为数论没用,现在认为非常有用,这都说明数学本身应该有自身的价值. 其自身的价值首先是真实的,无论数学是多么的抽象,它都是真实地反映客观世界的空间形式和数量关系,如果不真实,那就是伪科学.

另外,数学还要求美学的观点. 什么叫数学美?数学美应该带有一点主观色彩,就像有人说胖子美,有人说瘦子美,不能一概而论. 数学有主观色彩,也与数学家的文化背景有关,所以它是一个很复杂的问题. 数学美是一个标准不是我的发明,我可以列举一些大数学家的讲法. 20 世纪英国数学家哈代(圆法的创始人)认为:美是第一要素,世界不会给丑的数学以永久的位置;德国数学家海默尔·韦尔(20 世纪公认的最伟大的数学家之一)认为:他的工作总是把美和真联系起来,而当他必须做出选择的时候,通常选择美;冯·诺伊曼(他是计算机之父,是很多应用数学和纯数学的奠基人或开拓者)认为:数学家无论是选择题材还是判断成功的标准，主要都是美学的；庞加莱(他是19世纪末20世纪初最伟大的数学家之一)认为：数学家非常重视他们的方法和理论是否优美，这并非华而不实的作风. 总之，概括地说，美就是“简单、清晰、对称、奇异”.

数学美中最重要的一个标准就是简单，简单的问题大家都看得出来，比如，前面提到的希尔伯特的23个问题就简单得不得了，第一个问题就是在实数和有理数中间有没有一个无穷集合；还有费马大定理、哥德巴赫猜想都非常简单. 所以说，简单是数学美最重要的一个标准，其他标准都不如它重要. 那么，数学应用是不是不要谈美？不是. 好的应用数学都符合数学美的标准. 还有一个标准据说是阿尔德斯(他是20世纪伟大的数学家，得过沃尔夫奖)讲的，他说好的数学应符合三个条件，即应该符合“有趣、深刻、有用”的标准，这三个标准都是符合数学美的. 因为假如说它是深刻的，则必然很简单；假如说它不简单，则不会让人对它感兴趣，就好像假如我讲完，你们都忘光了的话，那你们就是对我讲的没兴趣. 所以，只有简单的、美的东西才会使人感兴趣，他这三个标准跟美是不矛盾的. 美的东西往往深刻、有用，有用的东西和深刻的东西也总是很美. 所以，阿尔德斯讲的三个条件都符合美的标准.

我们现在来看看20世纪应用数学的一些重要成果. 20世纪大家公认的应用数学的重要成果有线性规划、快速傅里叶分析、有限元法、蒙特卡罗方法、伪蒙特卡罗方法及小波分析等，都是既简单，符合数学美之标准，又很有用的成就. 我记得蒙特卡罗方法来自冯·诺伊曼和乌·诺伊曼，他们在制造原子弹的时候，许多老的计算方法不能算了，当时计算机又没有造出来，所以他们就用蒙特卡罗方法来计算. 蒙特卡罗方法是最简单的，不过后来觉得蒙特卡罗方法不够深刻，不够精密，到20世纪50年代产生了伪蒙特卡罗方法，它也具有简单与美的特点. 数论当时被认为是最没用的东西，因为它很美，大家都认为它是供观赏的，就像我们观赏画和欣赏音乐一样. 但现在随着信息安全理论的发展，数论已经变得非常有用了. 蒙特卡罗方法的关键就是随机数. 没有真正的随机数，它们都是由一定的规律来产生的. 在第二次世界大战中，蒙特卡罗方法使得军事上的很多计算问题得到了解决. 到现在为止，这个方法还是很有用，搞应用数学不知道这个方法是不行的，乃至搞自然科学都要掌握这个广泛有用的方法. 伪蒙特卡罗方法可以代替部分蒙特卡罗方法，又比蒙特卡罗方法精密很多. 我国跟这个方法也有密切的关系,比如,华罗庚对这个问题就有很好的贡献.

四、 21 世纪的数学

最后,我要讲一下 21 世纪的数学到底怎么样. 根据我前面的框架来讲,我要讲两个问题,一个是数学内部还能给数学提供一些什么问题,第二个是数学外部怎么样. 从这两个问题就可以看出 21 世纪数学发展的一些眉目. 当然,数学不是算命,科学也不是算命,大家都算不出来以后是个什么样子,但我们可以从发展规律中找出一些发展潮流和方向. 既然希尔伯特提出 23 个问题,在 100 年以后的 2000 年,很多科学家就希望有一个像希尔伯特这样的人出来给 21 世纪提出问题,让以后的数学家解决,但现在全世界找不出这样一个像希尔伯特一样对数学这么有全面了解的数学家. 现在有一个克莱研究所,组织了现在世界上很多伟大的数学家(比如,解决费马大定理的安德怀斯以及英国的阿贴尔等人)来一起研究,提出几个问题. 现在他们提出了 7 个问题,这 7 个问题中有的就是 23 个问题遗留下来的,有的是新的. 这些问题很重要,它们还不能在 100 年内解决,而是给 1 000 年之内来解决的,叫千禧年问题. 这些问题还设有奖金,解决每个问题的奖金是 100 万美金. 除了这些千禧年问题之外,还有别的著名数学家提出其他待解决的问题,比如,跟中国有关系的哥德巴赫猜想. 在四年前,英国的一个出版公司悬赏 100 万美金,希望有人能在两年内解决,但现在四年过去了,还没有人领奖,说明这个问题一直没有解决. 这 7 个问题中的黎曼猜想,就是希尔伯特的第八个问题. 其他几个是庞加莱猜想、霍奇猜想、BSD 猜想、纳维-斯多克斯方程、杨-米尔斯理论与 NP 完全问题.

现在,我可以告诉大家一个消息,据说俄罗斯数学家帕尔曼解决了拓扑学的中心问题——庞加莱猜想. 他的文章发表在因特网上,到底正确与否,大家还不知道,不过很多数学家相信他是解决了,他已经在美国还有其他很多地方作了报告. 他的这个成就可看成是 21 世纪的开门红,我想它不逊于历史上任何成就. 但有一点可以肯定,21 世纪肯定有许多难题将有所进展,或者得到突破甚至解决. 19 世纪解决难题的难度与 20 世纪解决难题的难度相比,20 世纪要大很多. 如果庞加莱猜想对了的话，就会在21世纪打出很响的一炮，也肯定有很多难题会得到解决.

在这里我说几句题外话. 世界上现在都很关心帕尔曼. 帕尔曼是一个年轻人，他去美国讲学可能挣了一些钱，然后待在家里做了七八年的研究，最后解决了庞加莱猜想的证明. 再有华尔斯，华尔斯虽然是个终身教授，但他做费马大定理也有七八年时间，其间没怎么出来活动，就这样把问题解决了. 我觉得我们国家如果真的要把基础理论水平赶到世界水平上去，那大家就要甘于寂寞，沉下心来做研究，这样的话可能希望更大一点. 否则这些问题中国人介入进去的就不太多. 我希望我这几句题外话对大家有点参考价值.

另外，可以看出我国的计算机有很大的进步，我们国家自己制造的计算机一秒钟几百万亿次. 计算机进步了以后，古典的计算方法都要重新看待它有用还是没用. 比如，蒙特卡罗方法应该来得很早，早就有了这个想法，但如果没有计算机的模拟，这个东西就没用. 有了计算机，蒙特卡罗方法就变得很重要了，古典的方法有些就变得不重要而进入了历史的博物馆. 许多新的方法都是由计算机的进步来推动的，现在的计算机又比它的早期有了质的发展，由于发展得太快，它有了质的改变. 计算机更新换代，数学方法可能整个也更新换代. 有人说每当计算机得到进步时，计算方法总有相应的进步. 有人认为科学计算的进步，计算机与计算方法的功劳各占一半. 所以，我相信计算方法会得到更快的发展. 我们中国有很多在美国的留学生搞科学计算，现在成长得非常快，有的都当了加州理工大学等的终身教授. 过去小规模信息产生的数理统计方法不宜处理大批量信息，寻求新的数据处理方法也是看得到的待解决问题. 我记得华人教授跟我谈话，他就说数理统计方法将来会有很大的发展，它是有实际需要的. 例如，现在中国在美国的留学生当中就有人取得了哈佛大学等的终身教授，就是因为他所研究的这门学问很重要.

总之，数学的两种源泉——一个是从外部世界来的，一个是从内部世界来的，它们都很重要，而且它们都没有枯竭，我们偏废任何一方都是不正确的.

同时，物理作为最重要也是最基础的一门自然科学，在最近三个世纪以来对数学的发展起了相当大的主导作用，如微积分、傅里叶级数、复变函数论、微分方程与几何学的发展. 如果在21世纪物理继续主导自然科学，我想几何、拓扑、微分方程等除自身矛盾发展外，外部刺激仍然是很强的动力. 但现在有不少人说21世纪可能不是物理的世纪,有人认为21世纪可能是生命科学或信息科学的世纪. 假如它们真的变得像物理这么重要,那么生命科学或信息科学就会带动数学的发展. 我们数学家不能忽略了这方面的一些东西,否则我们就会走很大的弯路. 如果信息科学能起一定的主导作用,那么离散数学比如数论、组合与图论就全变得重要起来,这两门科学除了它自身的东西之外,外部世界会对它产生一种强有力的动力.

我想关于预测,我只能讲这些东西来表示我对21世纪的一些看法. 这不是我的新鲜看法,只是延续了过去的一些看法,并作了一些思考或延伸. 我今天讲的问题很多也很大,而我的水平很低,所以不可能对这些问题作一个很好的展开,有错误的话希望大家批判和指正. 谢谢!

(本文曾发表于《科学与中国——院士专家巡讲团报告集(第六辑)》,北京: 北京大学出版社,2007: 91-102)

华罗庚与《高等数学引论》

一

1958 年秋，中国科学技术大学成立. 按照“全院办校，所系结合”的方针，华罗庚与中科院的著名学者吴有训、严济慈、钱学森等均到科大兼职或亲自授课.

华罗庚出任应用数学系(后改为数学系)主任. 他倡导了数学系的所谓“一条龙”教学法. 他始终认为数学是一门有紧密内在联系的学问，所以，将大学数学系的基础课分成微积分、高等代数、复变函数论等分科来讲授，是将数学人为地割裂开来了. 因此，华罗庚决定将所有的基础课放在一起来教三至四年.

说实在话，要写出这样一部“一条龙”教科书，就必须由一位对数学有相当全面与深刻理解的数学家来承担. 华罗庚无疑是很适当的人选，这是由于他对很多数学领域都有过卓越的贡献，从而他对数学的一些内在联系有独到的洞察与理解. 就已经出版的四册《高等数学引论》来看，有以下的特点.

首先，作为大学数学基础课中的重要基本概念，华罗庚是反复多次由浅入深地加以讲述的. 他形象地描述道：“我也喜欢生书熟讲，熟书生温的方法. 似乎是在温熟书，但把新东西讲进去了，这是因为一般讲来，生书比旧课，真正原则性的添加并不太多的缘故，找另一条线索把旧的东西重新贯穿起来，这样的温习方法容易发现我们究竟有哪些主要环节没有懂透. ”“‘数’与‘形’的‘分’和‘合’，‘抽象’与‘具体’的‘分’和‘合’，都是在反复又反复的过程中不断提高的. ”

第二，在数学工具足够的情况下，凡是可能讲的内容，不论属于哪个领域，都尽可能地放在一起加以讲述.

第三，华罗庚是一位非常勤奋的数学家，他不轻视所谓容易的东西，他积累了不少这类“练拳”式的研究，将它们放在教材里构成了很好地灵活运用数学理论的材料，使读者感到数学的灵活、有趣与有力，但又不是高不可攀的.

第四，华罗庚的数学风格是他的“直接法”，即用简单初等的工具解决困难的数学问题. 他不从抽象的定义出发，而是从具体的例子入手，再得出一般的结论. 在这部《高等数学引论》的写作中，他都贯穿了这个风格，定理的证明都不长，基本上是一两页而已，这对读者来说是易于接受的.

二

《高等数学引论》第一卷共分二册，以普通微积分或高等微积分（高等分析）为其基本内容. 第一章就讲到实数理论. 华罗庚用十进位无穷小数来定义实数，虽带有描述性，但却是严格的. 然后引进传统的 $\varepsilon-N$ 概念讲法及柯西（Cauchy）贯的定义. 在第一章的“补充”里，华罗庚除了讲电脑里用的二进位制外，还证明了有理数的充要条件为它是一个循环小数，更讲到实数的有理逼近论中的“连分数”方法，这些通常是“初等数论”的内容. 他还将连分数法用于计算闰年、闰月、月食及火星大冲等天文学的计算.

由于“极限”是由中学的直观数学进入大学数学教育首先碰到的一个难关，因此华罗庚在第四章又一次讲到数贯的极限，再进一步讲到上极限、下极限的概念，并进一步延伸到连续趋限的问题，即 $\varepsilon-\delta$ 理论. 关于极限的概念以后还要再讲. 总之，通过这样逐步地讲解，读者应该较易于接受.

第二章讲述了矢量代数，这里主要讲欧氏空间的一些几何量的矢量表示，并在该章的“补充”中讲述了球面三角学及矢量表示在牛顿力学中的应用.

有了连续趋限的讲述之后，微分学与积分学的讲述就是很自然的应用了. 在第十章中讲述了欧拉求和公式：

命 $\varphi(x)$ 为 $[a,b]$ 内有连续微商的函数，则

$$\sum_{a<n\leqslant b}\varphi(n)=\int_a^b\varphi(x)\mathrm{d}x+\int_a^b\left(x-[x]-\frac{1}{2}\right)\varphi'(\mathrm{d}x)+$$

$$\left(a-[a]-\frac{1}{2}\right)\varphi(a)-\left(b-[b]-\frac{1}{2}\right)\varphi(b),$$

其中$[x]$表示x的整数部分.

华罗庚首先由欧拉公式推出斯特林(Stirling)公式,然后由欧拉公式导出普通书上关于近似计算定积分的矩形法、梯形法与辛卜生(Simpson)法的误差估计. 这与通常的讲法不同,除了用欧拉公式将上述内容都统一起来外,读者可以看到欧拉公式的优点在于将余项用积分形式表示了出来.

作者在第十三章带变数的贯中,再一次将极限的概念加以深入讲解. 他讲到一致收敛的概念与一些判别法则及应用、无穷乘积、积分号下求微分及交换积分次序等. 在这里顺带讲述了一些微分方程与积分方程的知识,包括压缩映象原理及用幂级数求解常微分方程与偏微分方程(柯西-柯瓦列夫斯卡娅(Kovalewskaya)定理)等,通常属于微分方程课的内容.

在第十五章重积分的"补充"中,作者讲述了求面积、求容积与求表面积的一些实用方法. 这些方法来自地理学与矿业学的书《矿体几何学》,在那里他们是用初等几何来表述各种计算方法的,十分繁琐. 作者将这些方法用柱面坐标来表述并得到一些理论分析结果,只用了十几页的篇幅.

第十四章与第十八章为微分几何学. 由于已经讲了微分方程,因此就可以讲微分几何的局部性质,包括高斯的第一、第二微分型,曲率,张量,高斯方程与柯达企(Kodazzi)方程等,这是通常微分几何课的内容.

第十九章傅里叶(Fourier)级数,相当于通常傅里叶级数课的内容.

第二十章常微分方程组. 作者介绍了人造卫星的轨道方程,第一、二、三宇宙速度的计算及质点组——多体问题. 这些材料来自苏联发射第一颗人造地球卫星之后,作者做的一个有趣的练习.

三

《高等数学引论》第二卷只出了第一分册. 这一分册主要讲述"复变函数论",但内容也不止于此. 作者首先在第一章讲了复平面的几何,其中引进了莫比乌斯

(Möbius)变换群、广义线性群、诺依曼(Neumann)球、交比、调和点列等概念. 最后,证明了射影几何的基本定理,即冯·斯塔德(Von Staudt)定理:

将一维射影(复)空间一一连续地变为自身,并使调和点列变为调和点列的变换必为广义线性变换.

这一重要定理在矩阵空间之类似的研究就是作者关于矩阵几何学的研究内容.

第二章非欧几何学. 作者介绍了抛物几何学(欧氏几何)、球面几何学(椭圆几何)与双曲几何学(罗巴切夫斯基(Lobachywski)几何),在这里读者可以看到各种不同的"距离"定义.

第三章解析函数与调和函数. 作者引入了极为重要的黎曼映照定理:

任何一个单连通域 D,其边界多于一点,E_0 是其一内点,并且在此点有一方向矢量,则存在唯一的保角变换将 D 一一变为单位圆内部,将 E_0 变为原点,方向矢量为 x 轴的正方向.

华罗庚写道:"因为它把一般单连通域的问题一变而为单位圆的问题了. ""这告诉我们,如果单位圆研究清楚了,更一般的定理也就在望了. "

这是由于在单位圆内,函数往往可以展开成收敛的幂级数,因此多了一个强有力的工具. 在本册书的讲述中,我们看到作者在不停地发挥这一优势.

嘉当(Cartan)曾证明过:

在解析映照之下,只有六类不可约,齐性、有界对称域,其中四类称为典型域,两类称为例外域.

典型域可以看作单位圆在多复变空间的类似,所以其重要性是不言而喻的. 华罗庚建立了典型域的调和分析(完整正交系),从而他得到了典型域的柯西核、泊松(Poisson)核等. 这就构成了他关于多复变函数论的研究,其背景即在于他对单位圆之深刻理解. 应用黎曼定理,使复变函数论中很多重要定理的证明变得简单易懂了.

第五章中,作者引入了距离函数及用它定义极限的定义. 这就再一次将极限的概念推得更广，诚如他在第一卷序言中所说的“生书熟温”.

这一分册除复变函数论外，作者还讲了不少其他东西. 第十一章求和法，讲了某些发散级数可求和的途径，如蔡查罗（Cesairo）法、黑德尔（Hölder）法、波雷尔（Borel）法及阿贝尔（Abel）求和法. 本章还讲了一些陶伯尔（Tauber）型定理. 这些材料通常属于傅里叶级数的高级教程内容.

第十二章讲了一些偏微分方程的求解问题，如黎曼-希尔伯特问题与混合型偏微分方程等.

第十三章魏尔斯特拉斯（Weierstrass）椭圆函数论与第十四章雅可比（Jacobi）椭圆函数论. 这些内容在近代数论研究中的重要性已是众所周知的了，在大学数学教程里就包括这些内容应该是很难得的.

四

最后一本称为“余篇”，主要讲代数矩阵论，但内容不止于此.

第四章常系数差分方程与常微分方程及第五章解的渐近性质，即将矩阵方法用于常微分方程求解，其中包括李亚庞诺夫（Leaponov）方法的讲述.

第八章体积. 作者讲述了 m 维流形的体积元素，特别地，作者算出了正交群的总体积等. 这些材料是作者典型域研究中有独立兴趣且不涉及较多知识的结果.

第九章非负矩阵. 这是作者研究计量经济学的一些数学背景知识与结果，一般教材基本不涉及这个方面.

这一分册尚未写完，作者指出以后接下去的三章应该是讲 n 维空间的微分几何学. 作者指出应以第一卷中空间曲线的微分几何为模型，运用正交群下斜对称方阵的分类而获得 n 维空间曲线的微分性质.

五

在《高等数学引论》第一卷的序言里，作者写道，这卷书“既是急就章，又是拖沓篇”“读者可能发现一些其他书上所没有的材料，也可能发现一些稍有不同的处理方法，但毕竟太少了”“感到空虚，并且诚恐会错误百出”“辗转传抄的已经成熟的材料，错误还有时难免，何况第一次写下来的东西，那更使人担心了”“特别是一些高的内容放低了，繁的内容化简了的部分更希望大家指正”.

这些话充分反映了华罗庚一贯的严谨学风. 第一卷还是写得比较详细的. 第二卷一分册及余篇中就有不少地方，作者用了“类似的，不难证明……”这一类的话. 对于像作者这样具有高度数学功底与洞察力的数学家来说，这是可以做得到的. 但对于一般初学读者，即使像我这样在他身边工作多年的人来说，亦非轻而易举. 所以在学习的时候，应特别注意自己多做些推演工作.

这四册书共一千多页. 作为教材，对于一般学生来说，材料显然是多了一些，教师宜根据具体情况作些取舍. 作者也指出过这一点. 但对于教师本人，我觉得通读一遍还是很有好处的. 对于程度很好的学生，他们可以在教师的指导下选读一些章节.

除第一卷的定理 4. 3. 7(第四章，第三节的定理 7，其他引号依次类推)作了改写外，每次重印这部书时，都只作笔误与印刷错误之改正. 这样做当然可以更好地保持原著的风貌. 但另一方面，要作较多改写，需有认真的论证及较多教学实践的积累才行，现在也还做不到.

例如，第二卷一分册第十章讲到了单叶函数中著名的比帕巴赫(Bieberbach)猜想：

单位圆中的单叶函数 $f(z)=z+a_2z^2+\cdots$, $|z|<1$, 其系数满足估计：

$$|a_n|\leqslant n,\quad n=2,3,\cdots$$

书上讲了李特伍德(Littlewood)的估计 $|a_n|\leqslant en$ 及奈发林那(Nevanlinna)、狄阿多湟(Dieudonne)、罗果辛斯基(Rogosinski)在某些附加条件下，对于比帕巴赫猜想的证明. 但这一猜想已由德·仆朗基斯(L. de Branges)于 1985 年完全解决了. 这部分材料应如何处理，就值得商榷.

更为重要的是，华罗庚曾有一个雄心勃勃的写作计划，即写一部六七卷的书，但他从未向他身边工作的人讲过他的计划纲要，似乎也没有人询问过这件事. 现在看来，抽象代数、代数拓扑、勒贝格(Lebesgue)测度与积分论及在此基础上的概率理论等，似乎都应包括在他的这部著作之中.

早在20世纪50年代初，华罗庚就曾多次向我们讲到狄里克雷(Dirichlet)与戴德金(Dedekind)的师生关系. 19世纪，狄里克雷写过一本数论书. 以后每次再版，戴德金都为他写一些附录，后来附录的篇幅比原著还要厚.

华罗庚鼓励我们要不停地对他的著作进行修改与补充. 在他生前《数论导引》几次重印时，萧文杰(P. Shiu)与我曾为该书写过附录，这得到了华罗庚本人的认可. 但《高等数学引论》这部书涉及的面要广得多，按我的学术水平与健康状况，要撰写附条已无能为力了.

随着时光的流逝，最早听他讲课的大学生现在都已是古稀老人，早已退休，已无力做这件事了. 如果要作修改及续写，只能等待下一代或再下一代了. 但我对前途仍充满了信心，我深信在中国总会有有志的年轻数学家把华罗庚的香火继续下去的.

2010年是华罗庚百年华诞及仙逝25周年，承高等教育出版社热心重印这部书，而且他们正在积极筹备英文版，这是一件十分有眼光及令人激动的大好事.

回想起50年前，我作为学生与助手，有幸协助华罗庚老师在科大讲授与撰写这部书的第一卷. 当时的一切情景，还清晰地历历在目，令人永铭于心. 在这部书重印之际，我愿意借这个机会，衷心祝愿这部书的出版将为我国的数学发展与人才培养作出新的重要贡献.

(本文曾发表于《中国数学会通讯》，2008(3))

纯粹数学与应用数学

在讨论纯粹数学与应用数学之前，我们先谈谈数学科学及它在近代科学技术中的位置，数学问题的来源及它的价值观点等问题.

一 数学科学

钱学森在论及现代科学结构的时候，将它分成自然科学、社会科学与数学科学，后来又加上系统科学、思维科学与人体科学等(见[1]，178，296 页). 前三者是基本的. 自然科学看客观世界的角度，也就是恩格斯在《自然辩证法》中所阐述的看法：研究物质在时空中的运动，物质运动的不同层次，不同层次物质运动的相互关系. 简言之，自然科学是从物质运动这个着眼点去研究整个客观世界的. 社会科学研究人类社会的发展运动，社会的内部运动，也研究客观世界对人类社会发展运动的影响. 简言之，社会科学是从人类社会发展运动的着眼点来研究整个客观世界的(见[1]，297～299 页).

数学科学是什么？无论哪一门科学技术，都离不开数学科学的一门或几门学科，所以数学科学研究整个客观世界，这一点是容易理解的. 但数学科学是从什么着眼点来研究整个客观世界的呢？恩格斯说："纯数学的对象是现实世界的空间形式与数量关系. "(见[2]77 页). 胡世华说："数学科学是从质和量对立统一，质和量互变的着眼点去研究整个客观世界的. "(见[3])总之，数学科学应该是独立于自然科学与社会科学的另一门科学.

中国科学院曾提出自然科学的"基础学科"是"数，理，化，天，地，生"六门. 但钱学森认为"一门是物理，研究物质运动基本规律的学问. 一门是数学，指导我们推理和演算的学问. 其他学问都是从这两门派生出来的""比如化学,它实际上是研究分子变化的物理""天文学已经不是光看看月亮,太阳,星星在天上的位置和它们的运行规律了,而是要研究星星内部到底是怎样变化的""要研究的是宇宙的演化",这只能靠物理. 地学就是研究地球,现代的板块理论与弄清地球深处的情况都要靠物理."生物学到分子水平,生物学也就归结到物理学上去了."总之,"天,地,生,化这四门科学,从现代科学技术观点讲,都可以归结于物理学的分支了. 当然,这里要推理演算,就要用数学,数学是一个工具"."天,地,生,数,理,化这六门基础学科在科学技术的体系中并不是完全同排并坐的,其中数学和物理又是其他四门学科的基础"(见[1],521～525页). 我同意钱学森的意见.

二 数学问题的来源

数学中最初的、最古老的问题都起源于经验,是由外部世界的现象提出来的. 整数起源于"数",它的运算法则就是以这种方式在人类文明的早期被发现的. 最初的几何问题也是这样,如用圆规与直尺三等分任意角、化圆为方及二倍立方问题等. 以后的微积分、曲线论及傅里叶级数中最初的问题与来自天文学、力学与物理学的问题都是这样的. 但是随着数学的发展,它意识到自身的独立性,自身独立地发展着,通常不受明显的外部影响,而是借助于推理,对概念进行一般化、特殊化的综合分析来提出自己的问题. 例如,素数论与伽罗华理论等(见[4,5]). 由此可见,数学发展的动力与源泉有二:一是来自外部客观世界,二是来自自身发展的矛盾. 随着科学技术日新月异地发展,外部世界还会不断提出新的数学问题."反右运动"后的二十年,左的干扰常常以所谓"理论联系实际"来否定纯粹数学研究,其思想本质就是否定数学发展的内部动力. 这就必然导致取消数学研究,甚至取消整个数学科学,其危害是非常大的. 其实,华罗庚早在50年代即反复强调"从数学本身来说,它研究的最基本的对象是'数'与'形'. 因此,'几何图形'所引出的几何直觉,和由'数'而引出的具体关系和概念,往往是数学中极丰富的源泉"(见[6]).

数学问题的选择对于数学研究与发展是至关重要的. 最早系统地指出这一观点的是希尔伯特在1900年国际数学大会的著名报告(见[4]). 他在报告中特别将

三体问题与费马问题作为例子来说明一个好的数学问题对于推动数学发展的作用. 费马问题是说不定方程

$$x^n + y^n = z^n$$

当整数 $n \geqslant 3$ 时,没有非寻常解,所谓寻常解即为 $x=0, y=z$ 或 $y=0, x=z$. 这样一个非常特殊,似乎不重要的问题却对数学发展产生了十分重大的影响. 受这个问题的启发,库默尔引进了理想数并发现分圆域的整理想唯一素理想因子分解定理. 这个定理又被戴德金与克朗内克尔推广到任意代数数域,其意义已经远远超出数论范围而深入到代数与函数论等数学领域. 最近费马猜想的巨大进展及最终证明(发尔廷与怀尔斯)与代数几何、椭圆曲线、伽罗华表示论、模形式理论等的重大成就密切相关. 希尔伯特特别将 23 个问题推荐给 20 世纪的数学家. 这些问题基本上都来自数学自身的矛盾. 例如,第八问题就是黎曼猜想与两个变数整系数非齐次线性不定方程在素数中的求解问题. 后者包括哥德巴赫猜想与孪生素数无穷猜想. 所谓哥德巴赫猜想是说,每一个偶数≥4 都是两个素数之和. 由此可导出每个奇数≥7 都是三个素数之和. 所谓孪生素数对,是指相差为 2 的一对素数,如 3,5;5,7;11,13;…有一个猜想是说这种素数对有无穷多. 这两个问题都是很自然的. 众所周知,自然数可以唯一分解成素数之积,那么分解成素数相加如何呢? 肯定不唯一. 但限制被加数个数为 2 或 3 又如何? 又已知素数有无穷多,那么孪生素数对呢? 有限还是无穷? 这种问题成为解析数论最重要的研究对象. 由于研究这些问题,导致了黎曼西塔函数零点分布理论、圆法、三角和估计方法与筛法等的产生与发展,对数学发展起到了很重要的作用.

另一方面,客观世界总是不停地给数学提供问题. 过去天文学、物理学与力学曾为微积分、微分方程与傅里叶分析等的产生与发展起过作用. 20 世纪 40 年代,将数学方法用于军事与经济产生了运筹学. 概率论与数理统计的发展则是更早就受到工农业生产和军事的需要与刺激. 又如,近代组合学与图论的发展就受到计算机科学的很大影响.

总之,数学问题的两种源泉都是很重要的,至今也远远没有枯竭.

什么是衡量数学成果的价值标准? 数学既然是一门独立科学,那就不能把是否对其他学科有用当成唯一的价值标准或重要的价值标准. 数学除要求真实性外,还要求“美”. 什么是数学美? 这无疑带有一定的主观色彩,也与数学家的文化背景有关. 哈代说过:“美是第一要素,世界是不会给丑的数学以永久的位子的. ”韦尔说过:“我的工作总是把美和真联系起来,而当我必须作出选择时,我通常选择美. ”冯·诺依曼说:“我认为数学家无论是选择题材还是判断成功的标准,主要都是美学的. ”庞加莱说:“数学家非常重视他们的方法和理论是否优美,这并非华而不实的作风. ”概括地说: 美就是“简单,清晰,对称,奇异”(见[4,5,7]). 当然,应用数学作为一个学科登上数学科学的舞台恐怕还是近半个多世纪的事. 除要求真与美外,还应该加上是否真正有用. 从上述观点来衡量,这些年来,在纯粹数学方面,被证明的费马猜想、比仆巴赫猜想与鲁净猜想等都非常符合数学美的标准的成就. 在应用数学方面,如线性规划、快速傅里叶分析、有限元方法、蒙特卡罗方法与伪蒙特卡罗方法及小波分析等都是既简单而又非常有用的成就.

三　纯粹数学与应用数学

什么是纯粹数学? 什么是应用数学? 它们的界线怎样划分? 这些都是颇为模糊的问题. 纯粹数学与应用数学间很难划出严格的界线. 上面已经说过,数学问题最初来自客观世界,往后则按其自身的规律发展,慢慢地脱离原来的问题,成为一个逻辑上完整的体系. 从数学问题来看,由数学内部矛盾引出的问题来发展数学应属纯粹数学,问题来自客观世界应属应用数学. 但还有些问题不是很明显的. 从价值标准来看,纯粹数学总是将美与真放在一起,将数学美作为首要评价标准之一. 应用数学除要求数学美之外,总还要有应用,至少是应用的前景.

可否将数学分成若干圈,最里面是纯粹数学,如数理逻辑、数论、代数、几何、拓扑、分析学. 这些学科中的问题,都是来自数学的内部矛盾,应属纯粹数学. 往外延伸,如微分方程、概率论、组合数学等则要具体分析. 它们都已形成自身的理论体系,可以从自身内部矛盾来提出待研究的课题,也有以自然科学与工程技术为背景提出的研究课题. 至于计算方法、数理统计与运筹学等,其实际背景就很清楚. 如运筹学中的一些问题就是用数学语言来描写一个实际问题,然后找出可行的求解方法,统计中的试验设计就是要科学地安排实验,使试验次数尽可能少,而得到的信息量尽可能大些. 在这里,数学与自然科学及工程技术的关系就相当密切了. 其价值标准除要求理论与方法简单明了外,是否真正有用就很重要,应该属于应用数学范畴. 再从处理数学问题的手段来看,纯粹数学与应用数学也很有差异. 纯粹数学中,证明定理的手段就是逻辑推理. 应用数学则允许用模拟手段,例如,有两个求整体极大的方法,我们将这两个方法用于一百个已知整体极大的例子,看看这两个方法各成功多少次,各耗去多少机器时间等,由此来说明这两个方法的优劣.

以上只是一些个人意见,还需进一步深入思考. 不妥之处欢迎批评指正.

参考文献

[1] 钱学森,等.论系统工程(增订本)[M].长沙: 湖南科学技术出版社,1988.
[2] 马克思,恩格斯.马克思恩格斯选集(第三卷)[M].北京: 人民出版社,1972.
[3] 胡世华.质和量的对立统一与数学[J].哲学研究,1979(1): 55 - 64.
[4] HilBert, D. Mathematicsche probleme. Archrv, Math, Phys, 1901(3).
[5] Reid, C. Hilbert. Berlin: Springer-Verlag, 1971.
[6] 华罗庚.数论导引[M].北京: 科学出版社,1957.
[7] 徐利治,王前.数学与思维[M].长沙: 湖南教育出版社,1990.

(本文为 1996 年 7 月 2 日在上海大学的报告,曾发表于《自然杂志》,1997,19(2): 63 - 65)

数学竞赛之我见

一　数学竞赛的简史

数学竞赛与体育竞赛相类似，它是青少年的一种智力竞赛，所以苏联人首创了“数学奥林匹克”这个名词. 在类似的以基础科学为竞赛内容的智力竞赛中，数学竞赛历史最悠久，参赛国最多，影响也最大. 比较正规的数学竞赛是 1894 年在匈牙利开始的，除因两次世界大战及 1956 年事件而停止了 7 届外，迄今已举行过 90 届. 苏联的数学竞赛开始于 1934 年，美国的数学竞赛则是 1938 年开始的. 这两个国家除第二次世界大战期间各停止了 3 年外，均已举行过 50 多届. 其他有长久数学竞赛历史的国家是罗马尼亚（始于 1902 年）、保加利亚（始于 1949 年）和中国（始于 1956 年）.

1956 年，东欧国家和苏联正式确定了国际数学奥林匹克的计划，并于 1959 年在罗马尼亚布拉索夫举行了第一届国际数学奥林匹克（International Mathematics Olympiad，简称 IMO）. 以后每年举行一次. 除 1980 年因东道国蒙古经济困难停办外，至今共举行过 31 届，参赛国家也愈来愈多. 第一届仅 7 个国家参加，至 1980 年已有 23 个，到 1990 年，则有 54 个.

必须说明在上述历史之前已有一些数学竞赛活动. 例如，苏联人说，在 1886 年帝俄时代就举行过数学竞赛. 又如，1926 年在中国上海市举办过包括学生、银行和钱庄职员在内的珠算比赛，中华职业学校一年级学生，16 岁的华罗庚凭智慧夺得了冠军. 这些都是关于数学竞赛的佳话，不列入正史.

二　数学竞赛的发展

数学竞赛活动是由个别城市，向整个国家，再向全世界逐步发展起来的. 例如，苏联的数学竞赛就是先从列宁格勒和莫斯科开始，至1962年拓展至全国的；美国则是到1957年才有全国性的数学竞赛的.

数学竞赛活动也是由浅入深逐步发展的. 几乎每个国家的数学竞赛活动都是先由一些著名数学家出面提倡组织，试题与中学课本中的习题很接近；然后逐渐深入，并有一些数学家花比较多的精力从事选题及竞赛组织工作，这时的试题逐渐脱离中学课本范围，当然仍要求用初等数学语言陈述试题并可以用初等数学方法求解. 例如，苏联数学竞赛之初，著名数学家柯尔莫哥洛夫、亚历山大洛夫、狄隆涅等都参与过这一工作；在美国，则有著名数学家伯克霍夫父子、波利亚、卡普兰斯基等参与过这项工作.

国际数学奥林匹克开始举办后，参赛各国的备赛工作往往主要是对选手进行一次强化培训，以拓广他们的知识，提高他们的解题能力. 这种培训课程是很难的，比中学数学深了很多. 这时就需要少数数学家专门从事这项活动.

数学竞赛搞得好的国家，竞赛活动往往采取层层竞赛、层层选拔这种金字塔式的方式进行. 例如，苏联分五级竞赛，即校级、市级、省级、加盟共和国级和全苏竞赛，每一级的竞赛人数约为前一级的$\frac{1}{10}$，还设立了8个专门的数学学校(或数学奥林匹克学校)，以培养数学素质好的学生.

数学竞赛虽然历史悠久，但最近10年有很大发展和变化，有关工作愈趋专门. 我们要认真注意其发展，认识其规律.

三　数学竞赛的作用

1. 选拔出有数学才能的青少年. 由于数学竞赛是在层层竞赛，水平逐步加深的考核基础上选拔出优胜者，优胜者既要有踏实广泛的数学基础，又要有灵活机智的头脑和富于创造性的才能，因此他们往往是既刻苦努力又很聪明的青少年. 这些人将来成才的概率是很大的. 数学竞赛活动受到愈来愈多国家的注意，在世界上发展得那么快的重要原因之一就在于此. 在匈牙利，著名数学家费叶、黎茨、舍贵、寇尼希、哈尔、拉多等都曾是数学竞赛的优胜者. 在波兰，著名数论专家辛哲尔是一位数学竞赛优胜者. 在美国，数学竞赛优胜者中后来成为菲尔兹数学奖获得者的有米尔诺、曼福德、奎伦三人. 也有不少优胜者成为著名的物理学家或工程师，如著名力学家冯·卡门.

2. 激发了青少年学习数学的兴趣. 数学在一切自然科学、社会科学和现代化管理等方面都愈来愈显得重要和必不可少. 由于电子计算机的发展，各门科学更趋于深入和成熟，由定性研究进入定量研究，因此青少年学好数学对于他们将来学好一切科学几乎都是必要的. 数学竞赛将健康的竞争机制引进青少年的数学学习中，将激发他们的上进心，激发他们的创造性思维. 由于数学竞赛是分级地金字塔式地进行的，因此国家级竞赛之前的竞赛，试题基本上不脱离中学数学课本范围，适合广大青少年参加. 但也要承认人的天赋和数学素质是有差别的，甚至会有很大的差别，国家级竞赛及其以后的竞赛和培训，只能在少数人中拔高进行，少数有很好数学素质的青少年是吃得消的. 例如，澳大利亚少年托里·陶在他 10 岁、11 岁和 12 岁时分别在第 27、28 和 29 届国际数学奥林匹克上获得铜牌、银牌和金牌. 在数学竞赛的拔高阶段当然需要一些大学教师和数学专业研究人员参与.

3. 推动了数学的教学改革工作. 数学竞赛进入高层次后，试题内容往往是高等数学的初等化. 这不仅给中学数学添入了新鲜内容，而且有可能在逐步积累的过程中，促使中学数学教学在一个新的基础上进行反思，由量变转入质变. 中学教师也可在参与数学竞赛活动的过程中学得新知识，提高水平，开阔眼界. 事实上，已有一些数学教学工作者在这项活动中逐渐尝到了甜头. 因此，数学竞赛也可能是中学数学课程改革的“催化剂”之一，似乎比自上而下的“灌输式”的办法为好. 60 年代初，西方所谓中学数学教学现代化运动即是企图用某些现代数学代替陈旧的中学数学内容，但采取了由上往下灌输的方法，结果既脱离教师水平，也脱离学生循序学习所需要的直观思维过程. 现在基本上被风一吹，宣告失败了；相反地，数学竞赛也许是一条途径. 在中国，中学生的高考压力很重，中学教师为此而奔波，确有路子愈走愈窄之感，数学竞赛或许能使中学数学的教学改革走向康庄大道.

四　竞赛数学——奥林匹克数学

随着数学竞赛的发展，已逐渐形成一门特殊的数学学科——竞赛数学，也可称为奥林匹克数学. 将高等数学下放到初等数学中去，用初等数学的语言来表述高等数学的问题，并用初等数学方法来解决这些问题，这就是竞赛数学的任务. 这里的问题甚至解法的背景往往来源于某些高等数学. 数学就其方法而言，大体上可以分成分析与代数，即连续数学与离散数学. 由于目前微积分不属于国际数学奥林匹克的范围，因此下放离散数学就是竞赛数学的主体. 很多国际数学奥林匹克的试题来自数论、组合分析、近世代数、组合几何、函数方程等. 当然也包含中学课程中的平面几何.

竞赛数学又不同于上述这些数学领域. 通常数学追求证明一些概括广泛的定理，而竞赛数学恰恰寻求一些特殊的问题. 通常数学追求建立一般的理论和方法，而竞赛数学则追求用特殊方法来解决特殊问题；而且一旦某个问题面世，即成为陈题，又需继续创造新的问题. 竞赛数学属于“硬”数学范畴，它通常也与纯粹数学一样，以其内在美，包括问题的简练和解法的巧妙，作为衡量其价值的重要标准.

竞赛数学不能脱离现有数学分支而独立发展，否则就成了无源之水，所以它往往由某些领域的专家兼搞，如参加国际数学奥林匹克的中国代表团的出色教练单墫，就是一位数论专家.

国际数学奥林匹克的精神是鼓励用巧妙的初等数学方法来解题，但并不排斥高等数学方法和定理的使用. 例如，在这次第 31 届国际数学奥林匹克中，有学生在解题时用到了贝特朗假设，也称车比雪夫定理，即当 n 大于 1 时，在 n 和 $2n$ 之间必定有一个素数. 还有人在解题时用到了谢尔宾斯基定理，即一个平方数表成 s 个平方数之和的通解形式. 这些定理须在华罗庚所著的《数论导引》(大学数学系研究生教本)或更专门的书中才能找到，这样不仅已是“杀鸡用牛刀”，而且按某外国教练的说法，“他们在用原子弹炸蚊子，但蚊子被炸死了！”这样做是允许的，但不是国际数学奥林匹克所鼓励的.

国际数学奥林匹克的一个难试题，经简化后的证明要写三四页，这不仅大大超过中学课本的深度，也不低于大学数学系一般课程的深度，当然不包括大学课程的广度. 实际上，大学数学系课程中，一条定理的证明长达 3 页者并不多. 一个好试题的解答，大体上相当于一篇有趣的短论文，因此，用这些问题来考核青少年的数学素质是相当科学的. 它们的解决需要参赛者有相当宽广的数学基础知识，再加上机智和创造性. 这与单纯的智力小测验完全不同. 国际上的数学竞赛范围，大体上从小学四年级到大学二年级. 小学生因基础知识太少，这期间的所谓数学竞赛，其实是智力小测验型. 对大学生应强调系统学习，要求对数学有一个整体了解. 因此，数学竞赛的重点应是中学，特别是高中.

现在已经积累了丰富的数学竞赛题库，可供中学师生和数学爱好者练习. 国际上也已经有了竞赛数学的专门杂志.

五　数学竞赛在中国

我国的数学竞赛始于 1956 年，当时举办了北京、上海、武汉、天津四城市的高中数学竞赛. 华罗庚、苏步青、江泽涵等最有威望的数学家都积极出面领导并参与这项工作. 但由于“左”的冲击，至 1965 年，只零零星星地举行过 6 届. “文化大革命”开始后，数学竞赛更被看成是“封、资、修”的一套而被迫全部取消. 直到“四人帮”被打倒，我国的数学竞赛活动于 1978 年又重新开始，并从此走上了迅速发展的康庄大道. 1980 年前的数学竞赛属于初级阶段，即试题不脱离中学课本. 1980 年以后，逐渐进入高级阶段. 我国于 1985 年第一次参加国际数学奥林匹克，1986 年开始名列前茅，1989 和 1990 年连续两年获得团体总分第一.

今年我国成功地举办了第 31 届国际数学奥林匹克，这标志着我国的数学竞赛水平已达到国际领先水平. 第一，中国再次获得团体总分第一，说明我国金字塔式的各级竞赛和选拔体系及奥林匹克数学学校和集中培训系统是完善的. 第二，我国数学家对 35 个国家提供的 100 多个试题进行了简化与改进，从中推荐出 28 个问题供各国领队挑选，结果被选中 5 题(共需 6 题)，这说明我国竞赛数学的水平是相当高的. 第三，各国学生的试卷先由各国领队批改，然后由东道主国家组织协调认可. 我们组织了近 50 位数学家任协调员，评分准确、公平，提前半天完成了协调任务，说明我国的数学有相当的实力. 第四，这是首次在亚洲举行国际数学奥林匹克，中国的出色成绩鼓舞了发展中国家，特别是亚洲国家. 除此而外，这次竞赛的组织工作也是相当不错的.

在中国，从老一辈数学家，中青年数学家，直至中小学教师，成千上万人的共同努力，才在数学竞赛方面获得了今天的成就. 这里特别要提到华罗庚，他除倡导中国的数学竞赛外，还撰写了《从杨辉三角谈起》《从祖冲之的圆周率谈起》《从孙子的"神奇妙算"谈起》《数学归纳法》和《谈谈与蜂房结构有关的数学问题》5 本小册子，这些是他的竞赛数学作品. 我国在 1978 年重新恢复数学竞赛后，他还亲自主持出试题，并为试题解答撰写评论. 中国其他优秀竞赛数学作品有段学复的《对称》、闵嗣鹤的《格点和面积》、姜伯驹的《一笔画和邮递路线问题》等. 这里还应提到王寿仁，他从跟华罗庚一起工作起，一直到今天，始终领导并参与了数学竞赛活动. 他带领中国代表队 3 次出国参加国际数学奥林匹克，并领导了第 31 届国际数学奥林匹克的工作. 1980 年以后，我国基本上由中青年数学家接替了老一辈数学家从事的数学竞赛工作，他们积极努力，将中国的数学竞赛水平推向一个新的高度. 裘宗沪就是一位突出代表，他从培训学生到组织领导数学竞赛活动，从 3 次带领中国代表队参加国际数学奥林匹克到举办第 31 届国际数学奥林匹克，均作出了杰出贡献.

六　关于我国数学竞赛的几个问题

1. 要认真总结经验.既要总结成功的经验，也要总结反面的教训.特别是 1956 年至 1977 年的 22 年中只小规模地举行了 6 次数学竞赛，完全停止了 16 年，比匈牙利因两次世界大战而停止数学竞赛的时间长一倍多，这也从一个侧面反映了"左"的危害. 要允许甚至鼓励对数学竞赛发表各种不同看法，以避免大起大落及"一刀切". 当有了缺点时，要冷静分析，划清数学竞赛内含的不合理性与工作中的缺点的界线.

2. 完善领导体制. 可否设想，国家教委和中国科协通过中国数学会数学奥林匹克委员会(或其他形式的一元化领导)，统一领导与协调全国各级数学竞赛活动和国际数学奥林匹克的参赛和组织培训工作. 成立数学奥林匹克基金会,资助某些数学竞赛活动,奖励数学竞赛优胜者和作出贡献的领导、教练、中小学教师等.

3. 向社会作宣传. 宣传数学竞赛的意义和功能,以消除误解,例如,“数学竞赛是中小学生搞搞的智力小测验”“这是选拔天才,冲击了正常教学”“教师,特别是大学教师,搞数学竞赛是不务正业”等. 要用事实说明数学竞赛活动的成绩. 例如,仅仅“文化大革命”前的几次低层次数学竞赛中,已有一些竞赛优胜者成才了. 如上海的汪嘉冈、陈志华,北京的唐守文、石赫,他们现在已经是国内的著名中年数学家,有的已获博士生导师资格,他们在“文化大革命”中都被耽误了 10 年,否则完全会有更大成就.

4. 处理好普及与提高的关系. 数学竞赛需要分学校、市、省、全国、冬令营、集训班金字塔式地进行. 前 3 个层次是普及型的,试题应不脱离中学数学课本范围,面向广大学生和教师. 国家级竞赛及以后的活动是提高型的,参赛者的面要迅速缩小. 至于冬令营和集训队,全国只能有几十个学生参加. 数学奥林匹克学校要注意质量,宜办得少而精. 对于参加数学学校的学生要严格挑选,不要妨碍他们德、智、体的全面发展. 除冬令营和集训班需要少数数学家集中时间出试题和进行培训工作外,宜鼓励广大数学家和中小学教师利用业余时间从事数学竞赛活动,不要妨碍大家的正常工作. 总之,数学竞赛的普及部分与提高部分不要对立,而要有机地结合起来.

5. 对数学竞赛优胜者要继续进行教育和培养. 一方面要充分肯定优胜者的成绩并加以鼓励. 另一方面也要告诉竞赛优胜者,必须戒骄戒躁,谦虚谨慎,要成为一个好数学家或其他方面的专家,还须经过长期不懈的努力. 不要将竞赛获胜看成唯一的目的,要看成鼓励前进的鞭策. 还要为数学竞赛优胜者创造较好的深入学习的机会,使他们能迅速成长. 例如,可以考虑允许某些理工科大学在高中全国数学竞赛优胜者中,自行选拔一部分学生免试入学.

6. 对数学竞赛活动作出贡献的人员,包括组织领导者、教练与中小学教师的工作成绩要充分肯定并给予奖励. 在他们的工作考核中,作为提职晋级的依据之一.

(本文曾发表于《自然杂志》,1990,13(12):787-790)

谈谈数学系的教学与科学研究

由于数学科学的发展,在一些国家的大学中,某些领域已从数学中分离出来,独立成系,例如,应用数学系,统计科学系,计算机科学系(包括科学计算). 所以,数学系往往只包括传统的数学分支. 应用数学与统计学中的问题是有明确的实际应用背景的,而计算机科学是不同程度地依赖于电脑的发展或引导电脑技术的发展. 我们不拟对这些方面展开讨论,本文只限于讨论大学数学系的教学与科学研究问题.

一　加强基础课教学

数学是一个不断发展、内容经常变迁的学问,如何掌握它? 我想最要紧的就是有一个踏实坚固的数学基础训练,使学生有一个自学的能力,这样才能适应数学的变化与发展. 大学数学系的教育对学生独立工作能力的开发与培养往往比数学书本知识的传授更重要得多. 有了牢固的数学基础之后,专业知识就可以通过自学来学习. 所以,对基础课的学习一定要加强. 大学数学系教学不同于中学之处在于,在相当程度上讲,大学应以自学为主,绝不要让学生死读书,并仅以考分高低来评论一个学生成绩的好坏. 课程要少而精,让学生多一些自由支配的时间. 大学阶段的时间很有限,怎样来安排课程呢? 主要应安排基础课. 中学数学是离散、有限与确定的古代数学,而且课程的进度很慢. 学生进入数学系后,在一些课程刚开始就要碰到跟中学课程完全不同的概念,例如,分析中的无穷大,无穷小,极限,连续等. 大学的抽象代数或近世代数是讨论某些数学结构的共性,如群,环,域等,也不同于中学代数的具体方程求解. 中学除平面几何外,都着重计算,大学课程则要用严格的逻辑推导手段来论证一系列定理. 因此,首先要求大学生对新的数学概念有清楚的认识与了解,善于进行数学逻辑推导,能够判断定理证明过程的对错,这是数学系学生的第一道关. 总之,如果概念不清楚,这就是个很大的问题. 这样的学生就不宜继续在数学系学习,而应该鼓励他们转到更适宜于他们的科系中去学习.

数学系的基础课主要是两个系列,即连续数学与离散数学. 前者包括数学分析,复变函数论,实变函数论,拓扑学等,包括无穷大,无穷小,极限,连续,微积分及其应用,包括局部微分几何学,复围道积分,解析函数理论,测度论,积分论,点集拓扑与代数拓扑初步. 后者包括线性代数,抽象代数,其中,初等数论可以单独开课,也可以作为抽象代数的背景材料来讲. 其他功课,如微分方程,概率论,调和分析及一些专业课则可以作为选修课或在基础课学到一定阶段后,由学生自修. 基础课在前两年半至三年来学习,时间应该是够用的. 学生的负担不会很重. 余下时间可以组织自学,让他们自己去图书馆找书,借书,读书、学生的自学能力如何,这是第二道关. 通过对学生自学能力的考察,可以更明显地分辨出他们数学才能的档次.

除数学基础课外,物理学的基础知识学习也很重要. 物理是与数学科学关系最密切的自然科学领域,物理也是其他自然科学领域的基础. 在大学阶段就掌握好物理的基础知识,无论对于日后继续钻研纯粹数学或从事应用数学工作都会得益匪浅. 对于微电脑应学会使用.

二　师生共同举办数学讨论班

浙江大学数学系在陈建功与苏步青教授的倡议与指导下,将师生共同举办的数学讨论班作为数学系高年级学生的主要课程. 这是值得推广的经验,通过讨论班来培养学生独立学习与工作的能力及对于发现有攻坚才能与创造性强的学生,都是一个很好的方法. 浙大数学讨论班分甲种与乙种,甲种讨论班由教师给每个学生指定一篇数学论文,乙种讨论班由教师给每个学生指定一本数学书,交给学生自己去阅读,然后由学生轮流上讲台作报告,教师听讲并提问,每个学生每学期要讲四五次. 这样的学习方式比教师讲课,学生听课记笔记、做习题,当然是高了一个层次. 学生开始由"被动"地学习走向"主动"地学习. 这是有指导的自学,在这个阶段中，学生间的能力的差距就拉开了，这也是一个数学系大学生由学习走向独立地从事研究工作的过渡阶段.

三　强调自学与交流

大学的时间只有四年，大学毕业后，继续工作的时间至少也有三十年左右，相比之下，在大学学习的时间是很短暂的. 毕业后的进修与提高主要靠自学来进行. 因此，在大学阶段养成自学的习惯就非常重要. 大学课程的教授方法应不同于中学，讲课方式更要尽量避免“填鸭式”，即将数学逻辑推导一步步交代清楚就算了事，应尽量采取“启发式”教学. 华罗庚教授的讲课就是一个很好的范例，他常常将高年级的课程联系到低年级的课程内容，甚至中学课程来讲授，他更注意各门课之间的相互联系，使学生对数学有一个整体了解. 华罗庚教授倡导的“一条龙”教学法就是将基础课放在一起教，不像传统地分门教授. 总之，课程门类要少一点，内容要精简一点，使学生有较充裕的时间进行自学与独立思考. 前面讲的师生数学讨论班就是有指导地让学生进行自学. 大学生要养成多进图书馆，自己学会找书与杂志看的习惯. 有时到图书馆的书架上拿出书来随便浏览就很有好处，即所谓开卷有益. 有时一个初步印象，在以后做研究时，就会由于这个印象而知道到哪里去找参考资料. 还应该经常去听听各种学术报告，一次、两次听不懂没有关系，多听听就会懂得多起来了. 一个数学家的知识面与工作面变得较宽，除自己读书外，主要还是从到图书馆浏览、听报告及跟数学家经常交谈中得到的.

四　培养学生独立地进行研究工作

数学系学生在大学阶段还是应以学习基础课为主，那种不好好学习基础课，一天到晚钻一个数学问题，特别是一个经典问题，如费马问题，哥德巴赫问题，似乎是不可取的. 这种问题的研究特别需要很广阔与坚实的数学基础，而且需要对前人的研究有所了解.

数学系学生在完成大学阶段的学习后，无论是进入研究所继续做研究生，还是留在大学或专科学校做研究生或教书，都要在导师指导下，或自己独立地找一个研究方向，或独立地进行数学研究工作. 如果大学阶段接受启发式的教学，并经过师生数学讨论班的训练，学生就应该具备自己作出研究方向判断的能力. 要在有经验的教授指导下，根据自己的兴趣，选择基础性强，且跟很多数学分支有联系，又很活跃的数学分支与前沿课题作为研究方向. 数学分支大体上似乎可以分成四种情况. 第一是完全成熟，即已不再继续发展，或已可以判断继续发展的价值不大，再出现重大成果的机会很微小. 第二是基本上成熟的领域，即学科的框架已建立，但还有些未解决的问题待研究. 第三是正在走向成熟的领域，这种学科的框架已基本建立，还需继续完善，尚待解决的问题还不少. 第四是正在发展的领域，学科框架尚未建立. 第一类学科不应选作研究方向. 这里我想引用一位著名物理学家的话："如果一个领域本身不能发展，你就有天大的本事也没有用. "如果选择了第二、三类学科为研究方向，当然可以学会一些深刻的结果与方法，以此为依托，可能作些改进与推广性质的工作. 但由于学科已相当成熟，不易独辟蹊径. 第四类学科由于不成熟，未定型，虽然活动空间大，但也可能无从下手. 要注意现代数学领域的名目繁多，有人喜欢标新立异，有不少东西经一个时期的发展后可能仍然很空，缺乏生命力. 当了解到这一情况后，就应立即转移研究方向. 当一个人从事纯粹数学研究到一定阶段后可以向应用数学方面转. 应用数学是近几十年来才大量发展起来的学问，很宽广，大有用武之地. 纯粹数学出身的人从事应用数学研究，既有有利的一面，即数学逻辑推导的思维与能力比应用数学出身的人会强一些；但也有不利的一面，即往往在研究工作中对应用数学问题的背景认识不够，工作中缺乏对实际应用的可能性的考虑，从而将应用数学研究完全当成纯粹数学研究. 这是要克服的倾向.

五　注意研究方法

华罗庚教授对数学学习方法与研究方法有一系列精辟的论述，可以参看他的著作《华罗庚科普著作选集》(上海教育出版社，1984；2018(再版))，在这里就不赘述了. 简要地说，他认为做研究应抓住"专"与"漫"两个字. "专"字比较容易理解，要求我们对专业要钻得深,研究工作要深入.但钻到牛角尖里去也不行,这样钻了进去出不来了,会丧失整个时间的.所以,要扩大自己的数学研究领域.但怎样去扩大呢?是抛掉原来的专业去另搞一套吗?人的精力有限,这样做并不是一条有效的途径.所谓"漫",即从自己的专业出发,向周围的数学领域进行渗透,就是要尽量利用掌握原来数学领域这样一个优势来进行工作.这样做往往较快见效,还可能起到高屋建瓴、事半功倍之效.有时还可以用原专业的方法解决新领域的问题,起到他山之石可以攻玉的功效.华罗庚教授还注意到先从具体例子入手,将特例做透后进而推广,以建立一般结果的方法.这些都是值得借鉴的.

六　大学教师要进修与做研究工作

作为一个大学数学教师,首先要有较宽广与坚实的数学基础,即所有数学系的基础课都要能够开.在这方面,美国的一些大学的制度是值得借鉴的.他们要求教授每学期开一门基础课,一门研究生专业课.基础课是轮流教各门课,这样教一两遍之后,自然就对数学基础有了更全面的了解与更深刻的体会了.他们教授的专业课往往也是结合自己的研究,通过教学对一门数学有了更系统与清晰的理解,从中也可以发现有培养前途的青年数学家.总之,这样做可以起到教学相长之功,既对学生有益,对教师本身也是培养.大学教师一定要抓紧进修,最好的进修方式是做研究工作.不做研究工作的大学教师不是一个合格的教师,最多不过是一个仅仅会传授书本知识的人而已.不做研究工作,就很难对教材的重点有所了解,更不用说将重要的最新成就纳入到教材中去.美国一些大学数学系的教师每周只要教六节课,又不要坐班,如果只是照本宣科地教教书,岂不太轻松了吗?那么多空余时间交给教师自己来安排,干什么呢?就是让他们做研究工作.我想再次重申,只有通过研究工作,才能对数学的了解不断深化.只有通过研究工作,才有可能将最新科研成果教给学生.当然,整天想问题,一点书不念也不行.应该在做研究工作的同时,根据需要去念书,这样由于念书的针对性与目的性明确,念书的劲头与深度都比仅仅为了学习知识而念书要好很多.那种把大学仅仅看成培养学生的中心而不强调科研工作是不对的.一个高水平的大学必须担当起科学研究与教学双重任务,大学应该办成既是研究工作的中心，又是培养人才的基地.

我的大学阶段是在浙江大学数学系度过的，接受了陈建功与苏步青教授的数学教育体系的教导. 毕业后，由国家统一分配来中国科学院数学研究所工作，师承华罗庚教授，在他的领导下，从事数论及其应用的研究，其中我在中国科学技术大学工作了八年，教过基础课与专业课. 我在本文中所发表的意见，在很大程度上都是自己学习与工作的经验体会. 实际上，在考虑问题时，要脱离这种个人经验是不可能的，所以片面性甚至错误就在所难免了. 写出来只是供作交流之用，不当之处，还望读者指教.

（本文曾发表于《面向21世纪的中国数学教育：数学家谈数学教育》，南京：江苏教育出版社，1994：41－49）

话说数学所的经典分析

数学所的经典分析主要是华罗庚领导的解析数论与熊庆来领导的单复变函数论. 此外还有富利叶分析,函数逼近论及微分方程的一部分. 韦依认为解析数论应属于分析,这是对的,因为解析数论主要在于创造与改进一些分析不等式,数论问题是它们的背景与应用.

早在20世纪50年代初,华罗庚就组建了以研究哥德巴赫猜想为中心的"数论讨论班". 所谓哥德巴赫猜想,是1742年哥德巴赫与欧拉通信时产生的一个猜想,即"每个大于或等于4的偶数都是两个素数之和",简称"1+1". 从20年代开始,由于研究这个问题而产生的"圆法""筛法"与"某些指数和估计方法"都是解析数论的强有力方法,大大地推动了数论乃至其邻近学科的发展. 华罗庚选择哥德巴赫猜想来研究的战略眼光是通过对这个问题的成果的学习而达到对解析数论重要方法的掌握. 这是培养青年干部的一条好途径. 华罗庚并未企望在哥德巴赫猜想本身会得到结果.

那时用筛法得到的最佳纪录是苏联数学家布赫夕塔布在1940年证明的"4+4",即"每个充分大的偶数都是两个素因子个数皆不超过4的整数之和",简称"4+4",及匈牙利数学家瑞尼于1947年证明的"1+C". 若用瑞尼的方法来计算C,这将是一个天文数字. 应该说这两个结果还有较大的改进余地. 初生牛犊不怕虎,有的青年人偏要碰碰这个猜想. 1956年与1957年,王元证明了"3+4"与"2+3". 1962年,数学所讨论班的参加者山东大学讲师潘承洞证明了"1+5"与"1+4". 不料在1965年,意大利数学家庞比尼与苏联数学家阿·维诺格拉朵夫分别证明了"1+3",他们不仅夺走了中国人的纪录,而且有数学家估计用筛法做出"1+3"已经到"头"了. 陈景润偏不信邪,他于1966年证明了"1+2". 证明全文发表于1973年. 在1974年英国出版的哈贝斯坦与黎切尔特的"筛法"书,作者就是在见到陈景润的文章后加上最后一章“陈氏定理”的，称之为“惊人的定理”“从筛法的任何方面来说，它都是光辉的顶点”.

1957 年，64 岁的熊庆来由法国回国定居了. 他不顾年老体衰，毅然在数学所组织了“整函数与亚纯函数值分布理论”的讨论班. 所谓值分布理论为讨论函数的“亏值”，即取不到的那些值，例如，指数函数就取不到“零”. 当然，“亏值”的含义也在不断地扩充. “亏值”数量的估计是个中心问题. 讨论班的参加者均年龄偏大了. 直到 60 年代，才有些青年陆续给熊庆来做研究生与研究实习员. 不久，讨论班即因“文化大革命”而终止，但有些青年并未中断自己的工作.

1976 年 5 月 3 日至 27 日，美国派来了一个以麦克莱因为团长的十一人“纯粹数学与应用数学访华代表团”，访问了数学所及几所重点大学，听取了六十几个工作报告. 代表团回国后，写了一个长达 115 页的“报告”，重要部分已正式发表了，详细地介绍了中国的数学. 关于“文化大革命”前，“报告”指出：“这一时期，解析数论与代数拓扑是最强的领域”，并提到华罗庚，吴文俊，冯康，陈景润与万哲先的名字与工作.

关于中国数学的现状，“报告”指出：“很少几个数学家在从事分析研究，有些创始性的工作是真正优秀的，在考虑到这些工作是在孤立状态下完成的就更令人感动了，特别解析数论与亚纯函数的工作是优秀的. ”“数学所在解析数论方面的优秀工作是华罗庚的一群学生做的. 近年得到的杰出结果是陈景润关于哥德巴赫猜想的最佳纪录定理. ”“中国数学家在复分析方面最有价值的贡献在于奈凡林那理论方面，这些工作是数学所的杨乐与张广厚做的. 世界上很多数学家在这一领域仔细地耕耘了半个世纪，它需要令人生畏的分析技巧. 对这个古老学科来说，杨乐与张广厚得到了一些新的与深刻的结果. ”

从此，陈景润、杨乐、张广厚成为中国数学界的“黑马”登上了数学舞台. 当然也由于宣传上的某些不当，使成千上万不具备数学基本训练的人向哥德巴赫猜想“进军”，造成了损失，这是美中不足.

当年这些生气勃勃的青年都已经年过半百了. 中国的经典分析非常期待于青年一代人来继续开拓.

（本文曾发表于《中国科学报》，1996）

总结经验　继续前进

从1984年第四季度起，数学所就逐步向全国数学界开放了．一年来，我们邀请了十六位国内优秀中年数学家来所工作，共工作了三十八个人月，吸收了十五名进修人员（包括大学教师及硕士研究生）；共举办了五个基础数学研究班，计二百余人，包括有理逼近、奇点理论、生物数学、泛函分析等领域．我所邀请来的访问学者来自北京大学、复旦大学、中国科技大学、吉林大学等高校，加上进修人员与研究班人员，几乎遍及全国各省、市、自治区（只有台湾和西藏没有）．

今年我所开放的主要研究领域是我所卓有成绩的解析数论，也开放了奇点理论与矢量测度理论等．通过这种开放，初步改变了数学所关门办所的局面．由于加强了学术交流，学术空气变浓了，研究工作加速了，出现了某些竞争的局面．

明年，我们将在今年的基础上使应聘来所访问的学者和进修人员增加一倍，继续举办几个研究班，以分析为重点开放领域，并开始研究切实可行的对国外开放的有关措施．

一年来我所对外开放的实践使我们体会到：① 认真处理好所内人员与来所访问人员的关系是很重要的．我们通过各种形式向所内同志说明有关情况，使大家充分理解了对外开放的意义，从而使所内外人员之间能彼此融洽共事．② 不是先搞条件，先达到正规化，而是因陋就简，边开放边改善各项条件，逐步加快开放的步伐．③ 院里要给开放研究所（室）以较大的自主权，要根据搞理论与搞实验这两种不同类型的研究，实行不同的管理办法．

总之，我们要总结经验，巩固已有成绩，继续前进，为将数学所办成全国数学研究中心而尽最大的努力．

（本文曾发表于《科学报》，1985年8月25日）

关于报道学术成就的几点意见

1.《科学报》将要在全国发行，它将面向全国科技战线. 对于我国的科技成就，应该及时地多多报道，使之起到相互交流与鼓舞科技干部奋发努力的作用.

2. 报道首先要注意科学上的严谨与准确，需将所报道的科技工作如实地说清楚，包括这项工作过去的水平，现在的改进及其作用. 由于自然科学的成就往往需要相当长时间的检验，才能逐渐了解它的价值. 技术上的改进，例如，研制出一台仪器，也需经过一定时间才知它是否能正常运行. 所以，关于工作评价，务必慎重、实事求是. 看不准，可以先不作评价. 切不要把某个专家或洋人的意见，甚至只言片语作为依据，作不切实际的夸大宣传.

3. 学术上取得成就往往有多方面的因素，主要由于科学家长期的努力与积累，才能对事物规律的认识产生飞跃. 这中间当然也有政治觉悟、爱国心等原因，亦有机遇、追求真理的愿望、好奇心、个人兴趣等，不要仅仅归结为某种原因，这是不能使人信服的. 更不要把科学上有成就的人描写成政治觉悟很高的完人.

4. 报道前要广泛听取各方面的意见，报道后也要允许发表不同看法. 报纸不要主观支持某种意见，反对另一种意见.

（本文曾发表于《科学报》，1984 年 12 月 8 日）

杨武之先生与中国的数论

杨武之先生是中国数论这门学科的倡始人. 华罗庚、柯召与闵嗣鹤先生都是他的学生,受益于他的教导与提拔. 陈景润是华先生的学生,潘承洞是闵先生的学生,他们二人都是中国科学院的院士. 我们虽然都没有见过杨先生本人,但从我们的老师与前辈的谈话中,早已得知杨先生对发展中国的数学与数论所作出的重大贡献及他对年轻数学家的培养与提拔,从而在我们的心中,很早就怀有对他的尊敬了.

杨武之先生是安徽省合肥市人,1896 年生,1918 年毕业于北京师范大学. 毕业后,曾回家乡安徽省教过五年中学. 1923 年考取了安徽省公费留学去美国. 先在斯坦福大学数学系读了一年本科,得到学士学位. 然后转去芝加哥大学攻读博士学位,1928 年获得博士学位. 那时的中国,在数学方面获得博士学位者仅仅几个人,所以杨先生也是中国最早获得过博士学位的很少几个人之一.

杨先生在芝加哥大学的老师是美国著名的数论学家狄克逊(L. E. Dickson),杨先生专攻堆垒数论. 他曾证明了,每个正整数都是九个形为 $\frac{(x-1)x(x+1)}{6}$ 的非负整数之和. 在那个时候,这一结果无疑是很好的. 1920 年左右,哈代(G. H. Hardy)、李特伍德(J. E. Littlewood)与拉马努扬(S. Ramanujan)的圆法兴起了,这是堆垒数论的强有力的分析方法. 用这一方法能够得到华林(G. Waring)问题与其变体的相当精密的一般性结果. 在这种情况下,狄克逊审时度势,即时地转入了代数学的某些领域的研究之中,所以杨先生也从狄克逊那里学到了不少近世代数的知识.

杨先生热爱祖国,将振兴中华的数学作为自己的责任. 他得到博士学位之后立即回国,受聘于厦门大学,为发展中国的现代数学的科研与教学而尽心尽力. 那时作为中国自然科学最高学府的清华大学算学系主任的熊庆来先生雄心勃勃，招贤纳士. 1929 年，他特别聘请杨先生来清华大学执教.

清华大学算学系，虽然师生人数不多，但栋梁之才却不少. 至 1931 年，有研究生陈省身与吴大任先生，高年级学生许宝騄与柯召先生，及助理员华罗庚先生. 华先生是一位出身贫寒的自学青年，由于他发表过一篇文章，指出了一篇关于五次代数方程可以求解的文章的错误，从而受到了熊先生与杨先生的赏识而被熊先生调到清华大学来栽培. 由于华先生只有初中毕业的学历，因此安排他边学习边工作. 清华大学算学系中，除熊先生与杨先生外，还有微分几何专家孙光远先生，孙先生与杨先生都是美国芝加哥大学的博士，所以三位老师给五个学生上课. 华先生与柯先生受到杨先生的教导与影响特别多一些. 他们二人都选择了数论作为自己的研究领域，并且都在 20 世纪 30 年代中期赴英国进一步深造. 杨先生除教他们二人数论并将他们引上研究数论之路外，还开设过群论等代数课，所以他们又从杨先生那里学到了近世代数的知识.

华先生受到杨先生的指导与帮助更多一些. 杨先生鼓励与支持华先生自学堆垒数论中的解析方法——圆法及指数和估计中的维诺格拉朵夫(I. M. Vinogradov)方法. 华先生写过一篇文章，就是用圆法及指数和估计方法证明了每个充分大的整数都是八个三次整值多项式之和，这是杨先生结果的推广与改进.(见 Hua loo keng, On Waring's problem with culic polynomial Summands, J. of Indian Math, Soc; 1940: 127 - 135)

华先生在清华大学时非常发奋，进步甚快. 1933 年，作为清华大学算学系代理系主任的杨先生毅然地与清华大学老前辈、前系主任郑桐荪先生一起，并得到了理学院院长叶企孙先生的支持，将华先生从助理员提拔为助教. 做成这件事的难度是很大的，助理员是职工系列，助教是教师系列，这是不能互换的，更何况华先生没有大学毕业的学历. 1935 年，他们又将华先生提升为教员，从而使他能够更好地从事数学的研究与教学. 1936 年，他们更进一步支持华先生到世界分析与解析数论中心之一的剑桥大学进一步深造. 1938 年，华先生从英国回国. 那时清华大学、北京大学与南开大学都逃难搬迁到了云南省昆明市，三校共同组建成西南联合大学，由杨武之先生担任数学系主任. 在他的支持下，华先生被越级聘请为数学系教授. 华先生在给杨先生的一封信中曾写道:“古人云生我者父母,知我者鲍叔,我之鲍叔乃杨师也.”这段话充分表示了他对杨先生的感谢及二人相知与友谊之深厚.

闵嗣鹤先生生于1913年,1929年考取了北京师范大学预科,1931年升入该大学数学系,1935年以优异的成绩毕业.在校期间,闵先生就有优异的表现,除积极参加学术活动之外,还发表过几篇文章.大学毕业后,经他的老师傅种孙先生的介绍,到师大附中执教.在这期间,他写出了论文《相合式解数之渐近公式及应用此理以讨论奇异级数》(科学,1940,24:591-607).该文也是属于哈代与李特伍德圆法的范畴.这篇文章引起了杨先生的重视,认为闵先生是一位有才华的青年,立即于1937年6月聘请他去清华大学算学系当助教(见迟宗陶等,闵嗣鹤论文选集,北京大学出版社,1991).抗日战争爆发后,闵先生又继续去西南联合大学执教,成为华先生亲密的助手与合作者.

由于我撰写《华罗庚》一书需要核实一些事情,1993年,我曾经问过杨振宁先生是否知道杨武之先生曾经介绍闵先生去清华大学工作的事.杨振宁先生说:“我不知道呀!”由此可以看出杨武之先生的高贵品德:给了一个年轻人这样大的帮助,不仅不求回报,甚至不愿意告诉别人这件事,包括自己家里的人在内.

北平解放前夕,杨先生曾搭乘国民党接北京大学校长胡适与清华大学校长梅贻琦的飞机到上海,后又转飞机去昆明将家属接到上海.中华人民共和国成立后,这件事被认为是杨先生欲出国或去台湾,使他未能继续回清华大学工作,蒙受了不公正待遇.杨先生留在上海,应同济大学聘请,后又转去复旦大学,继续执教.在20世纪50年代,不幸患有糖尿病,于1973年仙逝.

由杨先生培养与提拔的三个学生就是中国数论的第二代骨干.华先生任中国科学院数学研究所所长与中国科学技术大学副校长兼数学系主任,柯先生任四川大学校长,闵先生去北京大学数学系执教.他们除自己从事数论研究工作之外,都积极培养年轻的数论学家.越民义、陈景润、潘承洞、严士健、吴方、孙琦、李德琅与王元等都出自他们的门下.这些人又招收学生,学生再招收学生,真是桃李满天下了.

数论既是中国最早开始研究的一门数学,也是发展得较好的数学领域之一,特别是研究的领域在迅速扩大了起来.除杨先生、华先生、柯先生与闵先生擅长的堆垒数论、三角和估计与不定方程外，可以说重要的数论领域在国内都有人在研究着，其中有些工作是会流传下去的，例如，陈景润关于非常重要的哥德巴赫（C. Goldbach）猜想的结果，至今仍然在世界上处于领先地位.

抚今思昔，我们不能不深深地怀念与感谢中国近代数论的创始人杨武之先生.另一方面，我们也深信，杨先生如果在天有灵，也会对他的弟子在继续他的事业中所作出的努力及取得的成绩而感到欣慰.

（本文曾发表于《杨武之先生纪念文集》，北京：清华大学出版社，1998）

《华罗庚科普著作选集》介绍

一

中国古代数学曾有过极为光荣的传统与贡献. 由于我国长期处于封建社会,而西方已进入资本主义社会,我国的数学落后了. 我国现代的数学研究是 20 世纪 20 年代开始的. 华罗庚教授是中国解析数论、典型群、矩阵几何学、自守函数论与多个复变数函数论等很多方面研究的创始人与开拓者,也是我国进入世界著名数学家行列最杰出的代表. 迄今他共发表学术论文约二百篇,专著十本,其中有八本被国外翻译出版,有些可列入 20 世纪经典著作之列. 他被选为美国科学院国外院士,法国南锡大学与香港中文大学授予他荣誉博士. 他的名字已进入美国华盛顿斯密司—宋尼博物馆,也被列为芝加哥科学技术博物馆中当今八十八个数学伟人之一. 外国报刊上征引了很多著名数学家对他的赞扬:"由于他工作范围之广,使他堪称世界名列前茅的数学家之一"(劳埃尔·熊飞尔德),"他是绝对第一流的数学家,他是作出特多贡献的人"(李普曼·贝尔斯),"受他直接影响的人也许比受历史上任何数学家直接影响的人都多,他有一个普及数学的方法"(罗兰德·格雷汉),等等. 这些绝非溢美之词,他是当之无愧的.

本文不准备介绍他的学术成就,有兴趣的读者可以参看最近斯普林格出版社出版的《华罗庚论文选集》及他的一些著作. 但是,华罗庚教授不仅是一位卓越的数学家,他对组织领导工作、教育工作、普及工作也作出了出色的贡献. 特别是他多年来从事应用数学的研究与推广工作,收效极为丰富,影响甚为深远. 本文将就这些方面作一些简略的介绍.

二

正当他年富力强，风华正茂，创作处于最高潮的时刻，中国新民主主义革命成功了．中华人民共和国成立的消息很快传到了美国．他毅然放弃了伊利诺伊大学终身教授席位，于 1950 年带领全家回到北京．那时帝国主义封锁我们，旧中央研究院数学所的图书馆又搬到台湾去了，他就在这个时刻担当起中国科学院数学研究所所长职务，负责新建数学所的重任．在这样艰难的工作与生活条件下，以他为核心与榜样，数学所上下团结一致，艰苦工作，不到五年，就初具规模，涌现出一批出色的成果与人才，受到国内外的高度赞扬．这与他卓越的领导是分不开的．

他深知培养中国青年数学家的重要．回国后，他始终抓紧这项工作，不仅向他们传授数学知识和治学方法，更注意教育他们热爱祖国和人民，教育他们必须具备良好的学术品德和作风．

他的宝贵治学经验只有较少一些已写成文章发表，特别在 60 年代以后，他很少有时间再去撰写这方面的文章，这是很可惜的．

早在 20 世纪 50 年代初，他就提出“天才在于积累，聪明在于勤奋”．虽然他聪明过人，但他从不夸耀自己的天分，而是把比“聪明”重要得多的“勤奋”与“积累”看作两把成功的钥匙，反复告诉青年人，要他们学数学做到“拳不离手，曲不离口”，经常地锻炼自己．

当时他领导的两个数论讨论班，一个是基础性的，由他每周讲一次，讲义交给学生分别负责仔细阅读，反复讨论后再定稿．另一个是哥德巴赫问题讨论班，由学生轮流报告，每一点疑难，他都要当场追问清楚，学生常常被挂在黑板上下不了台．在节假日，他还常到宿舍找学生谈数学问题．除此而外，他还领导了代数学与多个复变数函数论的研究工作．对全所的研究工作他都亲自过问．在不到五年的时间里，受他直接领导而很好成长的学生就有越民义、万哲先、陆启铿、龚升、王元、许孔时、陈景润、吴方、魏道政、严士健与潘承洞等．这些人现在都成为教授了，是我国数学界的骨干，有些已是国际知名数学家．受过他影响的数学家更是不胜枚举．

其实早在 20 世纪 40 年代，他就在昆明西南联大领导了一个讨论班，在讨论班中受到教益而成为著名数学家的有段学复、闵嗣鹤、樊畿与徐贤修等人.

50 年代中期,他又提出“要有速度,还要有加速度”. 所谓“速度”就是出成果,所谓“加速度”就是成果的质量要不断提高. 这是针对当时数学所已经出了一批成果,有些人有自满情绪,写了一些同等水平的文章. 他这一意见,正是针对这种倾向,鼓励大家千万不要自满,要继续攀登高峰.

在治学方面,他总是不吃老本,永远向前看. 当他成为世界著名数论学家时仍不停步,宁可另起炉灶,研究新领域代数学与复分析. 到他老年时,还勇敢地接触新的数学领域,如近似积分与偏微分方程等. 他要大家不要“画地为牢”,要抓紧机会学习别人的长处与锻炼自己. 特别他提出了“专”与“漫”的关系. 首先要专,使研究工作深入,然后必须注意从自己的专长出发,向有关方面漫出去,扩大研究领域.

十年浩劫中,受了林彪、“四人帮”的毒害,一些人包括青年人中不良学风颇为盛行. 表现在粗制滥造,争名夺利,任意吹嘘. 这些作风使他深感痛心. 1978 年,他语重心长地提出“早发表,晚评价”. 后来又提出“努力在我,评价在人”. 自然科学的成果常需经时间检验,才能逐渐清楚其价值,刚一发表就吹嘘,本身就是违反科学的客观规律的.

他对自己的要求比对其他人更严格了. 当他以古稀高龄到西欧与美国讲学时,他向自己提出“弄斧必到班门”. 意思是到一个单位去演讲,最好讲该单位专长的内容,这样才能得到更多的帮助.

他深知年龄是不饶人的. 在 1979 年,他指出:“树老易空,人老易松,科学之道,戒之以空,戒之以松,我愿一辈子从实以终,这是我对自己的鞭策,也可以说是我今后的打算.”

他正是以“实”与“紧”要求自己,即使在卧病之中,仍然坚持工作,并且说:“我的哲学不是生命尽量延长,而是工作尽量多做.”

三

当然,能够在华罗庚教授身边工作,承受他的身教与言教的学生总还是极少数人. 早在 50 年代,他就注意发现社会上的卓越人才. 陈景润就是他发现并推荐到数学所工作的. 他是由于见到陈景润对塔内问题有些见解，而看出陈景润是一个可造就的人才的. 这件好事情，居然使他在历次政治运动中受到错误的批判，说他重视"只专不红"的人，使他无法再做推荐人才的工作.

他是我国在中学进行数学竞赛活动的热心创始人、组织者与参加者. 50 年代北京的历次数学竞赛活动，他都参与组织，从出试题，到监考、改试卷都亲自参加，也多次到外地去推动这一工作. 特别在竞赛前，他都亲自给学生做报告，作为动员. 他写的几本通俗读物《从杨辉三角谈起》《从祖冲之的圆周率谈起》《从孙子的"神奇妙算"谈起》《数学归纳法》等，都源出于当时的报告. 这些报告不仅传授知识，富于启发性，更重要的是这些报告都是极好的爱国主义教材. 杨辉、祖冲之都是我国古代的卓越数学家，"神奇妙算"是《孙子算经》中的光辉篇章，《数学归纳法》中有一个李善兰恒等式的证明. 这还有个故事，当匈牙利数学家保尔・吐朗来北京访问时，曾讲了这个恒等式，并用兰向达多项式等高深知识给出了一个证明. 中国人难道不能给他们祖先提出的问题一个数学证明吗？他连夜思考，终于在与吐朗临别时给了他一个非常初等、漂亮的证明. 这些书一版再版，在青年中广为流传，是他们最喜欢的课外书籍之一.

他在撰写《数论导引》《典型群》与《多个复变数典型域上的调和分析》的同时，曾引导一些青年人进入数学研究领域，使他们成为很好的数学家. 从 1958 年开始，他到中国科学技术大学数学系授课，由王元任助手. 他计划撰写四卷《高等数学引论》，作为近代数学的基础丛书. 可惜只出版了一卷半，手稿都在十年浩劫中丢失了.

在授课过程中，他非常注意教学改革. 他提倡启发式教学，强调数学各分科之间的内在联系. 因此，基础课统一成一门课，共三年半时间，这种体系被称为"一条龙". 他还特别强调理论联系实际. 例如，在讲到用有理数贯逼近实数时，当给了实数，如何构造有理数贯？他介绍了"连分数"，连分数在天文学上的一系列应用也就顺带讲了. "数值积分"到底用到哪里去？我们向地理学家与地质学家请教，学会了不少实用的有效方法，他从理论上对这些方法加以总结提高，弄清了它们之间的关联与误差估计. 这些成果总结于《关于在等高线图上计算矿藏储量与坡地面积的问题》之中. 在中小学数学课中，学习的都是"离散性的数学"，但大学一开始学习的微积分就是“连续性数学”，容易造成一个错觉，即“连续性数学”比“离散性数学”更优越或更能解决问题. 在文章《有限与无穷，离散与连续》中，用一系列生动的例子说明了“离散性数学”的重要性，特别指出，本来是离散性的数学问题，最好采用离散性方法来处理. 文章发表后二十年的数学发展表明，离散性数学方法在应用数学中的重要性已经日趋显要. 这充分表明他当时的见解是有深刻预见性的.

四

早在20世纪50年代初，华罗庚教授就热情地倡议并支持应用数学的发展，使数学能更好地为社会主义建设服务. 数学所刚成立，他就建议并在数学所中成立电子计算机研制小组与力学研究组，为我国培养了这些方面的研究骨干. 他还建议将微分方程与概率论作为中国数学发展的重点，以此作为数学应用的“触角”.

1958年，他倡议在我国工业生产中推广使用运筹学中的数学方法，并亲自和他的学生越民义、万哲先、王元等一起，走出研究所，到我国运输部门从事运输问题中的数学方法的普及工作. 推广与应用线性规划中的数学方法，一度曾在北京市与山东省形成了群众运动. 但由于这些方法使用的范围有限，计算也比较复杂，因此这些方法在中国至今主要还是在少数部门，如运输部门中推广使用.

早在1958年，他就倡议在制订国民经济计划时使用“投入—产出法”，他不仅宣讲这一方法，并进行了深入的研究，他还讲授了与这一理论相关的非负元素矩阵理论，并指出某些理论上的重要结果在经济学上的重要意义.

这一期间，他千方百计地探索着数学为经济建设服务的途径. 在《大哉数学之为用》一文中，他从各个方面精辟地阐述了数学的用途. 他又以非常通俗的语言，在总标题为“数学的用场”的一系列小品文中介绍了一些有用的数学方法，登在《人民日报》上. 他还提出近似计算多重积分的新思想，他的想法现在已发展成为系统的理论，受到国内外的高度评价.

在中国工业部门真正很好地进行普及数学方法的工作，是1965年重新开始的，一直延续到现在. 工作时间最长，工作量最大. 他精辟地总结了这些年来从事普及数学方法工作的经验. 他提出并解决了普及数学方法的目的、内容及方法，也就是他所说的“三条原则”，即(1) 为谁？(2) 什么技术？(3) 如何推广？“为谁?”是一个指导思想问题. 他指出：“无穷维空间对一个数学家来说很引人入胜，但对工人来说，他不关心这一点. 他希望尽快地找到砂轮或锡林的平衡位置. 因此搞普及工作，首先要找到讲者与听者间的共同目标. 有了共同目标，就能为产生共同语言打开道路”(见本选集《在中华人民共和国普及数学方法的若干个人体会》).

首先建立了以华罗庚教授为首的普及数学方法小分队，他的学生陈德泉与计雷为主要队员. 他们二人一直跟他一起东奔西走，协助他做了很多工作. 这期间，他的学生李志杰、那吉生、裴定一也较多地协助了华罗庚教授的工作.

华罗庚教授选择了以改进生产工艺问题的数学方法为内容的“优选法”与处理生产组织与管理问题为内容的“统筹法”作为普及工作的内容. 这两大类方法又简称为“双法”. 在浩如烟海的应用数学文献中，找出适合中国这样一个有众多小工厂、工业水平比较落后的国家中普及应用的数学方法，而且又要讲得通俗易懂，使中国广大的普通工人都能听懂、能运用，这本身就是非常困难的事. 为此他撰写了《优选法评话及其补充》与《统筹法评话及补充》两本科普读物，以极为深入浅出的方式讲述了这两个方法，深受广大中国工人的欢迎. 计算起来，他从事数学方法普及所耗去的精力与时间，并不少于他作为第一流的数学家在纯粹数学几个领域进行开拓性研究所耗的精力与时间. 当然，在近二十年中，他仍利用点滴时间从事数学理论工作. 对于他接触过的应用数学方法，他总是认真研究它们的理论及严格的数学证明.

从 1965 年开始，华罗庚教授及其小分队到过中国二十多个省、市或自治区的几百个城市，几千个工厂，给几百万工人及技术人员讲过课，使他们学会“优选法”与“统筹法”，并用于改进他们自己的工作.

小分队每到一个省，即到一个工厂或矿山所在地，把全省及外省的二百个左右的同志集合起来，举办约一周的学习班. 除三四次讲课外，都是小组讨论. 讨论的内容主要为如何将“优选法”与“统筹法”应用于各人自己的工作，或当地的生产过程中去. 一周后，他们即分别奔赴全省各工业单位，与各厂的领导、工人师傅与技术人员结合起来共同工作. 在这个过程中，华罗庚教授总是轮流到全省各主要城市及工厂中去亲自指导，及时了解一些成功的经验及失败的教训. 然后召集其他城市的代表到某工厂或矿山现场去开会，学习这些经验，以便进一步改进自己的工作. 因此，他们的工作范围与领域很广. 每到一个省，常常得到上万项成果，产生了巨大的经济收益，并能在小分队离开后，自己将“优选法”与“统筹法”用于以后的工作.

在各处奔走搞应用数学方法普及工作的时候，华罗庚教授常常在深夜唤醒他的助手共同研究数学的理论问题. 例如，在乌鲁木齐，他得到了分圆域独立单位组的一些结果；在杭州，他得出了用 PV 数构造伪随机数列的方法；在哈尔滨，他得到了用初等方法处理哥德巴赫问题主项的办法，等等. 这些成果都成为他在 1979 年以后去英国、法国、联邦德国、荷兰与美国等讲学的内容. 他从来认为理论是基础，他之所以对应用有些成绩，得力于他多年的理论研究及坚实的数学基础与修养.

当然，普及数学方法的工作在中国取得这样的成功，与华罗庚教授本人在中国人民中享有的声誉是分不开的.

华罗庚教授将他普及数学方法的宝贵经验总结在他的论文《在中华人民共和国普及数学方法的若干个人体会》之中. 这一报告曾在第四届国际数学教育会议上作为全会报告之一. 这一报告还在伦敦数学会、美国数学会与西欧及美国很多大学与研究所报告过，受到高度赞扬. 目前已根据这篇报告扩充成专著，即将在贝尔克豪斯(波士顿)出版社出版.

五

应该指出，这三十多年来，他的各项工作都受到不应有的干扰破坏，致使他未能发挥更大作用. 从 1958 年开始，“左”倾思想与做法就不断地冲击着数学界. 他所领导的数论研究及关于哥德巴赫问题的研究被“批判”成“理论脱离实际的典型”，而被迫解散了，从那时开始，他已无法继续领导数学研究所的工作. 他倡导的数学竞赛活动与撰写的介绍治学方法的文章，都被胡说成是所谓宣扬“封、资、修”的一套，而被迫中断了这些科普工作.

十年浩劫中，他的家更被“查抄”了好几次，手稿散失殆尽，至今没有下落，使不少工作无法继续进行. 奇怪的是，除手稿丢失外，其他东西并不少.

在他从事数学方法普及工作的二十年中，更有种种流言蜚语，甚至人身攻击，并且有人从中破坏，企图解散他领导的小分队，以致他在 1975 年患了严重的心脏病.

他的学生也因此遭到不同程度的攻击与迫害.

在这种情形下，即使在科研或科普方面作出一点点成绩来，又该是多么不容易啊！

这一切已经过去了，党的十一届三中全会给中国带来了美好的前程，我们深信他在古稀之年还会作出更出色的贡献.

六

在这本选集中，搜集的都是正式发表过的著作. 他还有大量未发表的著作与手稿，可惜都在十年浩劫中丢失了. 例如，不少人见过的至少就有《投入—产出法》与《运输问题中的数学方法》手稿，都是 1960 年前后写成的. 特别在近二十年中，他从事应用数学方法普及工作，在各地作了大量生动而有启发性的演讲，都没有正式发表. “优选法”与“统筹法”在工业生产中具体问题的应用的大量出色经验，也没有写出来. 这些材料都只能在以后陆续搜集出版.

参 考 资 料

关于华罗庚教授的生平与事迹，国内报刊上曾发表过很多文章加以介绍，在此就不列举了. 仅举几篇国外发表的文章于后.

[1] Lowell Schoenfeld, *A Biographical Note on Professor Loo-Keng Hua*, *Notices of the AMS*, 1959, 7: 729 - 730.

[2] Stephen Salaff, *A Biography of Hua Loo Keng*, *Science and Tech. in East Asia*, Sivin Nathan edited, Watson Acad. Publ. Inc; 1977, 42.

[3] Gina Bari Kolata, *Hua Loo Keng Shapes Chinese Math.*, *Science*, 1980, 210: 412 - 413.

[4] Anita Feferman, *Professor Loo-Keng Hua on Tour*, *San Francisco Sunday*, March, 1981, 15: 18 - 22.

[5] Loo-Keng Hua, Selected Papers, *Springer-Verlag*, 1983.

（本文曾发表于《华罗庚科普著作选集》，上海：上海教育出版社，1984：4）

王元院士主持张益唐报告“孪生素数问题”所致欢迎辞

今天在这里隆重举行华罗庚讲座，热烈欢迎张益唐教授给大家报告他对数论作出的划时代的重大贡献.

关于孪生素数问题及张益唐教授所作的贡献，报纸、杂志及网上已有大量报道，大家都看到了，我就不重复了.

今天想讲几句别的话，张益唐教授有高尚的品德魅力；他真正做到了淡泊名利，几十年来，默默耕耘，不为名，不为利，始终关注着大问题的进展，设法攻克大问题，这样地坚持了三十多年，该是多么不易啊！

张益唐教授的爱好是多方面的，他很注重文学与音乐的修养，他对俄国文学有很深的了解，对提琴演奏的派别也有很深的了解. 关于这方面，大家可以参看汤涛教授在《数学文化》与《中国数学会通讯》上的文章及季理真教授等写的“张益唐访问记”. 我想，张益唐教授在数学上取得这样大的成就，跟他的品德、修养与情操是分不开的. 今天在座有不少年轻学生，你们的事业刚开始，我想你们的心中应该有一个榜样，那就是张益唐！

最后，我想说几句我跟张益唐教授的交往. 其实，今天是我第二次主持张益唐教授的报告会. 第一次是 1984 年，那时他刚读完硕士，北大邀我参加答辩会，答辩委员为丁石孙、潘承彪与我. 答辩者除张益唐外，还有现任美国俄亥俄大学教授的罗文治. 我主持了他们的报告. 遗憾的是往后的三十年，我与张益唐未有任何联系. 但这一往事将会永远留在我的心里，作为怀念.

现在，我们请张益唐教授给大家作报告.

（本欢迎辞致于 2013 年 8 月 22 日）

第五部分

数学漫谈

我们承认人的天分是有差别的. 所谓天分高低，无非是理解问题快一点与慢一点的差别而已. 知识都是通过学习与实践而得来的，绝不会生而知之. 所以，无论什么人学什么本领，都是通过刻苦努力，勤学苦练才学会的. 理解得再快，不努力也绝不会学到什么真本领. 学数学也是一样的，只要我们不断努力，总能学好数学，掌握它的规律.

同中学生谈谈学习数学

一　数学是重要的工具

恩格斯说过“纯数学的对象是现实世界的空间形式和数量关系”.“量”是贯穿到一切科学领域之内乃至日常生活之中的.天下有各种不同的量,如尺、斤、斗、秒、伏特、欧姆和卡路里等,但都要通过“数”才能确切地表示出来,所以“数”是各种各样不同的量的共性.“量”既然是贯穿到一切科学之中的,因而凡是要研究量,量的关系,量的变化等就都少不了数学.因此,数学的用处也就渗透到一切科学领域之中.我们都是生活在宇宙之中的,一切行星都在其中运动,弄清它们运动的规律,也必须借助于几何学来研究空间形式.以上都是一些简单的例子.从这些例子不难看出,数学是一切自然科学、技术科学乃至社会科学的得力助手和工具.任何一门科学,如果缺少了数学这一有力的工具,便不能确切地刻画出客观事物变化的状态,因而也就减少了它的精确性.因此,数学的应用是十分宽广的.而且社会愈进步,科学技术愈发展,应用数学的范围就愈大、愈深.我这样说,是不是意味着其他科学不重要或者次要呢?不是的.恰恰相反,数学之所以重要,正是因为其他科学的重要而重要的.因为上面已经说过了,不通过其他科学,数学的力量就无法显示出来,也就无所谓重要了.所以,无论你们将来搞什么,学好数学都是很有必要的.

党的十一届三中全会号召我们:从今年开始将全国的工作重心转移到搞四个现代化上来.这是一个多么宏伟和鼓舞人心的计划啊!同学们,你们在这二十二年中,正值青壮年,你们是建设四个现代化的主力军.因此,你们要以四个现代化为动力,努力学习,学好基础课之一的数学,将来为实现祖国的四个现代化贡献出一切力量.

二　靠天才，还是靠勤奋

我们承认人的天分是有差别的. 所谓天分高低，无非是理解问题快一点与慢一点的差别而已. 知识都是通过学习与实践而得来的，绝不会生而知之. 所以，无论什么人学什么本领，都是通过刻苦努力，勤学苦练才学会的. 理解得再快，不努力也绝不会学到什么真本领. 学数学也是一样的，只要我们不断努力，总能学好数学，掌握它的规律.我国著名数学家华罗庚同志说过："天才在于勤奋，聪明在于积累. "这是他几十年来工作与研究的心得，其要点在于"勤奋"与"积累". 所谓"积累"，就是学习历史的重要遗产与别人的好经验，其中也包括总结自己的心得体会. 有了丰富的积累，才可能突破旧框框，有所创造，这就是聪明的来源. 但这都离不开"勤奋"，经过刻苦努力，获得重大成就，这就是天才的来源. 因此，你们要抓紧一切时间学习，要"曲不离口，拳不离手"地学习. 正因为不断地积累知识与勤奋工作，才使华罗庚同志在数学的很多方面获得突出的成就. 陈景润同志能在哥德巴赫猜想方面做出突出成就，证明了"1＋2"，也是在于他的"积累"与"勤奋". 他首先弄清了历史上研究哥德巴赫问题的各项成就，在这个基础上，经过多年勤奋努力，然后才突破旧框框，改进了前人的结果. 我们绝不要上林彪、"四人帮"鼓吹的反动的"天才论"的当，以为什么预备知识都不要，就可以去研究什么历史上的著名难题，如哥德巴赫问题等. 这样做，结果总是一无所得的. 也不要自以为没有数学"天才"，就灰心丧气，放弃努力. 其实，只要认真积累，勤学苦练，一般人都能学好数学，掌握它的规律，甚至有所发明创造.

三　掌握基本概念，精学多练

在学习阶段，尤其是中学学习阶段，是打好基础的阶段. 基础好坏，对将来进一步学习与工作的关系极大. 这就像盖房子一样，基础好，房子才能盖得牢，盖得高. 所以，学习数学首先要掌握基本概念. 例如，什么是整数、有理数等都要弄清楚. 又如，一元二次方程解的公式是怎么推导出来的等，也都要知其所以然. 在中学阶段，平面几何学是最好的训练逻辑思维与推理的课程，应学会严格的“假设，求证，证明”这一套格式与方法. 多做练习是学好数学知识与掌握它的规律的必要手段，仅仅看书是不够的，但做什么样的习题呢？一味去追求一些难题、怪题是不妥当的，这样往往会忽略对基本概念的全面了解. 但是另一方面，只做一些代公式的题目，同样也达不到掌握概念与训练思维的目的，也是不妥的. 因此，做一些代公式的习题之后，也要适当做一些思考题，即经过一定周折之后才做得出来的题目. 除此而外，学习还应注意少而精的原则，要在“精”字上下工夫. 学一样知识，务必要求掌握，要求踏实. 所以，首先要学好学校规定学习的内容，不要乱看参考书，数学尤其是这样，宁肯少掌握一点，而不要囫囵吞枣，吃一大锅夹生饭，这样一点好处也没有. 如果学好了学校规定的材料之后还有余力，最好也要在教师的指导之下进行一定的课外学习比较稳妥.

以上谈的几点意见，供同学们参考. 让我们共同努力，刻苦奋斗，以更好的成绩向党，向人民报喜吧！

（本文曾发表于《鞍山日报》，1979 年 1 月 22 日）

树立远大理想，敢于攻破难关

1960 年，我看到新出版的苏联数学家布赫夕塔布写的教科书《数论》第 358 页上写道：

王元在 1958 年成功地证明了

定理 347　每一个充分大的偶数 $2N$ 都可以表成 $n+n'$，其中 n 的素因子个数不超过 2，而 n' 的素因子个数不超过 3（即"2+3"）.

我总算为伟大的祖国作出了一点贡献，我激动得热泪盈眶，浮想联翩.

好容易盼到了解放，我多么想为祖国贡献我的一切呀！1952 年大学毕业，我被分配到数学研究所跟著名数学家华罗庚学习并一起工作. 华老师叫我搞数论，而且指导我研究筛法与哥德巴赫猜想.

1742 年，德国数学家哥德巴赫写信给大数学家欧拉，提出了猜想，即每个大于 2 的偶数都是两个素数之和，即"1+1". 两百多年来，这一问题吸引了世界各国很多优秀数学家来研究它.

当时（1952 年）我是一个 22 岁的青年，研究这样难的问题，能行吗？弄不出成果怎么办？但强烈的爱国心使我把个人得失放在一边，我毅然地向这一难题进攻了. 从 1920 年开始的有关文献，不管是英文、俄文、德文、意大利文，能找到的，我都查了出来. 然后，认真分析其中的思路及可能存在的欠缺之处. 意大利文我不懂，就从数学式子去猜测文字的含义. 为了工作，我忘了星期天. 累了，我就伏在桌子上休息一下，有时工作到东方发白才去休息. 记得有几次，一直工作到病倒了，才强迫自己去休息几天. 为了找到一切资料，我跑遍了北京的大图书馆. 当时找不到布赫夕塔布 1938 年与 1940 年的两篇文章，怎么办呢？有一次，听说有一批俄文版旧书到了王府井科学院图书馆，一大早我就从清华园赶到王府井. 刚开始办公，我就进了图书馆，管理员很支持我，让我从未登记的书中找到了布赫夕塔布的文章. 于是，我就埋头抄起来，中午吃两个火烧再接着干. 两天终于抄完了. 就这样，一连苦干了两年.

但是，什么成果也没取得. 我动摇了，自卑了，怀疑自己没有干哥德巴赫问题的天分，还不如干点力所能及的工作好哩. 正在这时，我偶然用筛法取得了一些别的成果，并获得好评. 于是，我放弃了对哥德巴赫猜想问题的研究. 这时华老师严肃地批评了我："你要有速度，还要有加速度. "所谓速度，就是要出成果，加速度就是成果的质量要不断提高. "你不要再做这些小问题了，你要坚持搞哥德巴赫猜想. "

我为自己的动摇而惭愧，决心重新振作精神干下去. 终于在 1955 年，我证明了"3＋4"，这就第一次打破了布赫夕塔布在 1940 年的纪录"4＋4". 以后，我把我用的方法加以改进，证明了更强的"3＋3"与"2＋3"，并于 1958 年全文发表了我的成果"2＋3". 这一成果很快得到国际公认.

1958 年，华老师又提出用代数数论来研究多重积分近似计算. 这一问题有重要的理论与实际意义. 他要我跟他一起去尝试. 这时，我过去熟悉的知识与经验基本上都用不上了，而需要很多我不懂的数论知识. 当时，我连最简单的连分数也不掌握，如何当好华老师的助手呢？这就意味着一切都要另起炉灶了. 怎么办？是沿着已经熟悉的老路走，还是趁自己年轻时，另辟新路，在另一个领域也作出贡献呢？我毅然选择了后面这条更为艰难险阻的道路. 这个课题，除需要很多数学知识外，还需要电子计算机. 不懂，我就从头一点点地学，一点点地将问题的研究逐步深入下去. 当时计算机还很少，我们就尽量用笔算. 完全不能笔算，才用计算机来算. 1959 年，我们先得出二重积分近似计算公式. 1965 年形成了我们自己近似计算高维重积分的方法——华王方法.

1966 年，"文化大革命"中断了我们的工作. 但只要有一点可能，我们仍在偷偷地干. 我对华老师的每个想法都认真进行思考、消化，然后再向他请教. 在这么困难的期间，我们仍给出了这个方法的理论证明.

1976 年，万恶的"四人帮"被打倒了，我们百倍地努力工作. 我协助华老师将我们的工作总结成书，并于 1978 年正式出版.

不少外国学者建议我们出英文版，从而我们决定在西德斯普林格出版社出版.

当时，是请人翻译，还是自己来译呢？自己译可以借出英文版的机会对书再作一次修改补充，尽管中文版写了四遍才定稿. 我平时只用英文写过简单文章，用英文写一本二百五十页的专著，行吗？我决定边学边干，写出了第一稿. 经华老师修改，只用一年时间就定稿了.

1981 年，我看到了精美的英文版书，既高兴又激动. 二十三年来，华老师与我用心血浇灌的成果终于展现在面前了. 不久，我们又见到了日本数学家江田义计教授的日文译本.

回顾三十年走过的道路，我深深感到，我们要有雄心壮志，树立远大的革命理想，无所畏惧，敢于攻关，还要在具体工作中一丝不苟，踏实苦干. 唯有这样，才能作出应有的贡献.

（本文曾发表于《科学家谈理想》，合肥：安徽人民出版社，1983：26－30）

勤奋、踏实、多思

从你们进小学开始，每学期都有数学课，而且分量很重. 将来你们上大学，还要继续学习数学. 特别在今天，微电脑广泛应用，数学训练就更显得日益重要. 因此，同学们首先要对数学的重要性有充分的认识.

小学是每个人的开始学习阶段. 你们一定要养成勤奋学习的好习惯. 今天的作业要今天完成，不要拖到明天. 千万不要先玩耍，等玩累了再做功课. 这样效率一定是低的，这样的拖拉习惯也是有害的.

在小学学习数学，一定要弄清楚每个概念及每个公式的来源. 对于四则运算要熟练. 一定数量的重复运算对于掌握所学的内容是必要的. 不可以知其然而不知其所以然，或自以为会做了，就不愿意多做习题.

但另一方面，整天埋在“题海”里做同一个类型的题目也是不对的，应该做一些需要拐几个弯的题目. 当做出来后，不要以为就完成任务了，还要多多思考，有没有更简单的解题方法. 你们彼此也可以多多讨论. 这样就可以学得更活泼、更深入.

注意到勤奋、踏实与多思，我相信你们的数学一定会学得好的.

（本文曾发表于《小学生学习报》，1985 年 1 月 1 日）

这样讲数学，小学生是可以接受的

——读“汉声数学图画书”

一

经朋友推荐，我在最近读了贵州人民出版社出版的一套“汉声数学图画书”（以下简称“汉声”）．这套书共41册，约1 400页，通俗易懂且图文并茂，寓知识于日常生活常识，甚至游戏之中，读之趣味盎然，所以我一口气就读完了．

这套书是由18位美国数学家或数学教育工作者分头撰写的，并配有一些生动的图画．汉声杂志将它翻译成中文时，作了一点小改动，例如，将美元图像换成了人民币图像．

这套书讲的概念，虽然有些已经涉及中学乃至大学的数学内容，但小学生仍然是可以接受的，所以读者范围除小学生外，中学生与大学生，中小学教师，甚至专业数学家也可以看看，至少可以从中知道怎样将一个数学概念讲给小朋友及外行听听．

这套书的内容包括介绍数学的重要概念；讲解一些数量常识和智力游戏；及数学的应用（统计）．重点应该是数学概念的讲解．现在，我对这三方面作一点简要介绍．

二

1. 正整数或自然数是数学的基础，但人们是什么时候开始使用数字的呢？没有人知道. 但它是经过很长的一段日子,才发展出来的! 最早的阶段可能是配对. 例如,一颗石子配一头牛,数石子即可知出门时有几头牛,回家时有没有丢失. 第二个阶段可能是三个概念:“一样多”“比较少”“比较多”. 第三个阶段则是命名,这也可能是从配对来的. 例如,“二”对应于两个耳朵,两双眼睛,“五”对应于五个手指,“十”对应于两只手的手指. 数字的第四阶段是排序,第五阶段为数数,这也是一种高级配对,即一组数字配一堆东西.

整数分成偶数与奇数. 例如,鞋子是成对的,2,4,6,…都是偶数. 一个篮球队由 5 个队员组成,5 是一个奇数,1,3,5,…都是奇数. 日常生活中充满了偶数与奇数.

零是一个重要的数,它不只是“没有”,例如,零是所有测量的起点. 用磅秤来称东西前,磅秤的指针指向零,放上东西后就指向它的重量了. 又如,火箭发射,发射时喊五,四,三,二,一,“发射”,发射就是“零”;如果再喊一,二,三,四,五,就是继续计算发射后的时间. 这里也带出了负数的概念,发射前喊的五,四,三,二,一,其实就是−5,−4,−3,−2,−1. 再如,温度计的刻度有零度,零上的温度是正的,零下的温度是负的. 这些正负数与零可以用数轴表示出来,它们的加减法也是非常直观与自然的.

我们在计数时必须用到零. 例如,102 表示百位是 1,十位是 0,个位是 2. 在日常生活中,也处处都能感受到零与负数.

乘法是相同数的连加,这样就有了乘法表,就可以将计算化简了. 除法是分出来的,例如,十二个苹果分给三个人,问每个人分几个. 略为估计一下,每人先分三个,于是还剩三个,每人再分一个就分完了. 每人总共分得四个苹果,即 12÷3=4.

什么是分数呢? 分数也是分出来的,如半杯水,半张饼,这就是两份中的一份,也就是[12]. 我们还可以在一张画有圆与矩形的纸上,将圆与矩形都分成相等的四份,取其中的三份,这就是四分之三,即[34],这些在日常生活中都是常见的.

这些内容都含于小学算术课程内,易于了解.

参见“汉声”第 1,2,3,4,5,7,11,22 册.

2. 数学的另一基础是几何,直线是最常见的,例如,书桌的边沿或一本书的一边的无限延长. 平行线是两条直线,它们无论怎样延长都不相交,例如,带有横条的笔记本,每一行的空间都是由两条平行线拼成的. 又如,一张长方形纸,将一对对边对折一下,再将折痕用笔画出来,它与长方形的两条对边一起,就是三条平行线. 再来看一张方桌的相邻两边,它们构成一个角,方桌共有四个角,它们彼此是相等的. 这时,相邻的两边的一边就称为另一边的垂线,或它们彼此垂直.

其次,我们看到的直线,只是这条直线的一段而已,即一条线段. 所谓线段,就是直线上两点之间的部分. 过一点的两条直线形成一个角,称为它们的夹角. 如果这两条直线互相垂直,那么称它们的夹角为直角.

在一张纸上画三个点,记为 A,B,C,假定它们不在一条直线上,将 A 和 B,B 和 C,及 C 和 A 连接起来,构成一个三角形,记为 $\triangle ABC$,它有三条边 AB,BC,CA;有三个顶点 A,B,C,每个顶点都有一个角. 如果有一个角为直角,那么称为直角三角形;有两边相等的三角形称为等腰三角形;三条边均相等的三角形称为等边三角形.

类似地,过平面上四个点,其中任何三点都不在一条直线上,将这四个点依次连接起来,可得一个有四条边、四个角的图形,我们称它为四边形. 如果四边形有一对对边平行,那么称为梯形;如果四条边均相等,那么称为菱形;如果四边形的四个角均为直角,那么称为矩形;如果矩形的四条边均相等,那么称为正方形. 当然,正方形也是菱形.

我们还可以画出边数多于 4 的多边形.

将两条直线线段重叠在一起,并将各自的一个端点重合起来,就可以比出它们的长短. 同样,可以比出两个东西的高矮与宽窄.

另一个重要的图形就是圆,硬币、碗口、车轮子等都是日常生活中常见的圆. 但怎样在纸上画出一个圆来呢? 固定一个点,称为圆心. 将圆规的一只脚钉在圆心上,另一只脚上装有铅笔,画一圈即得一个圆. 由作图可知圆周上每一点与圆心的距离都相等,这段距离称为圆的半径. 过圆心画一条直线,它与圆交于两点 A,B,这两点之距离等于半径的 2 倍,称为直径. 直径与圆周上另外任意点 C 构成一个三角形 $\triangle ABC$. 量一下就可知角 C 恒为直角. 若将圆规的针头放在圆周的任意点 A 上,以圆的半径再画一圆,它与圆周交于 B,再以 B 为中心画一圆,它与圆周交于 C,如此等等. 第六个交点就是开始的点 A. 将这六个点依次连接起来,就得到一个正六边形.

这些内容基本上都含于小学算术之中,易于了解.

参见“汉声”第 6,8,9,14,16,24 册.

3. 将三角形的两边叠合对折起来,这条折线平分了这两条边的夹角,我们称这条折线为角平分线. 用折纸法即可知三角形的三条角平分线总是交于一点的,而且这个点总在三角形之内. 再拿一个圆规,将圆心钉在这个交点上,我们总可以画出一个正好套进三角形的圆. 具体地说,这个圆在三角形内,且与三角形的三条边相切. 所谓相切,是说圆与三角形每条边所在的直线都只相交于一点,而不是两点.

在一张纸上,将一条线段的两个端点叠合对折起来得到的直线,与原来的线段垂直,称为线段的中垂线. 用折纸法可知三角形的三条边的三条中垂线总是交于一点的. 这一点可以在三角形之内,也可以在三角形之外. 以这个交点为圆心,我们总可以画一个正好套住三角形的圆. 具体地说,这个圆过三角形的三个顶点.

所谓三角形的一条中线,是指从三角形的一个顶点至它的对边之中点的连线. 用折纸法可以得到三角形的三条中线. 这三条中线也交于一点,称为三角形的“重心”. 以一张硬纸板剪下三角形,再用一个图钉在下面顶住重心,三角形应该是平衡的.

虽然上面这些知识需在中学的平面几何课或解析几何课中学到,但用折纸法,小学生也能了解这些现象.

参见“汉声”第 15 册.

4. 什么是椭圆? 在日常生活中,椭圆是常常见到的,例如,当正看一个玻璃杯口时,它是圆形的,如果将杯子慢慢倾斜,杯口就逐渐变扁,变成了另外一个形状——椭圆. 又如,从远处看桌子上的一个碟子,或从墙边看墙上的挂钟,都是椭圆形的,但从桌边去看碟子,或从正面去看挂钟,就都成为圆形了. 圆是椭圆的特例.

如何在纸上画出一个椭圆呢? 我们将两个图钉钉在一张纸上,用一根绳圈围住这两个图钉,再把一支铅笔放在绳圈内,紧拉着绳圈绕着图钉移动,绕一圈后就画出一个椭圆了. 图钉所钉的点就是这个椭圆的两个焦点.

更进一步,我们还可以在一间黑暗的房间里,用一个手电筒来照墙. 当正射墙壁时,出现了圆的光圈,当手电筒稍作倾斜,光圈就变成椭圆形了;当手电筒倾斜到某一个角度后，椭圆会裂开，形成“抛物线”．如果继续倾斜手电筒，抛物线就越变越尖，这个形状叫“双曲线”．再倾斜手电筒，双曲线会变成两条相交的直线．

椭圆、抛物线与双曲线统称“圆锥曲线”．这是中学解析几何课的主要内容，但上面这些直观的讲授与实验，小学生是可以接受的．

参见“汉声”第31册．

5．有一个故事“葛大小一生”：星期一刚出生，星期二上教堂，星期三娶新娘，星期四倒在床，星期五快完蛋，星期六上天堂，星期日已下葬．葛大小这一生是怎么回事呢？

这里实际上是一个有限数系的循环现象：1，2，3，4，5，6，7；1，2，3，4，5，6，7；…．星期一到底是哪一个星期一？星期二又是哪一个星期二？……但有一点是明确的，即假定今天是星期二，我们将它记为1，若n天之后再是星期二，则$n-1$必定是7的倍数，即用7可以除尽$n-1$，我们将这一情况记为$[n-1\equiv 0]\pmod 7$，或$[n\equiv 1]\pmod 7$，称为n与1模7是同余的．

同余这个概念在日常生活中是常见的．例如，时钟每隔12个小时就开始循环，如此循环不已．

同余是大学初等数论课开始的内容，但上述这些讲述对于学过除法的小学生来说是可以接受的．

参见“汉声”第10册．

6．使用通常的阿拉伯数字记数，用10个数字记号0，1，2，…，9就够了，为什么用10个记号？这很可能是由于人有10个指头，这就是我们熟知的十进位记数法．小孩子开始学算术四则运算时，也是借助于手指来帮忙的．

但记数法不一定要十进位，例如，中国的老秤，1斤等于16两，这里的两与斤的关系就是16进位，这表明10是可以换成另一个整数的．

在电脑设计中，我们是通过电子开关来传递信号与处理数的，每一个电子开关都只能接受“开”与“关”的信号．这样用两个记号0(关)与1(开)最方便，在这里用的就是二进制．

关于二进制，有两个故事可以启发小孩子的想象力．第一个故事，我们将1米放大一倍为2米，再放大一倍为4米，继续放大一倍为8米，如此等等．放至第26

次，其长度即够地球的赤道之长. 放至第 30 次，即超过地球至月球的距离了. 另有一个故事说，有一个国王要奖励国际象棋的发明者，发明者提出要麦子，象棋盘共有 64 个格子，他要求第一个格子上放 1 粒麦子，第二个格子上加倍放，即 2 粒，第三个格子再加倍，即 4 粒，如此等等. 这样放下去，第 64 个格子上放的麦子，覆盖满地球还绰绰有余！

关于五进制也很有用，例如，选举时用“正”字来计票数，就是五进位.

大学的分析课中，一般会讲到各种进位法，小学生也可以接受上述讲法，并易于学会它们的四则运算.

参见“汉声”第 23，38 册.

7. 从一个游戏说起：有一纸袋糖，假定在袋外加 1 粒糖，然后将糖的总数加一倍，再加 4 粒糖，然后将总数去掉一半，最后减去 3 粒糖，还剩下多少糖？

解答：假定纸袋中共有 x 粒糖，则以后每一步的糖数分别为 $x+1$，$2x+2$，$2x+6$，$x+3$，x. 所以，最后剩下的仍为原来的那一纸袋糖.

上面解答中的 x 叫未知数，我们可以根据问题的题意列出式子一步一步来计算.

又如，什么数加 7 等于 15？我们假设要求的这个数为 x，则 $x+7=15$，将等号两边都减去 7，即得 $x=8$.

这就是中学代数课开始时要学的东西，这样讲解，小学生是可以接受的.

参见“汉声”第 21 册.

8. 我们常常会看到一张交通图，上面有道路及一些建筑物，如玩具店、图书馆、饭店、博物馆等. 我们可以将某些建筑物画出来，并标以“点”(一些建筑物可以被略去)，再将连接这些点的道路用一条“线段”表示出来，这样我们就得到了一张“网络图”. 一个点称奇点或偶点，依照通过这个点的线段的条数为奇数或偶数而定. 如果这张网络图是封闭的，如一个城市的交通图，人们常常会问这样的问题：一个邮递员将信送至每一个点，怎样走法最节省(指走的路最短)？

这个问题发端于著名的“海德堡的桥”问题，由此产生了数学的领域“图论”. 在大学的图论课会讲这些内容，这里讲的知识，小学生是可以接受的.

参见“汉声”第 33 册.

9. 什么是拓扑学？一根拉直的绳子，上面标有三个点，我们将绳子变弯曲之后，形状变了，但这三个点的次序未变. 一个圆将平面分成圆内与圆外，若将圆拉成一个三角形，则圆之内与外仍分别在三角形之内与之外，这是不变的. 我们称这种不变的性质为“不变性”. 把线及各种图形，经过压缩、卷曲或其他方式扭曲之后，有些性质改变了，有些性质不会改变. 形象地说，研究这些不变性的数学领域称为拓扑学.

如果用一把刀沿着球面上一条封闭的曲线切下，总能将球切成两部分，即我们不可能沿着球面上的某一条封闭曲线切下，而不把球切成分离的两部分. 具有这种性质的物体，称它们属于一个“族”. 我们称它为“零族”，或称它有空格 0.

面包圈就不一样了. 过面包圈的里圈至外圈切一刀，面包圈仍保持完整，但如果再多切一刀，它就分成两部分了. 所以，面包圈属于“一族”的物体，或称它有空格 1.

像 8 字形的面包圈是空格为 2 的物体，我们还可以定义空格≥3 的物体.

以上讲的是大学数学课程拓扑学的一点基本概念，这里的直观讲法与实验，小学生是可以接受的.

参见“汉声”第 32 册.

10. 什么是概率论？通俗地说，就是利用一些数据来预测未来的结果. 例如，明天的天气如何？如果我们有一百天的气象记录和今天的天气情况差不多，而接下来的第二天曾有过七十天下雨的记录，气象预报员就可以说，明天下雨的概率是 70%. 一般来说，记录愈多，预测就愈准.

又如，掷 10 个钱币，正面向上的可能共有 11 种情况，即 0 个正面，1 个正面，……，10 个正面. 我们可以先做一张表，分“正面数”与“次数”两栏. 如投掷第 5 次时得到 3 个正面，我们在“正面数”栏记上“3”，在“次数”栏中划上一笔(为便于计数，我们通常用“正”字记数，在此为正字划上最后一笔). 如果我们共投掷了 100 次，看到 10 个都是正面的次数为 0，……，6 个为正面的次数为 42，5 个为正面的次数为 48，……，0 个为正面的次数为 1，这时我们可以画另外一张图，横坐标为“正面数”，即 0，1，2，…，10，纵坐标为达到的次数，0 上画 1 格，……，5 上画 48 格，……，10 上画 0 格. 图像是由少至多，再由多至少. 如果再投掷 100 次，所得的图像亦会是类似的，这就是投掷10个钱币正面朝上的概率分布图.

如何估计工业产品合格否？如果产品数量很大，我们无法一一检查每个产品. 我们常常随意拿出一小部分来，算算合格的百分比，即概率，由此来预测产品的合格率. 这就是“抽样检查”.

概率论在中学数学课中有些组合讲法，严格的数学讲法要在大学的概率论课讲. 但结合生活实际，小学生也可以接受概率的直观含义.

参见“汉声”第36册.

三

1. 古罗马人的数字与记数法在有些地方仍在沿用，这是一种常识. 我们应该知道，对应于1,2,3分别为Ⅰ，Ⅱ，Ⅲ，但我们不能无限制地延续这个记号，于是添加了5的记号Ⅴ. 将Ⅰ放在Ⅴ的左边，即Ⅳ，它表示4；将Ⅰ放在Ⅴ的右边，即Ⅵ，它表示6. 于是，我们有Ⅶ，Ⅷ，它们分别表示7,8. 以后还要再加一个记号Ⅹ，它表示10. 这样，我们就有了9的表示Ⅸ，11的表示Ⅺ，以及ⅩⅤ表示15，ⅩⅥ表示16，ⅩⅩⅪ表示31，等等. 不难想象，往下数数时，我们还需要引进记号L(=50)，C(=100)，D(=500)，M(=1 000)，[V](=5 000)，[X](=10 000)，等等. 除记号繁杂外，记数时还需要用加减法，所以这种记数法不及阿拉伯数字与计数法好.

2. 我们现在用“天平”来称东西，大概来源于古代人用双手提东西来比较两只手中的东西的重量. 我们用一根横杆，它的两端各挂一个盘子，横杆的中点立有一根支杆，使横杆处于平衡状态. 我们在右边盘子里放上欲称的东西，左边盘子里放上砝码，如果两边平衡了，即得知右边盘子里的东西的重量了. 今天使用的秤里面装有弹簧，上面有一个盘子的形状. 我们将欲称的东西放进盘子里，弹簧就会受到挤压，以其受压的程度来判定东西的重量.

3. 如何计量长度？如何计量重量？如何测量温度？这些都是日常生活中常见的问题. 通常用来计量长度的单位有英制：1英尺为12英寸，1码为3英尺，1英里等于5 280英尺. 另一计量长度的单位为公制，公制包括厘米，100厘米为1米，1 000米为1千米，48英寸等于120厘米.

英制用来计量重量的单位是：盎司，磅，1 磅等于 16 盎司. 公制是克，千克. 1 千克等于 1 000 克，1 千克大约等于 2.2 磅.

温度的计量有华氏：水沸腾的温度为华氏 212 度，水结冰的温度为华氏 32 度. 另一温度的计量为摄氏：水在摄氏 0 度时结冰，在摄氏 100 度时沸腾. 这两种温度计，除刻度不同外，都是一样的.

科学家还用标尺说明地震的强弱，风的强弱等.

4. 如何求出墙上一段弯曲的曲线的长度？如何求一个容器的表面积与体积？这些都可以估算. 例如，墙上画有一条曲线，我们可以用一根绳子沿着曲线对齐，将绳子的两端剪掉，量一下绳子的长度即可知墙上曲线的长度了.

5. 虽然我们不能在这套丛书里严格地定义函数、对称、螺线、连接词“或”与“且”，但在日常生活中，这些概念是经常出现的.

我们从家里走到车站要多少时间？这就要看我们怎样走了：跑步，快走，还是慢慢走，即走的速度如何！所以，花的时间依赖于速度，或者说，时间是速度的函数.

对称的东西随处可见，例如，人的脸是左右对称的，双手也是配对的，等等.

圆周的起点与终点是一个点，所以它是一条封闭的曲线. 但若将一根绳子对着一个中心点绕，就成一条螺线了，螺线上每一点到中心的距离都不一样. 这是一条开放的曲线. 在日常生活中常常看到螺线，例如，螺丝钉的螺纹，唱片的唱沟都是螺线段.

命令句与疑问句不是叙述句，我们在叙述句“真”“假”间可以用“或”和“且”将两个叙述句连接起来. 例如，猫吃鱼或猫会飞；狗喜欢啃骨头且猫喜欢吃鱼.

6. 还有几册书是与数学有关的游戏，可以开发儿童的智力.

参见“汉声”第 12，13，17，18，19，25，26，27，28，30，34，37，39，40，41 册.

四

1. 数学是一门有广泛应用的学科，统计学是常见的一门重要的应用数学分支. 它主要从事分析和处理各种“数据”. 由于统计与概率论有着密切的关系，因此人们常常将它们连在一起，称为“概率统计”. 随着愈来愈多的数学分支用于统计及它自身领域的扩张，现在已成为一个独立的科学分支了.

统计学首先要获取“数据”. 例如，一个国家有多少人，一个城市搭公交车上学的学生有多少，喜欢用某品牌牙膏的人有多少，等等.

根据这些数据我们可以作些预测. 例如，一家学校旁的水果店可以在一个班级中作抽样调查，看看喜欢吃苹果、香蕉、橘子、梨与草莓的人数比例，从而作为店里进货这些水果数量的依据. 类似地，农民可以利用市场的销售数据来决定种植各种粮食与蔬菜的品种与数量，等等.

2. 我们可以将数据画在一张纸上，有所谓的“文氏图”.

例如，有 8 个人，其中 5 个人会滑水冰，6 个人会滑旱冰，3 个人既会滑水冰也会滑旱冰，我们可以用右面的文氏图来表示.

3. 统计里有几个常用的量，即“众数”“中位数”与“算术平均数”.

例如，一个班的大多数学生早餐吃馒头与稀饭，这个“大多数”就是“众数”.

一个班的学生按高矮排成一排，排在中间的学生的身高就是全班学生身高的“中位数”. 如果有两个学生排在中间位置，那么他们的身高的平均数就是全班学生身高的“中位数”.

我们不定期可以将全班学生的身高记录下来，将它们加起来，再除以全班的人数，答案就是全班学生身高的“算术平均数”.

五

对“汉声”的出版有以下两条小建议：

1. 黑色字排在深色上面，不易辨识. 例如，深绿色的底面上黑色字不易看清楚. 最好改为淡绿色上排黑色字，或深绿色上排白色字或黄色字.

2. 41 册书的封面都用硬壳纸精装，若能改成软封面平装，则成本可以大幅度减低. 这样更便于推广，特别是贫困地区的小学可能买得起.

（本文曾发表于《中小学数学（小学版）》，2014(4)：1－5）

附录一　关于数学研究所对外开放的报道

中科院数学所探索办开放型研究所的路子

王元教授认为，应把数学所办成全国数学界
开展科研、进行学术交流和造就人才的基地

本报讯　最近，著名数学家、中国科学院数学研究所所长王元和副所长杨乐等同志，在他们领导的所开始探索办开放型研究所的路子．目前，开放的准备工作正在积极进行，第一批来自全国科研单位、高等院校的访问学者二十多人，即将来参加合作研究和学术交流．

王元教授说，办开放型研究所，国外比较常见，我们自己也有过经验．数学所过去同国内外数学界人士有较密切的联系，20 世纪 50 年代到所里从事过科研工作的人，现在大部分已成为学术上有造诣的学科带头人，有的还担任了大专院校、科研单位的领导工作．王元认为，中国科学院数学所有一批学术水平较高的数学家，同时，拥有一个专业图书、刊物比较齐全，在世界同行业中也称得上是资料丰富的图书馆．因此，我们完全可以利用这些有利条件，把数学所办成全国数学界开展科学研究、进行学术交流、造就人才的基地，办成在世界上有一定影响的学术机构．

在谈及办开放型研究所的好处时，王元指出，首先，能增加研究所的活力，访问学者、进修人员和研究生一批批来到所里，就会不停地萌发出新的学术见解．这种科研力量的流动结构，可以冲破部门所有、死水一潭的局面．第二，能增加研究所内部的压力，全国学术界的佼佼者荟萃之后，必然会推动研究所内部人员结构的变化．第三，能充分发挥国家为数学所创造的条件，使其达到资源共享．第四，通过开

放,可以发现人才、造就人才,促进科研队伍一代新人的成长. 第五,能更好地发挥中国科学院这个全国自然科学综合研究中心的作用.

(欣　文)

(本文曾发表于《光明日报》,1985 年 1 月 21 日)

经著名数学家王元、杨乐的申请
中科院批准数学所办成开放型的研究所

经过改革,这个研究所只有少数的长期研究
人员,而大部分研究人员将实行短期聘任制

本报讯　记者刘敬智报道:前不久,中国科学院数学研究所所长王元、副所长杨乐,向中国科学院提出申请,要求改变过去那种封闭式办所的旧体制,把从事纯数学研究的中科院数学所办成向国内外开放的数学所,以充分发挥该所在我国数学发展及四化建设中的作用.

根据这一申请,4 月 6 日,中国科学院组织周光召、柯召、段学复、胡世华、程民德、姜伯驹、潘承洞、王梓坤、吴文俊等十六位著名数学家、教授、研究员进行了座谈评议.

专家们认为,纯科学研究机构办开放型研究所,完全符合中共中央"关于科学技术体制改革的决定"精神. 它将能充分发挥我国现有人才和设备的潜力,使我国的科学研究事业用较少的投资取得较大的效果.

中科院数学所研究力量比较雄厚,学科领域比较广阔,并有丰富的数学专业藏书,具备了对国内外开放的基本条件. 在开放型的数学所里,长期的研究人员将变得很少,大部分的研究人员将实行短期的聘任制,其中有相当多的人员是国内外的访问学者及有培养前途的进修生,这既可以集中全国以及国外的优秀人才增强难题攻关的实力,又可在不与我国目前人才单位所有制发生矛盾的前提下,促进人才的合理流动,充分发挥人才的作用,同时,还可发挥中科院数学所在理论和设备方

面的优势，为全国各地培养和输送一批又一批的高水平数学人才，为提高全民族的文化水平做贡献.

与会专家还提出，为了办好我国第一个开放型的数学研究机构，数学所应该成立一个权威性的学术委员会，由全国的一些知名学者组成. 这个委员会负责审议该所向全国开放的科研项目、人员构成及科研计划等重大问题.

最近，中国科学院已正式批准数学所的申请，作为第一个办开放型研究所的试点单位，希望他们能开动脑筋总结经验，把数学所办成一个真正的全国数学研究中心，对我国数学的发展发挥应有的作用.

（本文曾发表于《光明日报》，1985 年 5 月 15 日）

附录二　关于基础理论择优支持的报道

慎重选题　大胆择人

——中国科学院院士王元谈基础研究的择优支持

本报记者　马春沅

如何有效地利用有限的资源和资金，尽快地发展我国的基础理论研究，抓住重点择优支持，是一个十分重要的问题. 最近，中国科学院院士王元教授在接受记者采访时，针对这个问题阐述了他的见解.

王元说，一个学科中的领域与课题，大体上有四种情况：第一类是已完全成熟，不再继续发展，或已可判断继续发展的价值不大，再出现重大成果的机会很小；第二是基本上成熟的领域，即学科的框架已建立，但有些重要的问题未解决，以待研究；第三是正在走向成熟的领域，这种学科的框架已基本建立，还需继续完善，尚待解决的问题还不少；第四是正在发展的领域，学科框架尚未建立. 第一类学科与课题不应该支持. 如果一个课题本身不能发展，你有天大的本事也没用. 第二、三类的领域与课题应该支持，但需注意，被支持的研究人员应是素质较高的，而这些领域在我国又有较好的基础，可支持他们取得在国际上有影响的高水平成果. 第四类的领域与课题当然要支持，但也要慎重并具有眼光，即能较准确地预测这个领域将来有所发展，能成为一个有重要成果的、有影响的领域，而且能带动其他方面的发展. 千万不要看到外国有不少人搞，就一哄而上，凑热闹，而不作自己的分析与判断.

王元认为，在择优的过程中，评价人的素质很重要，尤其是学科与课题带头人的素质更重要. 看一个研究人员的素质要从历史与现状来看，即这个人在过去有没有做过较好的研究工作，有没有攻过科学难关. 从现状上看，要看他现在对所从事研究的学科的整体了解如何，实力如何，攻坚能力如何. 这一点跟年龄有关，老年科学家除个别人外，其攻坚能力随年龄增加而下降，较适宜作宏观指导. 相反，太年轻的研究人员，除个别人外，由于知识面窄，经验不足，宜在有经验的科学家领导下工作，逐步向独立工作过渡. 学科与课题负责人应以三四十岁的人最为适宜. 哪些人的素质较高呢？学术界是自有公认的，只要广泛听取意见，就不难知道.

王元教授希望，重点支持一些单位，使之成为我国基础研究中心. 不要到处铺摊子，将有限的资金分散，弄得到处上不去. 研究中心的行政机构也要少而精，注意效率.

王元教授还说，数学是所有自然科学及某些社会科学与管理科学的基础与工具. 由于数学水平的限制，往往制约了这些学科由定性研究向定量研究发展，也制约了电脑在这些学科中发挥应有的功能. 王元强调，像数学这样的学科，就符合基础强、涉及面又很广的条件. 因此，在我国适于提倡数学的发展，数学应在择优支持之列.

（本文曾发表于《中国科学报》，1994 年 3 月 11 日）

附录三 “创新人才岂是教出来的”

《光明日报》通讯员 李子晗
《光明日报》记者 罗 旭

“所谓创新，一定是前人没有想到的、没有做到的. 靠老师手把手地去教，一定教不出来创新人才.”

11 月 16 日，在中科院计算机所的一间会议室里，84 岁的中科院院士、数学家王元对记者说：“我从来不会帮学生解答具体的专业问题，因为他们研究的东西我其实也不懂.”在他看来，培养独立创新精神才是育人的关键.

学 位 之 惑

“现在有一个倾向，一个单位引进人才首先要看是不是‘海归’，有没有‘博士’学位. 那些其实是评价一般人才的标签，真正的创新人才不能看这些.”王元说，“华罗庚是中国最出色的数学家，但他只有初中学历. 我是华罗庚先生的学生，也只是本科毕业.”

华罗庚 26 岁时留学英国剑桥，师从当时赫赫有名的数学家哈代. 哈代鼓励他说：“你可以在两年之内获得博士学位！”华罗庚却摇头道：“我不想获得博士学位，我只要求做一个访问者！”

哈代一脸不解，博士学位是很多人梦寐以求的，对于只有初中文凭的华罗庚来说，更是机会难得. 华罗庚这样回答：“我来剑桥是为了求学问，不是为了学位！”求学两年，华罗庚集中精力研究堆垒素数论，并就华林问题、他利问题、奇数哥德巴赫问题发表了 18 篇论文，获得了轰动国际的学术成果，但最终也未戴上博士帽.

王元这一生，也从来未把博士学位当成自己追求的目标. 大学毕业后，他把全部心思投入数学研究，首先将解析数论中的筛法用于哥德巴赫猜想的研究，并证明了命题“3+4”，1957年又证明了“2+3”. 他证明的“2+3”表示的是：每个充分大的偶数都可以表示成至多2个质数的乘积再加上至多3个质数的乘积. 这是中国学者首次在这一研究领域跃居世界领先地位. 其成果为国内外有关文献频繁引用. 当时王元只有27岁.

“30岁前是一个人最具创新能力的阶段，不要把精力放在追求学位上，专心去研究些创新的问题，才不枉今生. ”王元这样说.

兴趣之重

采访当天，王元在参加一个科学家与艺术家交流的聚会. 聚会现场，当着欧阳中石等书法大家的面，王元欣然挥毫题字. 笔法看似朴拙，但功力自现，引来行家颔首.

“我66岁开始练习书法，坚持至今. ”王元说，自己这一生，只要是兴趣所及，都肯花费时间刻苦钻研. 中学时候，他喜欢看小说，不管多厚的书本，他都要想方设法挤时间看完. 后来，他看别人拉二胡，自己也动了心，投入大量时间苦练，又肯动脑筋琢磨技巧，很快成为出色的二胡演奏者. 广泛的兴趣，养成他不怕困难和强烈进取的精神. 只要是自己感兴趣的事情，他总比别人学得好.

王元认为，兴趣是激发一个人求知欲望的重要动力. “只有在自己感兴趣的领域去做研究，才会不知疲倦、以苦为乐，才会看到别人没有看到的东西，才会有创新火花迸发. ”

独立为要

“自由的环境，专注的研究，才是一个人成才的必由之路. ”王元说，“现在的教育，就是条条框框太多，才培育不出创新人才. ”

回忆自己师从华罗庚的岁月，王元说，当时华罗庚在专业研究上从未对他有过任何约束，一直放手让他进行独立自主的研究. 在青年时代，能有这样一位老师给予自己充分信任和自由空间，至今仍让王元充满感激："培育人才要是一直像幼儿园老师一样小心翼翼，肯定出不了创新人才，要敢于放手，让他们自己去探索. "

说到这里，王元谈起了自己的学生张寿武. 1983 年，张寿武考入中国科学院数学所攻读硕士学位. 当时，王元认为自己的研究领域经典解析数论已无出路可言，但看中了张寿武的勤勉和悟性，鼓励他自由选择方向.

三年时间里，王元基本没管过张寿武. 那要是张寿武有解决不了的专业问题怎么办? "他 24 小时钻研都没弄明白的问题，我从未研究过怎么会懂?"王元认为，对于创新人才，老师的作用在于引导与点拨，不可能手把手地教.

1986 年，张寿武硕士论文答辩时，王元说："我也不知道你在说些什么，一个字也听不懂，但考虑到你每天很早就来办公室，很用功，这个硕士学位就送给你了. "如今，张寿武已成为美国科学与艺术学院院士、普林斯顿大学终身教授，跻身于世界上最出色的华人数学家之列.

"师从华罗庚先生的学生不下百人，但最终获世界数学界认可的人物，不过五六人. "王元说，"这些人身上有一个共同的特点，就是都有独立自主的创新精神. "

（本文曾发表于《光明日报》，2014 年 12 月 6 日）

附录四　元老一席谈

张英伯　整理

2016年12月16日下午，我们去探望元老. 元老，是数学界对我国著名的解析数论学家、中国科学院院士王元先生的尊称.

元老待我们落座，便侃侃而谈，看来已有准备，胸有成竹.

元老： 我现在年纪大了，很少看数学文章了. 平时经常看四种杂志，《数学文化》《数学与人文》《数学译林》和《中国数学会通讯》. 你们的《数学文化》办得很好，里面有三个人的文章我认为是水平最高的，一个一个讲. 第一个是卢昌海，他的文章水平非常高，我推荐过很多次. 中央一台举行过一个颁奖典礼，卢昌海获奖也是我极力推荐的. 因为他写的黎曼猜想①，从一个专业数论学家的角度来看，没有任何毛病.

英伯： 他是学物理的.

元老： 后来清华大学出版社把他所有的书都寄给我了，我都看了，很好的. 还有一个欧阳顺湘也很好.

英伯： 欧阳是我们学校毕业的.

元老： 是你们学校的，我知道，他的履历在你们杂志上登过. 他写的那个关于"谷歌涂鸦"②的文章也很有意思. 就是"谷歌"将世界上的各种大事，包括理工方面

---

① 卢昌海. 黎曼猜想漫谈[M]. 北京：清华大学出版社，2012.(《数学文化》自2010年第4期至2012年第1期连续六期转载)王元，"黎曼猜想漫谈"读后感[J].数学文化，2012(3)：93－95. 扶磊. 卢昌海《黎曼猜想漫谈》书评[J]. 数学文化，2013(2)：105－108.

② 欧阳顺湘. 谷歌数学涂鸦(上，中，下)[J]. 数学文化，2013(1)：16－36，(2)：34－53，(3)：32－51.

的发现发明画成几幅画，加以解释. 中国数学的最高成就，三个中国人，就是华罗庚、钱学森、陈景润的工作，在欧阳的文章中都提到了. 另外林开亮，他最近(与郑豪合作)写了一篇中国的华林问题研究[①]，水准也很高. 至少我作为一个解析数论学者，没有看出什么毛病，这就很不错. 还有就是他写过一个关于戴森的传记[②]. 这是你们杂志水平最高的几个人吧.

元老：(科普文章)弄得不好有时会有点江湖习气，但他们三个人跟这种习气没有关系. 如果能够非常严谨地谈论学问那就更好. 我是仔细看过你们杂志的，这里就有一本.

英伯：对，这是最近的一期.

元老：《数学文化》是数学所替我订的.

英伯：送到这儿?

元老：送到家里. 我也看《环球时报》. 另外就是书法，练书法.

元老：人到老了，干这么一点事就可以了. 另外就是关于教育我比较关心. 你搞的这个英才教育很重要. 为什么重要呢? 因为这社会进步是需要英才来推动的.

元老：至于这个学生是待在中国还是待在美国，我认为不重要. 为什么? 他是一个人才，待在美国对中国也会有利. 比方说我们数学研究所，现在张寿武、张益唐每年都回来，对我们的贡献比国内的一个普通教授要大得很多很多.

英伯：不是一个层次.

元老：他们是世界一流的数学家. 现在张寿武接替了怀尔斯的位置. 怀尔斯不是证明了费马大定理嘛，证完之后他就回英国了. 这个位置空下来，找代替他的人，在全世界找，最后是张寿武去了.

英伯：哎呀，真了不起，了不起.

元老：他是我的硕士生. 就是因为我认为他很好，所以他做不出论文也送他一个硕士. 张益唐，我是他的论文答辩会主席，他也没做出来什么，后来我觉得他头

---

① 林开亮，郑豪. 从费尔马多边形数猜想到华罗庚的渐近华林数猜想——纪念杨武之教授诞辰 120 周年[J]. 数学文化，2016(2)：61－83.

② 林开亮. 戴森传奇[J].数学文化，2015(3)：3－23.

脑很清楚,也通过硕士了.

英伯: 是在潘承彪老师那时候吧?

元老: 后来他和他的夫人来过这里. 关于英才的话,先要认识到他是个英才才行,要能被看到. 我现在和中小学有一点联系,一点点,就在北京市. 方运加跟我说,他和你也有些合作.

英伯: 是的.

元老: 那就很好. 我们两个认识很早,就是在第31届国际数学奥林匹克认识的. 后来他组织一个会,把我找去了. 我听了一个教育局领导的讲话,感觉还是老一套,让中学老师按部就班,按照他的这个模式怎么怎么搞. 我后来有一个发言,跟他想法不一致

元老: 这位领导有点紧张,你这么著名的数学家,你讲的东西我们听不懂啊. 实际上后来我讲完了他们都听懂了. 跟他们讲中国办了这么多孔子学院,孔子的教育思想是什么? 不知道在座的清楚不清楚. 用我的体会,孔子的教育思想不外乎是两条,一条是——

英伯: 有教无类.

元老: 是这个"有教无类",你只要愿意学习我就可以教. 第二条就是"因材施教".

英伯: 对,对!

元老: 孔子他是不是英才教育? 他有三千弟子,只有72贤人,这72人就是英才. 三千个弟子他不都认识,由这72贤才去教这三千个人. 72人占百分之几? 2.4%,这就叫做英才教育. 我讲的跟他们的那个会议主题不太一致. 我当然很客气,不会批评什么,但是不一致.

元老: 我现在不是没什么事吗,很多人都来找,让我教一教小孩. 我跟他们讲,小孩儿主要靠自学,靠他的内部因素. 孔子讲过,你与其用功学,还不如好之者. 你用功(知之)不如好之,好之就是有兴趣. 好之者不如乐之者,乐之就是我学习的时候是很快乐的. 这是真的,有些小孩我一看,无论找谁,就是找我也没用,你找华罗庚来也不行的,因为他没有内部的动力. 这里的职工的小孩儿想让我指导一下,我当然可以指导,但是没用的,因为孩子缺乏内部动力.

元老: 你们学校还有人到中学里去教他们高等数学,这也是对的.

英伯：啊，他（指王昆扬）去过.

元老：为什么呢？现在有好学生，他们的能量是很大的，你为什么不让他快点走，非要让他慢一点走呢？这是没道理的事. 所以，我觉得你们应该到各个学校去选一选有潜力的学生，不能够像现在这样子，考 5 分，就是好学生？

英伯：主要是中国的高考分数线是死的.

元老：他考 5 分，他可能没有任何动力.

英伯：对，对.

元老：没有动力怎么能有兴趣呢？看 XX 附中，那么大的名气，我问你从开办到现在，你培养的最好的人才在哪里？有多好？

英伯：理工科人才？

元老：有很多得 5 分的都不行. 有一次，我到他们学校去看，照片都挂起来，这是莫名其妙，不过就是奥数得了一个金牌嘛. 你们要找的就是有动力的.

英伯：有动力的，半截儿（还没成材），恨不能在小学就给掐尖儿了.（我们的教育要求学生齐步走）

元老：你现在的这个地位很重要，你是数学家，又是教育家，又是女教师. 这么多有利条件是很受数学界重视的.

元老：这个英才教育还有两点你要注意，第一个你要认识他是英才，第二你要让他自己搞. 现在有很多地方是搞得很失败的. 为什么呢？就是把英才集中起来，给他们开这个课、那个课，这样全把他们害了. 孔子讲的乐之者，他有兴趣由他自己去做.

元老：别人我不知道，现在某人成天在报纸上吹王老师这个那个，这是瞎扯. 我从来没有跟他谈过数学.

元老：我只是跟他像今天这个谈话一样，有些观点可能对他有好处.

英伯：给他一个宽松的环境.

元老：代数数论我连懂都不懂. 你这个算术几何我哪里懂啊，一点都不懂. 不可能教他，但是有些观点对他是有影响的. 你们将来找到英才，你最省劲，为什么？他自己去干就完了. 所以，英才最好对付. 华老也没有教过陈景润，一句话都没有谈，华老跟他没有接触，都是自己干起来的.

元老：这个小孩儿啊，还有很多不成熟的东西，所以我就不主张我的孙子跳班. 我对他的要求，他自己都背得出来. 第一条，安全最重要，也包括身体健康在内，这个最重要. 第二条，为人处世第二个重要，他小时候有时喜欢跟人打打架之类，这都不行. 第三才是学问，所以你现在进步得快一点，我们也不让你跳班. 还是一步一步走，到一定的时候你就会快了.

元老：现在编的小学教科书不是没问题的，很有问题. 在那兜圈子，什么东南西北，弄得小孩都糊涂了. 要紧的东西是什么没说.

英伯：是，要紧的不讲，兜了一个大圈子.

元老：由学生自己去摸索一下，走一点弯路没坏处，一个人总是要走弯路的. 就让他自己去摸索，在慢慢地自学当中去进步.

时间过得很快，为了让元老休息，众人纷纷起身. 元老坚持送大家出门，一直穿过走廊、大厅，走到公寓的玻璃大门内，才因室外温度太低不得不止步了. 我们依次与元老握手告别. 走到大门外面，大家不约而同地停步转身，注视着门内元老的背影，直到消失在走廊的拐角.

这位睿智的老人，以他清晰而深刻的思考阐述了教育的常识常理和普适规律；言谈话语之间饱含着真挚而厚重的家国情怀.

（本文改编自《元老一席谈》，数学文化，2011(2)：3－17）

图书在版编目(CIP)数据

大哉言数：王元科普著作选集 / 王元著. —上海：
上海教育出版社，2018.12
ISBN 978-7-5444-8494-7

Ⅰ. ①大… Ⅱ. ①王… Ⅲ. ①数学—文集 Ⅳ.
①O1-53

中国版本图书馆 CIP 数据核字(2018)第 300274 号

策　　划　刘　懿
责任编辑　赵海燕　蒋徐巍
特约编辑　方运加　刘祖希
整体设计　陆　弦

大哉言数：王元科普著作选集
王元　著

出版发行　上海教育出版社有限公司
官　　网　www.seph.com.cn
地　　址　上海永福路 123 号
邮　　编　200031
印　　刷　常熟华顺印刷有限公司
开　　本　700×1000　1/16　印张 18
字　　数　270 千字
版　　次　2018 年 12 月第 1 版
印　　次　2018 年 12 月第 1 次印刷
书　　号　ISBN 978-7-5444-8494-7/O·0165
定　　价　58.00 元

如发现质量问题，读者可向本社调换　电话：021-64377165